建筑结构

思维

布正伟　著

机械工业出版社
CHINA MACHINE PRESS

本书紧密联系国内外现代建筑创作和工程实践，系统深入地探讨了现代建筑创作结构思维的意义、原理、思路、手法等内容。全书共分八个部分：建筑结构思维是综合创造力的展现，建筑结构思维与合用空间的创造，建筑结构思维与视觉空间的创造，建筑结构思维与经济价值的创造，建筑结构思维的想象力与意图表达，建筑结构运用中的建筑美学问题，各类建筑结构形式工作原理要点，以及普适性绿色建筑设计结构思维路径。全书配有内容丰富的作者手绘插图和案例实景照片，可供建筑师、结构工程师和高等院校建筑学专业、土木工程专业师生学习、阅读，也是主管城乡建设或主管建筑创作的人员提高自身业务水平和建筑文化素养的良好读物。就该著作内容丰实、图文并茂、版式鲜活的特点，及其所反映的系统性、知识性与趣味性而言，还具有"一书多用"的收藏意义。

图书在版编目（CIP）数据

建筑结构思维/布正伟著.—北京：机械工业出版社，2023.2
ISBN 978-7-111-72301-1

Ⅰ.①建…　Ⅱ.①布…　Ⅲ.①建筑结构　Ⅳ.①TU3

中国版本图书馆CIP数据核字（2022）第252882号

机械工业出版社（北京市百万庄大街22号　邮政编码100037）
策划编辑：赵　荣　　　　　　责任编辑：赵　荣
责任校对：贾海霞　张　征　　封面设计：鞠　杨
责任印制：张　博
北京中科印刷有限公司印刷
2023年5月第1版第1次印刷
184mm×260mm·21.25印张·1插页·502千字
标准书号：ISBN 978-7-111-72301-1
定价：85.00元

电话服务　　　　　　　　　　网络服务
客服电话：010-88361066　　机　工　官　网：www.cmpbook.com
　　　　　010-88379833　　机　工　官　博：weibo.com/cmp1952
　　　　　010-68326294　　金　书　网：www.golden-book.com
封底无防伪标均为盗版　机工教育服务网：www.cmpedu.com

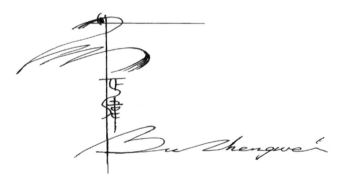

作者介绍

布正伟，教授级高级建筑师，国家特许一级注册建筑师。1939年出生于湖北安陆。1962年毕业于天津大学建筑系（前身原北洋大学），1965年获建筑学硕士学位。1967—1981年先后在纺织部工业设计院、中南建筑设计院工作，其后调北京中国民航机场设计院任副总建筑师。1989年应邀创建建设部直属综合甲级中房集团建筑设计事务所，任总建筑师，后兼法人、总经理。时至2017年，一直从事民用与公共建筑设计、室内外环境艺术设计、城市设计，及其理论研究。参与和主持工程设计160余项，曾荣获国家级优秀工程设计金质奖、全国勘察设计系统银奖、部直属级和省级一等奖、市级一等奖十八项，先后分别载入《中国现代美术全集》建筑艺术篇第三卷、第四卷，《中国现代建筑史》《建筑中国六十年》(1949—2009作品卷)和《中国建筑艺术年鉴》等文献。学术专著有《自在生成论——走出风格与流派的困惑》《创作视界论——现代建筑创作平台建构的理念与实践》《结构构思论——现代建筑创作结构运用的思路与技巧》《建筑美学思维与创作智谋》《当代中国建筑师布正伟》等。曾先后赴印度、美国、西班牙、日本、德国参加亚洲建协、国际建协等举行的建筑师大会和学术交流活动，宣读和发表相关主题学术论文。1992年荣获国务院颁发的"为发展我国工程技术事业做出突出贡献"的特殊津贴证书，1995年入选日本出版、全球发行的《世界581位建筑师》一书，2000年由美国科学传记学会评选载入新千禧年世界科学名人录。曾任中房集团建筑设计有限公司资深总建筑师，布正伟A+E设计工作室主持人，天津大学建筑学院、哈尔滨工业大学建筑学院等五所高等院校客座教授，住建部教授级高级建筑师职称评审委员，北京首规委建筑设计评审委员，中国建筑学会·建筑师分会建筑理论与创作委员会主任委员（2002—2013），黄河三角洲中心城市东营市政府首席总顾问建筑师（2008—2017）。

写在前面的话

21 世纪已走过 20 多年的历程，人类社会可持续发展的战略目标，越来越严峻地面临着气候变暖、环境恶化、能源危机，以及频繁发生的疫情与天灾等的挑战与威胁。在危难重重的这种情势下，"和谐共生，绿色为先"已成为建筑科学与艺术领域诸多岗位必须担当的历史使命。作为中国第四代已进入高龄建筑师队伍中的一员，我一直想着要为这个新时代的"建筑实践"做点什么有益的事，其中我便想到了，要完善和充实 2006 年出版的《结构构思论——现代建筑创作结构运用的思路与技巧》一书。

这是因为有两个重要原因：首先是值得我这样去做。邹德侬教授说"这本书理论成熟，干货也多。"马国馨老总说："这一研究成果，对于建筑师从事创作来说，自然是有用的工具……对结构设计师来说，这本书也是极有价值的，同样值得一读。"另一个原因是，对这本书追本溯源，应回到 1965 年，在徐中导师指导下我完成了研究生毕业论文——《在建筑设计中正确对待与运用结构》，因此，这本书是自己走上职业建筑师之路以后，在长期设计实践与理论研究中，沿着建筑前辈徐中先生指出的方向，持续探索不断深化的结果，今天再续前缘，自然就是乐见其成的事了。

这次主要涉及三个方面的调整与充实：

全书的主题及其各章论述，均从"结构构思"转向了"结构思维"。新书名《建筑结构思维》去掉了"论"字，也去掉了原书名《结构构思论》后面很长文字的副标题。这样更改书名并加以简练表达的用意，一是为了避免"构思"概念对"结构运用"的思路可能产生的一些"局限性"影响；二是要凸显"建筑结构思维"内涵的工程性质及其逻辑严谨的特点。这样的改动，既一目了然、通俗易懂，又体现了结构思维的活力超出了原"结构构思"范围的意思。正是这个原因，作者没有受"结构构思"概念的束缚，而是把眼光投向了结构广泛运用的方式与方法，并由此完成了新增加的第 8 部分主题的七点论述。

作为建筑骨骼系统的结构，工程量和投资巨大、耗费资源种类繁多、全程排放居建筑工程之首。因而，结构设计如何排除当下建筑领域形式主义、唯美主义及主观主义的各种干扰，切实跟进建筑创作的绿色革新步伐，这是我们所必须正视的重大建筑课题。作者从我国绿色建筑设计实践摸索到基本经验出发，坚持规避靠增加土建造价和设备投资实现节能减排的做法，为此，在新版中特意增加了第 8 部分专题论述——普适性绿色建筑设计结构思维路径。这是作者遵循普适性绿色建筑设计基本策略，通过国内外不同类型、规模与形式的建筑案例，包括从作者创作实践中选出的代表作品，系统地分析和总结出了普适性绿色建筑设计结构思维的七条基本路径。毫无疑义，这个理论课题的正式提出与初步探析，将进一步推进我们在普适性绿色建筑实践中，开展"材料、技术、结构"三合一的综合性、务实性、与创造性相结合的最优化运用。

本书保留了《结构构思论——现代建筑创作结构运用的思路与技巧》一书的"序言"和"前言"部分。从附在"导论"后面的插图系列来说，为了看上去清晰明了，同时为了吸取最新典型案例，作者有选择性地做了个别调整和更换。此外，新增加的第 8 部分共七节，其插图采用彩色图片，与书中作者手绘黑白插图画面形成了鲜明而生动的对照，这也是为了读者对这本兼具"理论书"与"工具书"意义的新著产生收藏兴趣着想的。

令作者十分欣慰的是，以持续扩充新内容面貌出现的《建筑结构思维》，将惠及广大读者。在本书的扩充策划与书名变更的酝酿过程中，得到了马国馨院士的宝贵指点，和出版社的鼎力支持，在此谨致衷心感谢。

作者　布正伟
2022.11.25 夜．于北京

序　言[⊖]

知行博涉历苦甘

　　1992 年 2 月我曾在《世界建筑》上发表过一篇读书心得《无法而法求自在》，那是读了布正伟先生的大作《自在生成论——走出风格与流派的困惑》和他的作品集之后的感想。我提到："在与他同时代的建筑师中，我们可以找出许多位有追求、有思想、充分利用改革开放所提供的难得机遇辛勤劳作，精心耕耘并取得令人瞩目的丰硕成果的同行，而正伟先生正是这一代建筑师中十分突出的一位。"时过 6 年之后，又看到他修改、补充后的《结构构思论——现代建筑创作结构运用的思路与技巧》，不由地想到早已跨过花甲之年的正伟先生在他所认定的做一个"能动脑的建筑师，能动手的理论家"的道路上又前进了一大步。

　　职业建筑师在建筑创作过程中，都要关心形形色色的结构形式及其对于建筑造型的影响。但像正伟先生这样早、这样深入地就这个课题进行研究的，还是很难找出第二人的。早在 20 世纪 60 年代还在读研究生时，他就敏感地抓住了这个对于建筑师来说还是相当"苦涩的酸果"。1982 年至 1984 年间，他的成果在《建筑师》丛刊上分五期连载，别的不说，仅就那些构图讲究、线条精美的钢笔画插图就令人叹服。进而在 1986 年以《现代建筑的结构构思与设计技巧》为题由天津科学技术出版社出版，并于 1993 年再次重印发行。在此后的十余年，正伟先生并没有就此止步，在这个研究方向上，他在继续观察、继续思考、不断剖析。本书中，从正伟先生特意撰写的本书"导论"及第六部分"建筑结构运用中的建筑美学问题"等内容，就可以看到他思想的发展，以及对于时下一些让人困惑的现象的直言。其中的基本观点我是十分赞同的。

　　建筑创作中的结构思维研究，常被看作是方法和技巧的研究，一般说来这是十分自然的。因为建筑创作的空间和形式，无不和建

⊖ 本序言为作者2006年所出版《结构构思论——现代建筑创作结构运用的思路与技巧》一书的序言。

筑材料、结构体系有着密不可分的关系，而伴随新材料和新结构体系的出现，也必然出现与之对应的新的表现形式和建筑语言。从结构体系上，我们可以看到由梁柱、桁架等构成的平面结构体系；壳体、悬索等构成的空间结构体系；直到近年来的杂交式结构（Hybrid Structure）、复合式结构（Complex Structure）、合成式结构（Composite Structure）等，在结构体系的构成上有了极大的进展。人们为了抵抗重力，取得所需要的空间而出现了那样丰富多彩的结构语言和句法形式，建筑构成学、结构形态学等学科也应运而生。

人们常说，世界就是结构（当然是指广义的），而结构就是精确、严密、简单、完备、统一，就是秩序，就是美。结构工程师在结构计算中应用了一系列的公式和数字，涉及数字、力学和材料学等。现代工程结构就是在数字计算的基础上，经过几何图解分析，利用定律和方程进行复核和实验研究，逐步发展了新的结构类型和体系，寻找到新的计算理论和方法。从古希腊的毕达哥拉斯，到笛卡儿、康德、牛顿和莱布尼兹，都醉心于寻找一种数学美，即明确而清晰的逻辑关系，严谨而周密的理性精神，而恰恰由此产生了重要的美学价值。另一方面，人们也从大自然中发现了以最少的结构提供出最大强度的系统，并由此产生了中世纪的"奥卡姆剃刀"原则（Occam's Razor）。奥卡姆是英国中世纪一位经院哲学家，他的原则中有一条，即认为在不同的理论竞争中，经过认真比较，诸个理论中最简单的那个理论，就是比较美的理论，就能在竞争中取胜。也有人概括为"理论忌繁复"几个字。现代建筑史上，不乏许多建筑师和结构工程师从最少、最经济的角度出发，探索事物的美的形式和内在和谐的经典案例，至今仍为人们津津乐道。精确、经济、优化已经成为重要的美学评价和判断标准。

然而，建筑创作并没有这样简单。由于建筑创作的社会性特征，往往带有浓厚的时代色彩、民族色彩和地方色彩，而建筑创作中以建筑师为主体的特点，又使其带有明显的个人色彩。这样，在结构思维和表现上就又增加了许多限制和附加因素。理想的状况是，"建筑就是结构，结构就是建筑"。在正伟先生的这本书中，举出了许多这方面的范例，美的形式和严谨的结构逻辑相辅相成，形成不可分割的整体，成为建筑史上的经典之作。但很多的情况是建筑师提出了更多的要求，这时建筑师希望结构的经济性与合理性更多地服从于造型和构思的前提，并进而上升到"主义"的高度，上升到哲学和美学的层面。在建筑史上前后出现过众多的"主义"，也留下了众多正面评价、毁誉参半和争论不休的建筑作品。尤其是改革开放以后的中国，随着城市化进程的加快，在取得有目共睹的建设成就的同时，也出现了着意表现财富、权力、意志的形式主义倾向，出现了一些为"吸引眼球"的特殊案例。赞成者称之为表现了理性的结构主义和反理性的结构主义，并认为反理性的"主义"更加"高级"；反对者则斥之为"结构荒谬"。正伟先生为此专门撰写了本书导论"进入21世纪的建筑创作与结构运用"，阐述了自己的观点，并做了进一步思考，以一些实例表明了自己的看法，这肯定会引起各种争论。但我想还是有助于廓清我们的思路，使建筑创作能够朝着更加健康的方向发展。

记得英国《卫报》在2003年底评论当今世界上的建筑现象时，曾这样写道："故弄玄虚的结构设计和五光十色的审美趣味是这一年的时尚……当代建筑就是这么一场大家彼此炫耀、看谁造型更时髦的昂贵游戏，我们的建筑速度越来越快，各地城市的建筑风格都在急剧变化。然而，我们看到的新建筑大都既丑陋、又不利于环境。"联想到我们科学发展观的提出，全面协调可持续地发展，和谐社会的建立等，这些目标都进一步揭示了，在消耗大量财富、材料、能源和资源的建筑事业上，需要更加符合我国国情的、更科学和更理性的选择。

正伟先生的这一研究成果，对于建筑师从事创作来说，自然是有用的工具，从中会得到重要的启发。诚然，由于工作条件的限制，正伟先生未能对大空间建筑结构运用的议题加以充分发挥，这确实是有点遗憾。而我以为，对结构设计师来说，这本书也是极有价值的，同样值得一读。在几十年的大规模建设之后，我国结构设计达到了相当高的水准，在抗震、大跨度、结构安全等方面都有突出的成果，积累了许多经验。在对国外结构方案进行优化时，也表现出了不逊于国外同行的能力。但就总体而言，与国外著名的结构设计师相比，他们除了具备对结构技术设计所必须有的设计能力、创造能力、说明能力和洞察能力，更注重对于建筑设计的理解。他们更注重专业上"设计"能力和"技术"能力的区别，他们认为在二者当中，"设计"将决定整个结构设计的水准。这种设计并不只是满足于自己所熟悉或常用的结构体系，而是结合工程的具体条件，能提出更富创造性的构想，从而弥补建筑师在结构理论上的不足，并更丰富其构想。著名的结构设计事务所奥雅纳公司，在许多世界性的建筑难题面前表现了他的高超的技巧。我国结构师在学习他们的设计哲学和设计技巧的同时，更需要进一步结合我国的国情，注重其经济性。而当前一些结构师为了满足某些开发商唯利是图的要求，不顾安全地"抽筋"，这是与职业道德绝不相容的。

1999年，正伟先生的《自在生成论——走出风格与流派的困惑》一书，与他的建筑作品集《当代中国建筑师丛书：布正伟》同时问世。后来，又出版了1980年以来的创作言论集，即洋洋洒洒七十多万言的《创作视界论——现代建筑创作平台建构的理念与实践》。这本《结构构思论——现代建筑创作结构运用的思路与技巧》是他的又一重要研究成果。他现在仍在继续潜心《建筑语言论》的补充与修改工作。正伟先生接二连三的鸿篇实在令我们这些同行钦佩、羡慕不已。邹德侬先生在《创作视界论》的序言中说他"立建筑也立言"，我以为，对不断攀登建筑理论大厦的正伟先生来说，正在举目四望那灯火阑珊的风景，这正是：

> 负笈名校师先贤，
> 行知博涉历苦甘。
> 书就诸论回眸望，
> 灯火阑珊意陶然。

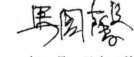

2005年2月6日夜二稿

马国馨

1942年出生。工学博士、中国工程设计大师、中国工程院院士。1965年清华大学建筑系毕业后在北京市建筑设计研究院工作，曾任总建筑师。长期以来从事建筑设计及建筑理论研究，曾发表和出版诸多研究成果，负责并主持过一系列国家和北京市重点工程，如毛主席纪念堂（1976年）、国家奥林匹克体育中心（1990年）、首都国际机场2号航站楼（1999年）等，先后获得过国家、住建部和北京市各级奖励，其中包括1991年亚运场馆工程获国际IAKS银奖、北京市科技进步特等奖，并于1992年获国家科技进步二等奖。2002年荣获梁思成建筑奖。2019年退休，任顾问总建筑师。

前 言[⊖]

　　现代建筑是凝结着人类科学技术与文化艺术非凡智慧的复杂综合体。建筑学的发展正处在一个深刻的变革时期，这突出地表现在它的各门学科的构成及其相互关系上。而其中，建筑学专业的基本技能训练，怎样才能与结构技术的巨大进步相适应，已成为我们正在探索的新领域。

　　在漫长的古代和中世纪，从事建筑营造活动的工匠，既是建筑师，又是结构工程师。随着社会生活和大工业生产的发展，科学技术的进步，结构工程日趋复杂，建筑学与结构工程学的区分才应运而生。在人类建筑实践的总进程中，这是合乎事物发展规律的。然而，长期以来，由于建筑师们并没有消除旧的手工业生产方式的影响，没有彻底摆脱由此而产生的传统建筑观念的束缚，所以在处理结构与建筑功能、建筑艺术以及建筑经济之间的关系问题时，往往处于消极、被动的地位。即便是在工业技术、现代物质文明最先发达起来的西方各国，直到 21 世纪初，绝大部分建筑师也仍然是革新结构技术、开创建筑设计新局面的落伍者。

　　正确对待与运用结构技术，乃是现代建筑师出色完成其历史使命的一个先决条件。这一点，在 20 世纪 60 年代就已比较普遍地为国外建筑界所公认，并十分明显地体现在他们的建筑创作实践中了。由于种种原因，在我们的建筑教学、生产设计以及学术研究方面，仍然存在着建筑与结构相互脱节的现象。特别应当指出，传统的教学思想体系和教学方法，越来越不适应现代建筑及其结构技术的发展。我们可以看到，被培养的建筑学专业人才，在学完了材料力学、理论力学、结构力学、钢筋混凝土结构学等一整套庞杂的教程内容之后，一般来说，却不善于根据建筑功能、建筑艺术以及建筑经济等诸多方面的要求，运用工程结构的基本原理，去综合地考虑设计中的结构问题。有的甚至错误地认为，建筑师只管"空间"的创造，至于如何实施，如何在结构上做文章，那都是结构工程师的事。所以，在建筑专业与结构专业的配合过程中，常常出现这样一种消极被动的局面：要么结构完全迁就建筑的要求，以至于造成结构工程的巨大浪费；要么建筑就盲目地被结构牵着鼻子走，以致使建筑完全丧失它应有的文化品格。

目前，国外和国内出版了一些从某一个范围或角度来论述建筑设计中有关结构问题的著作，它们大致可以归纳为以下几类：

建筑师所应掌握的结构工作的基本力学原理。

结构几何形式的构成原理（包括仿生结构原理）。

各种新结构形式的设计原理及其应用（如薄壳、折板、网架、悬索、充气结构等）。

结构技术与建筑艺术（或建筑美学）的相互关系（包括建筑构图原理中有关结构造型的处理）。

对各种结构形式的技术经济分析等。

无疑，这些文献、著作对于开阔我们的眼界，提高我们的设计素养和创作水平，都是极为有益的。然而，国内外建筑创作的丰富实践也清楚地表明了，结构的运用既非只是一个结构技术本身的问题，而且也不是孤立地、分门别类地去学习那些被"肢解开来"的理论知识——如建筑力学、建筑构造、设计原理、构图手法等所能奏效的。这里，最重要的，就是要把所涉及的各种知识融会贯通起来，使之彼此关联、相互渗透，在理论上形成反映现代建筑创作规律的思想体系，并在实践中使之能引导建筑师自觉地去培养那种潜藏着职业本能的综合创造力。这就是我在本书中所要努力追求和探索的。

本书稿初次完成于1979年。1980年10月作者在中国建筑学会第五次代表大会与学术年会上，宣读了论文"结构构思与现代建筑艺术的表现技巧"。之后，本书第2章和第3章的基本内容曾在"建筑师"丛刊上连载。1986年9月《现代建筑的结构构思与设计技巧》一书，由天津科学技术出版社出版，先后两次印刷共发行了26000册。这次重新整理、补充文字和插图，距本书初稿完成已有二十多年了。这期间，国内外建筑创作实践发生了巨大的变化，我们从一些新词语，诸如"全球化""信息社会""数字技术""绿色建筑""生态平衡""可持续发展""节约型社会"等的频繁出现，便可以体察到这种变化的深刻性。而与此同时，这种深刻变化所带来的巨大冲击，也使我们产生了不大不小的困惑：在现代建筑创作的结构运用方面，我们该如何看待过去？又该如何面对未来？在进入 21 世纪的今天，当有机会重新出版这本书的时候，我正是带着这样的问题，去重新学习、重新思考、重新判断的。

这次出版对 1986 年版本的内容做了一些重要补充。为了更好地说明现代建筑创作中结构思维所具有的现实针对性，我特意加进了一篇题为"进入 21 世纪后的建筑创作与结构运用"的论述作为导论。我相信，即使不看这篇文字，只要浏览一下该导论部分选入的那些图例，恐怕也会引起我们在新建筑语境形势下对结构思维的莫大兴趣。由于结构的运用与建筑艺术创作中的价值取向有着直接而又比较复杂的联系——这也是我们常常出现争论或产生困惑的一个根源所在——故而，我又用了较多的篇幅，在第六部分补充论述了"建筑结构运用中的建筑美学问题"，希望能对我们在现代建筑创作中正确对待与运用结构有一点参考意义。还需要说明的是，现代建筑的结构思维离不开结构传力中的力学规律，原书对其中的普遍规律已有详细论述，这次则又补充了"各类建筑结构形式工作原理要点"，这将有助于我们进一步去认识结构传力中的特殊规律，从而更增加了本书的实用价值。这次出版还相应补充了许多有意思的插图，并对全书的版式做了调整。

我国著名建筑大师、中国工程院院士马国馨先生为本书的重新出版撰写了序言，从中我们可以领略到他对现代建筑创作中如何对待与运用结构问题的真切关注与独特见解，无疑，这对我们的阅读与思考会起到很好的启示作用。

我衷心地期待各位专家和广大读者给予指教。

布正伟
2005.6.18
重写于北京

目 录

写在前面的话
序言　知行博涉历苦甘
前言

导论　进入21世纪的建筑创作与结构运用 ……………………………………… 1

1 建筑结构思维是综合创造力的展现 …………………………………… 27

一、结构在建筑中的作用：双重空间中的结构 ………………………………… 30

二、结构思维的特殊意义：对建筑骨骼的摹想 ………………………………… 30

三、结构思维的中心问题：综合处理各种信息 ………………………………… 31

四、结构思维的力学判断：结构传力普遍规律 ………………………………… 31

五、结构思维的展开进程：逐步形成结构方案 ………………………………… 38

（一）从总体关系上把握结构方案的初步形成 ………………………………… 38

（二）从局部关系上解决结构方案的具体问题 ………………………………… 38

六、结构思维的应变方式：思维序列的灵活性 ………………………………… 39

七、结构思维的敏感能力：思路与手法的统一 ………………………………… 40

2 建筑结构思维与合用空间的创造 ……………………………… 41

一、建筑物的使用空间与结构的覆盖空间 ……………………………………… 43

（一）利用不同体形的平面结构，构成与使用空间相适应的顶界面或侧界面……44

（二）将覆盖大空间的单一结构，化为体量较小的连续重复的组合结构………44

（三）选择其平面、剖面与建筑物使用空间相适应的各种新结构形式…………44

（四）利用组合灵活的混成结构，以适应建筑物使用空间的平面与剖面形式……49

（五）通过平面结构与空间结构的组合，与大小使用空间的归并相适应………49

二、建筑物的使用要求与结构的合理几何体形 ····················52

    （一）采光、照明与结构的合理几何体形 ····················52

    （二）通风、排气与结构的合理几何体形 ····················52

    （三）音响与结构的合理几何体形 ····························55

    （四）开启面与结构的合理几何体形 ························56

    （五）排水与结构的合理几何体形 ····························56

三、建筑物的空间组合与结构的静力平衡系统 ····················60

    （一）单一式大空间与屋盖结构的静力平衡系统 ············61

    （二）复合式大空间与屋盖结构的静力平衡系统 ············64

    （三）并列式大空间与屋盖结构的静力平衡系统 ············64

    （四）单元式大空间与屋盖结构的静力平衡系统 ············64

    （五）自由式大空间与屋盖结构的静力平衡系统 ············68

    （六）开放空间与悬挑结构的静力平衡系统 ··············68

四、建筑物的空间扩展与结构的整体受力特点 ····················72

    （一）空间扩展所带来的结构整体受力状况的变化 ··········72

    （二）与空间扩展相适应的不同结构体系 ··················76

    （三）高层结构的整体受力特点对建筑平面—空间布局的影响 ···77

    （四）大跨结构的整体受力特点对建筑平面—空间布局的影响 ···82

五、建筑物的空间扩展与结构传力的定向控制 ····················82

    （一）水平承重结构受力性能的改进与空间扩展 ············85

    （二）悬挑结构受力性能的改进与空间扩展 ··············85

    （三）空间结构受力性能的改进与空间扩展 ··············85

3   **建筑结构思维与视觉空间的创造** ····················89

一、结构构成与空间限定 ····································92

    （一）利用结构构成的空间界面以丰富空间轮廓 ············92

    （二）利用结构构成的空间界面以强调空间动势 ············93

    （三）利用结构构成的空间界面以组织特有的空间韵律 ······103

二、结构线网与空间调度 ····································103

    （一）在结构线网中分割空间 ····························105

    （二）向结构线网外延伸空间 ····························109

    （三）在结构线网上开放空间 ····························109

三、结构形式与空间造型 ····································117

    （一）结构的形式美与空间造型 ··························117

（二）结构形式的特征与建筑形象的个性 …………………………… 134

（三）结构的技巧性与结构外露的艺术处理 ………………………… 144

（四）悬挑结构与现代建筑的艺术造型 ……………………………… 155

（五）V形支撑结构与现代建筑的艺术造型 ………………………… 161

（六）高技术结构与现代建筑的艺术造型 …………………………… 170

4 建筑结构思维与经济价值的创造 …………………………… 173

一、结构线网的布置与建筑平面布局 ………………………………… 177

二、结构传力的全过程与建筑剖面设计 ……………………………… 184

三、结构传力系统的组织与不同结构部位的用材 …………………… 186

（一）受压构件与受拉构件的材料结构组合 ………………………… 186

（二）受压构件与受弯构件的材料结构组合 ………………………… 187

（三）受拉构件与受弯构件的材料结构组合 ………………………… 189

四、结构的经济尺寸范围与结构的合理几何形状 …………………… 192

五、结构方案的创造性与结构工程的具体实施 ……………………… 194

5 建筑结构思维的想象力与意图表达 …………………………… 201

一、结构思维的想象力 ………………………………………………… 203

（一）结构思维的诱发联想 …………………………………………… 203

（二）结构思维的科学设想 …………………………………………… 204

二、结构思维的意图表达 ……………………………………………… 204

（一）结构思维的各种草图表达 ……………………………………… 204

（二）通过平面图表达结构思维的基本意图 ………………………… 212

（三）通过剖面图表达结构思维的基本意图 ………………………… 212

（四）通过图解表达结构思维的基本意图 …………………………… 212

（五）以表现结构为主的透视图画法 ………………………………… 212

（六）以表现结构为主的模型制作 …………………………………… 212

6 建筑结构运用中的建筑美学问题 …………………………… 231

一、凸显结构作用的建筑思潮的兴起 ………………………………… 234

二、现代主义建筑运动的重要组成部分 ……………………………… 241

三、"结构合理"与建筑形象的美 …………………………………… 246

四、"表现结构"与建筑艺术表现 ………………………… 250

五、"虚假结构"与建筑艺术处理 ………………………… 255

7 各类建筑结构形式工作原理要点 ………………………… 269

一、平面结构系统 ………………………………………… 271

（一）承重墙与支柱 …………………………………… 271

（二）梁与桁架 ………………………………………… 272

（三）拱 ………………………………………………… 275

（四）刚架 ……………………………………………… 276

二、空间结构系统 ………………………………………… 276

（一）折板 ……………………………………………… 276

（二）薄壳 ……………………………………………… 279

（三）网架 ……………………………………………… 281

（四）悬索 ……………………………………………… 285

（五）膜结构 …………………………………………… 287

（六）充气结构 ………………………………………… 288

（七）盒子结构 ………………………………………… 288

（八）索杆结构 ………………………………………… 288

8 普适性绿色建筑设计结构思维路径 …………………… 291

一、力求减少结构围合之中的"无用空间" ……………… 294

二、让结构为"气候设计"创造良好条件 ………………… 294

三、立足"在地建造"优化结构应变样态 ………………… 301

四、统筹考虑建筑结构资源"可再生利用" ……………… 306

五、在利旧出新中发挥原结构的利好作用 ………………… 306

六、充分利用轻结构在施工中的独特优势 ………………… 310

七、开创综合性节能减排的结构组建方式 ………………… 314

结束语 …………………………………………………………… 318

参考文献 ………………………………………………………… 319

后记 ……………………………………………………………… 320

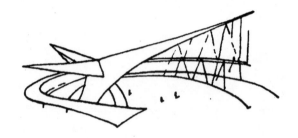

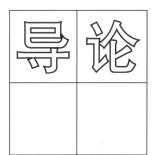

导论

进入21世纪的建筑创作与结构运用

要点提示：

　　进入 21 世纪的建筑创作，结构的安全面临着天灾和人祸的严重威胁，而结构的经济性也受到来自"反结构"逻辑和各种新形式主义的巨大冲击。正反两方面的实践经验证明，结构在建筑中的地位与作用，并不因为建筑的发展变化而有所削弱或偏离。具有结构正确性与合理性的建筑，永远是人类普遍需求的、符合持续发展理念的建筑。现代建筑许多优秀作品告诉我们，将建筑构思与结构思维在更高层次上结合起来，这是使建筑作品达到安全、适用、经济、绿色与广义理解的美观有机统一的有效途径。

进入 21 世纪的建筑
创作与结构运用

　　建筑创作总是与材料、技术、结构联系在一起的，而同时又与时代背景、社会发展紧密关联。由于建筑的复杂性与矛盾性，建筑创作中结构的运用，并不是一个仅以"物为人用"几个字就能说明白的问题。然而，有一点是十分清楚的：结构在建筑中的地位与作用，并不因为建筑的发展变化而有所削弱或偏离。结构是传递荷载、支撑建筑的骨骼，也是作为社会物质产品用来构成建筑合用空间与视觉空间的骨架。因此，建筑结构要在满足安全要求的前提下，还要同时考虑建筑的经济要求、使用要求和审美要求。在当今充满生机、又不免会遇到各种隐埋的陷阱的情势下，我们该如何去把握好结构运用中的这些关系，这不能不说是进入新世纪后，建筑创作中应当格外关注的问题。

　　我们已经进入了 21 世纪，结构理论、结构技术及其工程实践仍在继续向前发展。令人回味并具有讽刺意味的是，在天灾人祸面前，结构的"安全"——这个本不应该成为问题的问题，如今又为世人所担忧、所关注了。正如一位西方学者指出的那样："使用者本身脆弱，建筑必须坚固，抵御自然气候和来犯之敌，让使用者得以生存。建筑伤害人的事难以让人接受。即使建筑中最次要的构件出事都会是头条新闻……严重塌楼事件会成为国际新闻。人们无法容忍建筑导致的死亡。"⊖

　　首先，来自天灾的破坏，是建筑结构安全的凶敌。2000 年以来，世界各地报道地震、海啸、台风、飓风、龙卷风、泥石流、洪水等给人类社会造成的灾难屡见不鲜，而巨大的人员伤亡和财产损失，在许多情况下都与各类建筑（特别是大量性的住宅）的倒塌相关。尽管有些损失难以避免，但结构的正确性、合理性对于抵抗自然灾害、保护人们生命财产的安全，却具有头等重要的意义。相对来说，发达国家由于十分重视工程结构的抗震能力，结构的安全度远远优于不发达国家，因而，在相近似的地震条件下所造成的灾害损失就小得多。2001 年 3 月 1 日美国西雅图发生 7.0 级强烈地震就未发生任何房屋倒塌和人员伤亡，堪称是一大奇迹，而 2003 年 12 月伊朗克尔曼发生的 6.8 级地震，将古丝绸之路的巴姆古城 70% 的住宅夷为平地。在尼加拉瓜遭遇大地震时，有两座相邻很近的银行大楼，

⊖　马克·维格里，设计带来的不安全感.傅锐译，傅刚校.世界建筑，2004（4）。

由于结构的原因而出现了截然不同的后果。其中平面为方形的美洲银行，将核心筒体对称并置，充分考虑了结构受力合理的要求，因而在地震中只出现了轻微裂缝，震后无须进行维修；而另一座中央银行则将核心筒体靠矩形平面的一端布置，完全违背了结构运用中刚度均匀分布的力学原则，其结果在地震中遭到了严重破坏，用以修复的工程费用竟占到了原建筑工程投资的80%左右。

建筑创新往往与非常规结构的非线性设计相关，而在这种情况下，"如果工程师对非线性机理认识不足，即使工程师以为自己采取了足够保守的设计手段，也可能在设计结果中潜伏着没有意识到的危险。"[⊖] 作为主创人的建筑师，对结构的安全性来不得一点儿含糊。要知道，由于掉以轻心，"漂亮、新奇的外形"在结构上栽了跟斗已不是什么新鲜事了：20世纪西柏林会议厅双曲抛物面悬挑屋盖就曾被大风吹倒，而进入21世纪不久（2004年5月），巴黎戴高乐机场便发生了2E候机厅坍塌事故（图0-1）。建筑师保罗·安德鲁在接受法国记者采访时说，戴高乐机场2E候机厅的设计从审美角度来看很大胆，但在技术上这项工程并不是革命性的[⊖]。尽管安德鲁表示，他尽可能追求在设计上走得更远，但从来不会鲁莽，拿人命和自己的名誉开玩笑[⊖]。令人悲哀的是，这种表白在已经出了人命案的严酷事实面前（包括两名中国公民在内的4人死亡，3人受伤），已完全是多余的了。事隔9个月之后的调查结果表明，由于设计时应对偶然性的安全系数不足，使得顶棚处于"濒临死亡"状态，再加上结构系统中的某些设计不当，使顶棚抗外力强度不断减弱，最终导致结构坍塌。颇具逻辑意味的是，这个事故刚一发生，便立即引起了众人对安德鲁设计的北京国家大剧院结构安全的莫大关心，以至新闻媒体纷纷出面报道。这也从一个侧面反映了，人们正在认同这样的建筑审美准则："安全是漂亮和新奇的绝对前提""越是漂亮、新奇，就越要关注结构系统的安全保障"。

进入21世纪以来，还凸显出"人祸"，特别是恐怖主义破坏活动对结构安全的巨大威胁。2001年发生在美国纽约的"9·11"事件，便是从"人祸"方面给建筑结构的安全问题敲响了警钟。日本鹿岛公司最先对纽约世贸中心双塔遭飞机撞击后的内部破坏过程和塔楼倒塌过程，进行了详细的分析研究[⊕]。结果表明，尽管从概念上来说，所采用的超高层结构系统没有问题（也正因为如此，双塔遭到撞击后并没有立刻倒塌），但由于客机喷射引擎的燃油所引起的大火，使得钢结构在扩散燃烧产生的高温下弯曲，最终导致双塔先后倒塌（图0-2），造成了有史以来人为破坏最为惨烈、最为严重的后果[⊕]。

这个惨痛的教训告诉我们，越是重要的建筑，便越是要注意从设计一开始，就不放过任何会导致结构系统整体破坏的各种隐患。在"9·11"恐怖事件中，位于华盛顿市区的国

⊖　方立新，陈绍礼，CY Yau.结构非线性设计与建筑创新.建筑学报，2005（1）。

⊖⊖　环球时报，2004-5-31（4）。

⊕　周有芒.飞机撞击后1秒钟的真相：日本鹿岛公司解析美国世贸大厦的内部破坏过程.建筑创作，2004（7）。

⊕　纽约世贸中心是20世纪60年代M.Yamasaki的建筑作品，1970年投入使用。大楼南塔高415m，北塔高417m，均为110层，采用筒中筒结构，地基深18m。双塔每层面积为5万ft²，可容纳5万人同时办公。在遭到飞机撞击后，南塔在一小时内倒塌，北塔在102分钟之后倒塌。这起袭击共造成2800多人丧生，其中包括343名赶往救援的警察和消防人员。

防部五角大楼，也遭到了几乎同样的撞击，但这座被称为"一座现代化小城市"的建筑，其损坏程度仅仅是一层50根柱子被毁，造成的坍塌只是一个小范围（图0-3）。事后，美国6名专家通过7个月时间的考察和研究，得出的结论认为，与复杂的现代化建筑结构相比，正是五角大楼所采用的这种简单而实用的结构系统，能将飞机撞击带来的破坏程度降到最低点。

在结构的安全性重新为世人关注的同时，结构的经济性也因受到巨大的冲击而被打上了问号。大家都知道，在通常情况下，一般建筑用于结构工程的费用，要占全部造价的40%乃至50%以上，居建筑、暖通、给水排水、电气各专业工程费用之首。在我国的大量性民用建筑中，结构工程则要有55%～65%的建筑造价来承担。这还是就一般情况而言，至于那些被圈为"重点"，甚至"重中之重"的民用或公共建筑，结构部分所要消耗的人力、物力和财力便可想而知了。

结构的经济性所受到的冲击主要来自以下几个方面：

1）标新立异且又反结构逻辑的创作追求，使结构工程费用大幅度增加。所谓结构逻辑就是结构系统受力合理、传力正确的逻辑，也就是我们通常所说的结构的正确性与合理性。撇开建筑艺术审美中的争论不谈，总体上合乎结构逻辑的创新，并不会给结构的设计与施工带来"额外的麻烦"，而违反结构逻辑，甚至为取得惊人的视觉效果而偏偏要与结构逻辑"对着干"的奇异建筑，那就势必要用成倍增加的材料，去维持先天性脆弱的结构强度、结构刚度与结构稳定性，以求得这一类反结构逻辑的建筑能"安全地存在"。这样带来的后果，便是设计与施工的复杂、建设周期的延长，以及所需物力、人力与财力的剧增（图0-4）。

2）不能得到有效利用，而又一味追求巨大的"完形"或"整形"建筑体量的做法，不仅大大增加了结构的跨度和高度，而且还使得"多余的结构空间"（即由结构围合的已失去使用意义的那部分空间）要消耗掉常年运营所需的能源和维护资金。建筑创作中的这种情况虽然也与"标新立异"有一定的联系，但从结构的力学概念上来讲，一般还算说得过去。也正因为如此，巨大结构本身多余的消耗，以及由此而造成的常年运营中的浪费，便习以为常，无人问津了。我们可以看到，现在在一些公共建筑所追求的建筑艺术表现中，已经出现了以巨型结构包装建筑整体（图0-5）或将各分项建筑"捆绑"在一起的设计倾向。诚然，大型公共建筑形象的巨构化与抽象化也是建筑美学中的新探索，具体情况要具体分析，不能一概否定。但有一点却值得注意，回避建筑创作中的制约性与艰巨性，用一个巨大无比和相当复杂的结构外形将"难缠的建筑"一包了事，这与建筑创作中那些"易操作行为"并无本质的区别。

3）完全脱离建筑性质和使用功能，纯粹是为了做一个具象的"形"而去摆布结构，这也使得结构工程的造价白白地消耗在形式主义的建筑表现上。现在，不仅国内的一些同

行，而且国外的一些建筑师也常常喜欢搞龙凤、花鸟之类的造型，以求适应一些决策者和老百姓的"建筑口味"。殊不知，这种做法无异于削足适履，不仅会导致结构逻辑的混乱，而且由于建筑体量失常、观赏视域极为有限，再加上材料、技术难以匹配等方面的原因，也无法取得完美的视觉艺术效果（图0-6）。

4）由建筑创意带来的结构复杂性，不仅使结构材料消耗大幅度增加，而且也给结构外围的保温、防水、排水、清洁与维修造成了许多困难。尽管在许多情况下可以通过高、新技术手段来加以解决，但无形之中都会加重建筑工程的经济负担。图0-7是经结构优化后节约工程造价的一个著名实例。

5）把失去承载作用的各种结构部件的造型，当作美化建筑空间形体的主要手段，这也成了一种越演越烈的建筑时尚。这种高投入逆绿色而动的强行装饰做法，往往是我们迷信名家设计品牌、陷入建筑审美盲区的必然结果（图0-8）。

20世纪60年代初，我曾结合研究课题，对国内建筑结构运用中的经济性做过一些调研。回想起来，那个年代国内对结构运用中的经济分析与研究是相当深入和细致的。大到厂房的屋盖形式、公共建筑中的柱网布局，小到农村装配式住宅构架选型，乃至悬挑阳台不同的结构方案比较等，都体现了"一丝不苟、精打细算"的科学精神。诚然，那个时期国家的经济底子薄，勤俭节约势在必行。近20年来，特别是进入新世纪以来，随着国家经济建设的蓬勃发展，建筑设计中的铺张浪费已不是个别现象。正如以上所分析的那样，结构的经济性问题，已经提到重新审视建筑创作的议事日程上来了。

结构的经济性在很大程度上是与结构的安全性密切关联的，当然，也会受施工因素的影响。结构系统的不安全因素越多，就越需要过多的投入，自然就越不经济。但归根结底，结构的安全性与经济性都取决于结构的正确性与合理性。由于建筑是一个复杂的综合体，要使所运用的结构达到理论上最为完美的境地是很困难的，但通过创作构思，特别是结构思维中的深入研究，我们总还是可以找到相对合理的答案的，这也正是我们将结构的正确性（从理论上去考虑的）与结构的合理性（从实践上去考虑的）同时并提的原因所在。

进入新世纪的建筑创作，结构的安全性与经济性受到挑战并不是偶然的，这与西方反理性主义建筑思潮中对结构正确性与合理性的"反叛"有着直接牵连。不论这一类"反叛的"建筑作品冠以怎样的创作理念的光环，也不论这一类作品在审美价值取向上会有怎样的区别，但有一点却是共同的：忽视甚至否认作为应用科学技术的工程结构在建筑中所具有的相对独立性，而往往是把它当作可以随意玩弄的建筑艺术表现手段。有人喜欢把这类"对结构反叛"的作品同"前卫建筑"相联系。这里，我们暂且不对"前卫建筑"的含义做过多的追究，需要我们认真思考的倒是，"前卫建筑是否就是纯粹的前卫艺术？""就前瞻性而言，'前卫建筑'在人类的建筑实践中是不是应当具有货真价实的领先意义？"换一个角度看，我们还可以从生活逻辑中得到启示。譬如说，现实生活中总有个别冒险家乐于在极端危险的境地中去经受生死的考验，这些壮举也确实证明了人类的生命力可以达到怎样的极限。然而，我们并不能因此而认为"在社会上提倡冒险"便是理所当然的事。不难理解，再"前卫"的建筑、再"惊险"（即危险）的结构，即使是因为我们拥有新材料、新技术以及所需要的雄厚资金而可以保证其安全，并得以实现，这也不能成为我们在当今和未来的建筑创作实践中大行"结构反叛"之道的理由。

应当承认，建筑的复杂性与矛盾性使得建筑的文化形态多种多样、建筑的表现形式及其艺术风格也多姿多彩。正因为如此，在一些特定的条件下，异常价值的取向，也会使我们在某种可以接受的程度上做出牺牲结构正确性与合理性的选择。"但即便如此，基于理智的审慎思维的取舍也仍会比简单的拒绝或回避令人信服得多。换句话说，在我们建筑师的思维中，我们不应忘记结构正确性这一问题的存在……"⊖ 事实上，迄今为止，让结构完全屈从于极端化创作追求的建筑毕竟还是极其个别的。在后现代主义建筑思潮中倍受推崇的西班牙建筑师高迪的作品，尽管在现代建筑史上独树一帜，但他的浪漫到极致的建筑艺术风格并没有得以流行；被视为解构主义建筑大师的盖里，由于偏爱错综复杂的形体与结构，也使得难以有人"步其后尘"；再拿库哈斯个性化设计趋向来说，北京 CCTV 新总部大楼的"惊险表演"，也就独此一幕……总之，如果我们能以求实的心态去观察五彩缤纷的建筑世界，我们就不会以偏概全，就会清楚地认识到，不管时代怎样发展，建筑思潮怎样演变，作为人类基本的生活与生产资料的建筑，都终归不能抛弃安全、适用与经济的要求，因此，具有结构正确性与合理性的建筑，永远是人类普遍需求的、符合持续发展理念的建筑。

那么，结构的正确性与合理性，是否就是与建筑创新或建筑个性的艺术表现格格不入呢？ 20 世纪已载入建筑史册的许多优秀建筑作品，早已做出了明确的回答：在正确对待建筑与结构相互关系的前提下，将建筑构思与结构思维在更高层次上结合起来，这是使建筑作品达到安全、适用、经济与美观（广义理解的美观）有机统一的有效途径。在这方面，许多工程师率先为我们做出了榜样：马雅和林同炎的现代桥梁设计，以构思巧妙、结构合理、造型优美而传为美谈；20 世纪中叶扬名世界的奈维（意大利）、托罗哈（西班牙）、康德拉（墨西哥）、萨尔瓦多里（美国）等结构工程师的一些作品，使结构的逻辑性与建筑的艺术性达到了完美的统一。在世界建筑大师级的作品中，也不乏巧妙地运用结构、并使之融于建筑艺术个性表现之中的优秀范例，如密斯·凡德罗的巴塞罗那展览馆（钢框架结构）、勒·柯布西耶的马赛公寓（底层 V 形支撑结构）、夏隆的柏林爱乐音乐厅（自由式组合结构，图 0-9）、布洛伊尔的巴黎 UNESCO 会议厅（刚架式顶部变形的折板结构，图 0-10）、丹下健三的东京代代木体育中心（悬索结构，图 0-11）、富勒的蒙特利尔世界博览会美国馆（测地线穹顶网状结构，图 0-12）、SOM 的芝加哥西尔斯塔楼（束筒体结构）等，这些作品至今都让人回味无穷。有一些工业建筑或市政建筑（如轻工业厂房、水电站、供热中心、水塔等）所具有的建筑艺术表现力，也都是与结构材料、结构技术以及结构形式的合理运用分不开的（图 0-13）。此外，我们还可以看到，一些建筑大师未能实现的建筑创意及其结构思维也令人遐想、神往（图 0-14、图 0-15）。

20 世纪中期，国际建筑界曾经出现过一种很好的建筑创作风气——把推动结构技术的发展与推动建筑创作的进步协调一致起来，在建筑构思与结构思维彼此关联的互动过程中，扎扎实实地去研究问题、解决问题。我们从当时日本举办的有关结构技术运用的建筑设计竞赛中，便可以感受到那种倡导建筑师正确对待结构、创造性地去运用结构的建筑文

⊖ 张利.重温"陈词滥调"——谈结构正确性及其在当代建筑评论中的意义.建筑学报，2004（6）。

化氛围。这一类设计竞赛所展示的优胜答卷告诉我们，尊重工程结构所具有的内在规律，掌握结构思维的基本思路与技巧，这不但不会阻碍我们创造性的发挥，而且还会更加激活我们在建筑创作中的想象力，更加提高我们在复杂条件下处理建筑与结构之间矛盾的实际工作效能（图0-16、图0-17）。

社会在发展，时代在进步，我们固然要用新的眼光去看建筑世界，但这与继承和发扬世界建筑在发展进程中所形成的新优良传统并不抵触。温故而知新，失去对过去的辩证把握，也将会失去对未来的科学掌控。我们高兴地看到，不少具有真知灼见的建筑师和结构工程师，已在不同的设计课题中，将创作中建筑构思与结构思维的结合提高到了一个新的境界和新的水平（图0-18~图0-22）。

当今和未来建筑领域中的许多课题——从常规建筑到生态建筑；从超大跨、超高层建筑，到空间城市的巨型架空建筑；从抗自然灾害建筑，到现代战争条件下的防卫性建筑；从地球上的"极地型"（南极、北极）建筑，到月球上的"宇宙型"建筑……总之，为人类生存和发展所需要的一切形态的建筑，要想变成设计蓝图，进而得以实现，都离不开经过深思熟虑的、安全有效而又切实可行的结构工程系统的支撑（图0-23~图0-25）。由此可见，在当今和未来建筑的创作实践活动中，正确对待与运用结构是充满着奇妙色彩的，是令人无限遐想的……

21世纪"全球化"已被叫得震天响，然而在我们的建筑领域，从建筑设计到城市建设，面对全球化时代的危机与挑战，却并没有什么紧迫感。在业内曾有过统计，我国的建筑能耗惊人，建造和使用建筑直接与间接消耗的能源，已经占到全社会总能耗的6.7%，"许多公共投资项目建成之日即亏损之时。"应当说，现代建筑创作与能源的合理利用直接相关，无论是从一次性投入来说，还是从建成后长期运营的消耗来讲，结构的运用正确与否、合理与否，都是涉及国计民生的大事。

法国著名的种群遗传学家和人口学家阿尔贝·雅卡尔教授从整个人类的生存出发，对人类行为进行了重新审视和定位，并由此而向我们敲响了警钟："有限世界"即将到来！面对地球资源即将耗尽的有限世界，未来建筑一方面会更加艰难地建造，另一方面，还必须要更加有效地建造。因此，材料、技术与结构的运用，不能仅仅停留在"以人为本，物为人用"这一点上，而且更需要一丝不苟地贯彻到"物尽其用，用得其所"这一原则之中。新世纪的建筑创作任重而道远，正确对待与运用结构，已成为我们重新学习的重要课题，无论怎样去强调这一点，恐怕都不为过分吧！

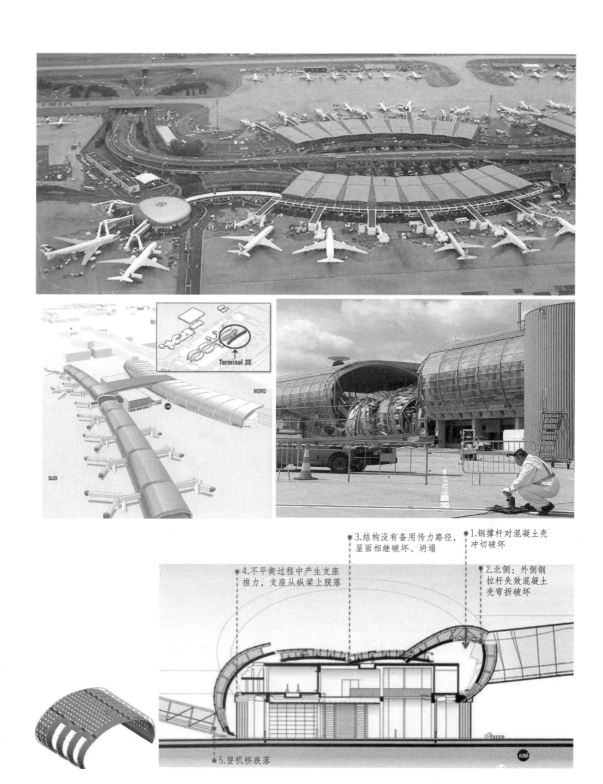

图 0-1 2004 年 5 月，巴黎戴高乐机场 2E 候机厅突发屋顶坍塌事故，造成包括两名中国公民在内的 4 人不幸遇难 3 人受伤，成了进入新世纪开端后的重大建筑新闻。由安德鲁主持设计的该候机厅形式新颖，但由于安全系数设计考虑不周而埋下隐患。事发时混凝土拱形顶棚弹力不足而被金属柱刺穿，其裂口又极大地削弱了结构整体的安全性能，坍塌已成必然，如果发生在人流高峰期，后果更不堪设想

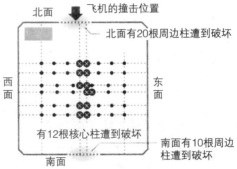

飞机的撞击位置

北面

北面有20根周边柱遭到破坏

西面

东面

有12根核心柱遭到破坏

南面有10根周边柱遭到破坏

南面

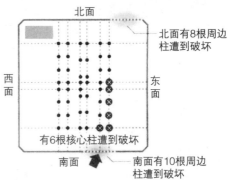

北面

北面有8根周边柱遭到破坏

西面

东面

有6根核心柱遭到破坏

南面有10根周边柱遭到破坏

南面

（上为北楼，下为南楼）

图 0-2 在 2001 年"9·11"恐怖事件中，纽约世贸双塔虽只有一些柱子遭到破坏，但钢结构还是在飞机燃油喷射扩散燃烧的高温下弯曲、倒塌

图 0-3 采用低层常规加固结构系统的华盛顿国防部五角大楼，在飞机恐怖袭击中遭受的破坏和损失要小得多

图 0-4 北京 CCTV 新总部大楼在 80m 高处，由向前倾斜的双肢将水平楼层悬挑 70 余米。著名的阿拉普公司承担该"惊险结构"的施工设计。由对结构逻辑的"反叛"而换来的库哈斯的创意想必也会载入史册，而其代价的巨大就不言而喻了……

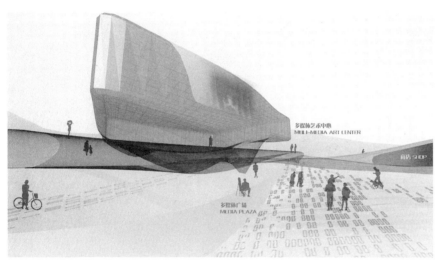

图 0-5 长跨为 226m 的北京国家大剧院开创了以"巨构"达到"完形"的先例。上海现代艺术公园优胜方案，则体现了巨构化与抽象化融合的语境特征（左图为公园中的多媒体艺术中心）。这些探索都遇到了如何有效地利用结构所包容的巨大空间、如何有效减少能源消耗以及如何真正达到所期待的视觉艺术效果等问题

图 0-6 天津博物馆为了实现"白天鹅展翅欲飞"的造型，采用了跨度为 200m 的钢管拱曲面网架大屋顶的结构形式。建成后，据调查反映，作为天津市的一座重要公共建筑——博物馆来说，其内部空间的文化氛围和外部形体的视觉艺术效果均不如人意

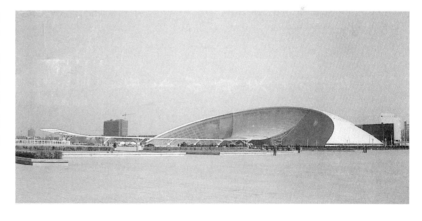

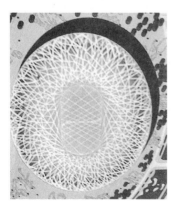
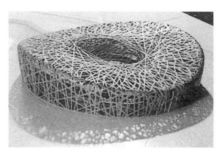

图 0-7 北京奥林匹克中心国家主体育场"鸟巢"，通过优化结构，减小了编织密度，并去掉了可开启屋盖，降低了工程造价。在施工设计中需要很好解决的是屋面凹凸不平的排水、积雪、结冰和建筑外观保洁、维修等与结构系统直接相关的问题

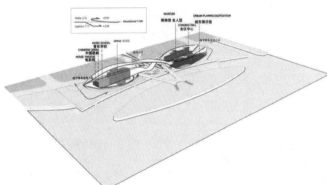

包赞巴克画的构思草图

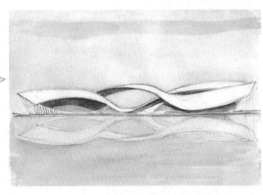

图 0-8 2022 年开始启用的苏州湾文化中心，其主创人包赞巴克在 9hm² 占地范围内，用多维扭曲的冗长飘带状钢铁巨构，把大剧院、博物馆、展览中心和会议中心等包装成一体。这种高投入逆绿色而动的强行装饰，既和"多元业态组合创新"缺少实质关联，又与苏州湾背景建筑同自然环境相互契合的尺度感大相径庭；同时，还为该城市综合体全生命周期的维护及运转留下了难以预料的麻烦和隐患

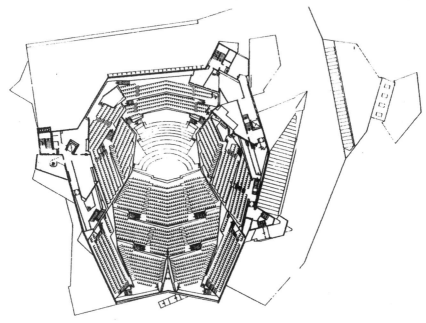

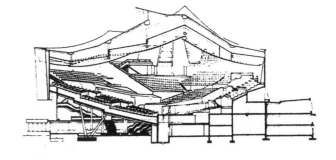

图 0-9 柏林爱乐音乐厅的形体犹如"漂浮的冰山",而便于设计和施工的自由组合屋盖结构与楼座结构所围合的室内空间,则与声学设计原理(声场分布、混响效果)相吻合——建筑很潇洒、浪漫,但结构并不复杂……

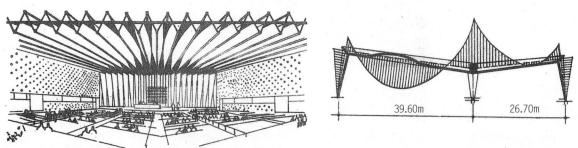

图 0-10　巴黎联合国教科文组织 (UNESCO) 会议厅由布洛伊尔设计。他在运用折板这一空间结构形式时，使墙面折板与屋盖折板刚性连接，并在弯矩较大的一跨使折板向上弯曲，不仅结构整体十分合理，而且对会议厅的声学设计十分有利。此外，室内视觉艺术效果也摆脱了会议厅的装修模式，独具真实、自然的品格

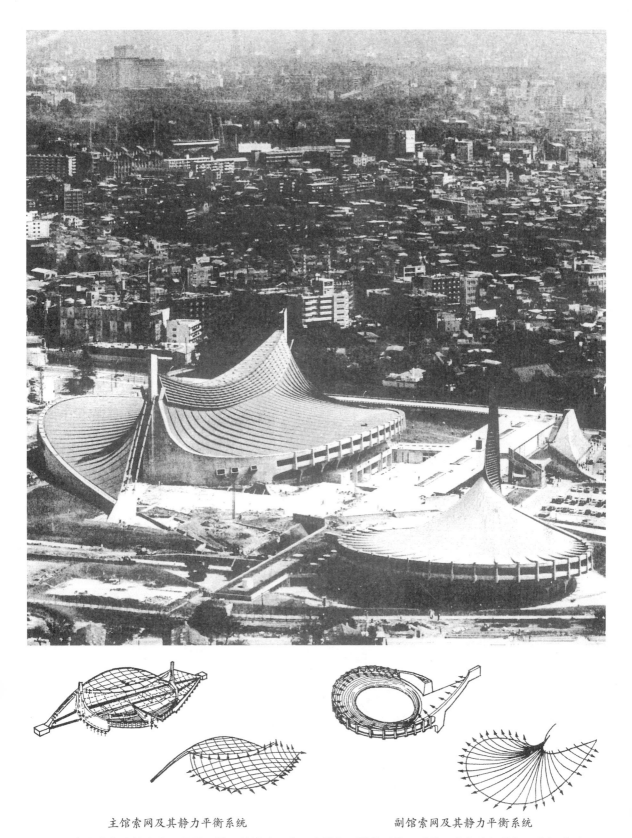

主馆索网及其静力平衡系统　　　　　　　　　　　副馆索网及其静力平衡系统

图 0-11　东京代代木体育中心是丹下健三的巅峰之作,主馆与副馆的形体、动势、内部空间特征、外部造型处理等,都无不与结构思维紧密关联,现场观察体验更可以感受到它们不以高大取胜、不以奇特作秀的人文精神⋯⋯

图 0-12　1967 年蒙特利尔博览会上采用测地线穹顶网状结构的美国馆，堪称是"以最小消耗赢得最大效益"的建筑杰作，它的标志性与室内空间特征不仅令人耳目一新，而且做到了"表里如一"，毫无造作之嫌

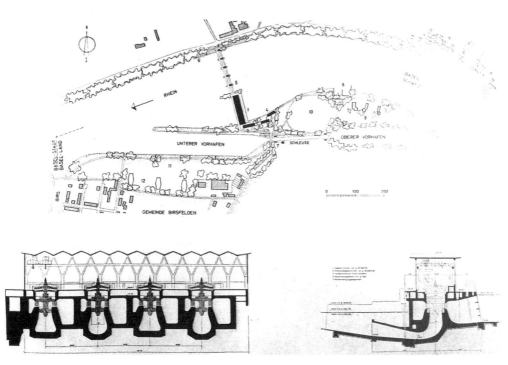

图 0-13 Y 形柱与吊车梁、折板屋盖的巧妙组合，构成了瑞士比尔斯菲登水电站的优雅形象。这里，Y 形柱与吊车梁拉接，有利于抵抗厂房长向上承受的风力和移动荷载产生的推力，折板因与 Y 形柱刚接免去了折板端头部分的加肋构件而显得十分轻巧。该水电站成了它所处环境的美丽亮点

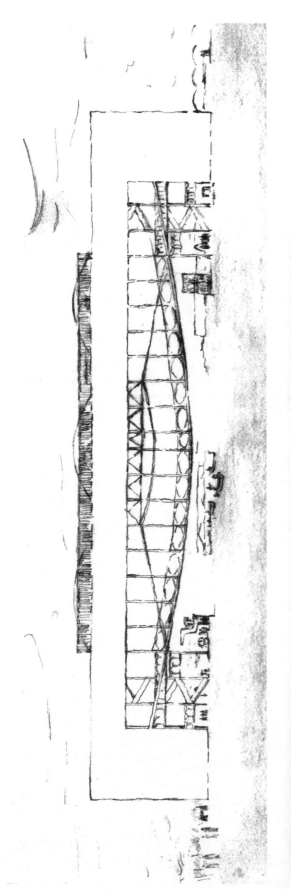

图 0-14 路易斯·康设计的威尼斯议会大楼方案草图（上图）

路易斯·康利用悬索结构解决跨越水面问题的同时，还将结构自然下垂形成的弧面与会议厅座位起坡设计、顶棚声学设计巧妙地结合起来（参见图 2-15），十分有趣

图 0-15 苏联建筑师运用索杆结构的两个设计方案实例

a) 列奥尼多夫设计的植物园温室
b) 科列伊丘克设计的"原子"雕塑

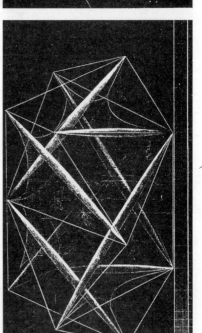

a)

b)

18

图 0-16 在日本举办的 "张拉结构实际运用" 设计竞赛中的最优方案

单元式漂浮港湾是为在渔场作业的渔民提供饮用水、燃油、冷冻储藏，以及船员休息等设施的场所。平面为圆形的漂浮结构，用均布拉索和中心主塔构成了该结构的静力平衡系统，而圆环空间的半圆弧形剖面设计，也有利于减少风力的影响。这个设计方案的结构思维简洁明了，并具有很大的可行性与实用性。

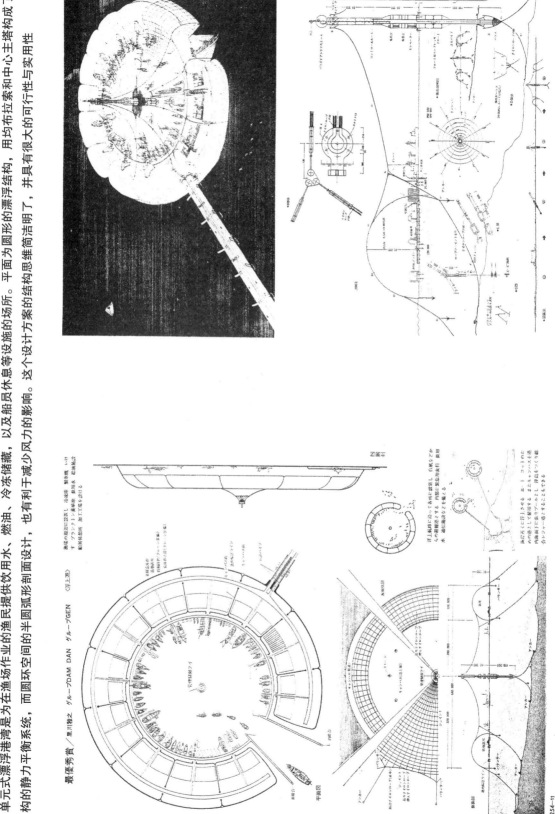

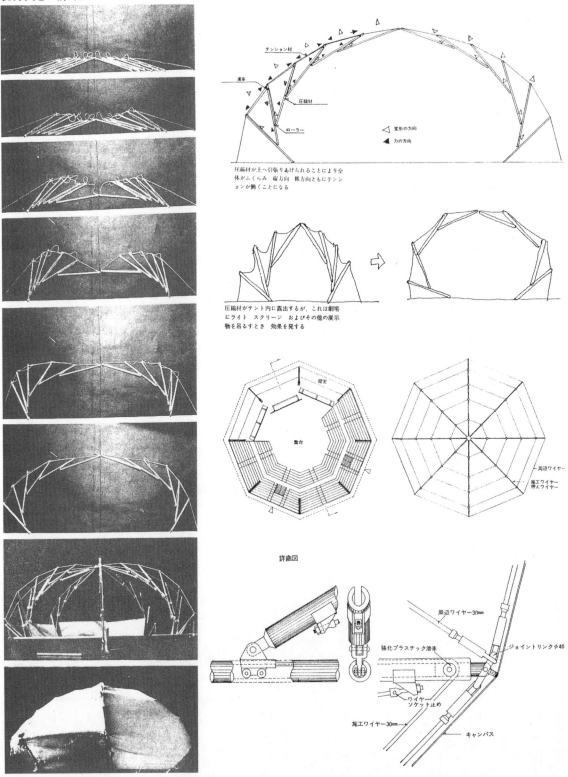

图 0-17　在日本举办的"张拉结构实际运用"设计竞赛中的优秀方案
——该方案以四条由索杆组合而成的拱形平面结构单元，构成了八边形观演空间的帐篷骨架。观众席看台构形
与索杆系统接地斜撑相一致，呈中心对称布置而又十分轻便的索杆结构系统也便于安装施工

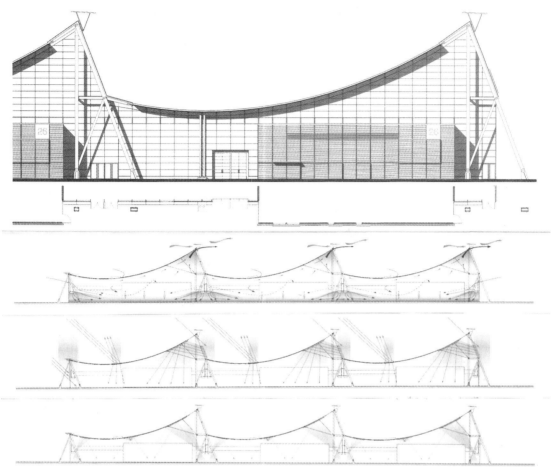

生态技术分析图 /analysis of ecological technology

图 0-18　汉诺威博览会 26 号展厅，被认为是独具艺术性的结构造型与可持续发展设计观念的完美结合。通过巨型钢架和悬挂式屋面结构系统的深入设计，使得 200m×116m 的大型展厅在自然通风、自然采光和室内声学各方面都达到了十分满意的效果，结构所覆盖的空间有起有伏，也便于布置大小不同的展品

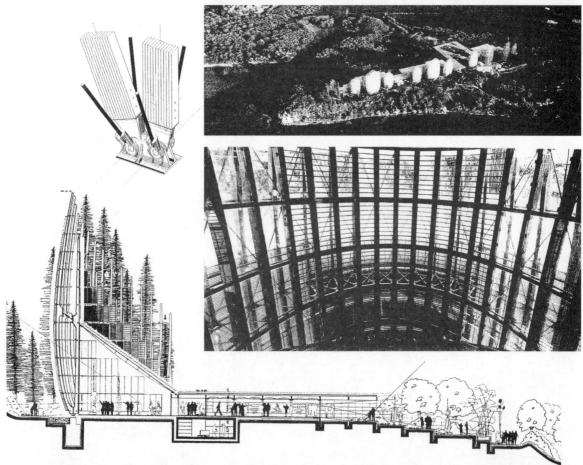

图 0-19 高技术如何与传统建筑文化相结合，已成为当今创作中颇有兴趣的问题。由伦佐·皮阿诺设计的新卡里多尼亚的吉芭欧文化中心，由三个村落组成，其结构运用的独到之处表现在剖面设计中：设计者用高大的弧形双层外壳结构耸立在低矮建筑体量的一侧，面向大海，使之起到控制主导风向并促使空气对流的作用。双层外壳结构表面，具有当地建筑织物般的肌理

a)

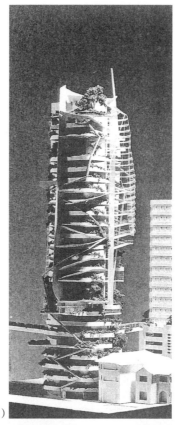

b)

c)

d)

e)

图 0-20　杨经文在新加坡设计的这座展示性生态塔楼看
上去很复杂，其实只要塔楼主体结构便于在建筑设计上做
"加减法"，那么按照杨经文生态设计的理念和语言，在
不同楼层中去灵活插入各类建筑元素就没有什么太大的困
难。塔楼的结构设计还满足了可以灵活拼装的要求，甚至
楼板都可以重新组装。该建筑的能源和材料浪费降低到了
最低程度

a）模型鸟瞰
b）模型西侧
c）模型东侧
d）首层平面
e）模型屋顶
f）七层平面

f)

23

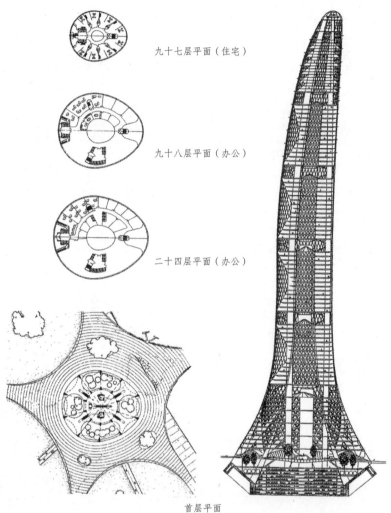

九十七层平面（住宅）

九十八层平面（办公）

二十四层平面（办公）

首层平面

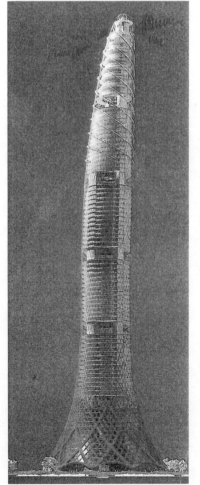

图 0-21 英国"未来系统"建筑事务所设计的《绿鸟》，旨在探索现代城市中心区摩天楼建设所遇到的能耗过高、交通混乱、人情淡漠等问题。该结构系统一方面与具有"烟囱效应"的自然通风系统相适应，一方面又以卵形平面和双曲线立面构成的形体与空气动力学原理相吻合，达到了以最少的材料消耗完成建造任务的目的。从剖面设计可以看出，内筒中的 4 根主要立柱，仅一侧在大楼高度的二分之一处向上内倾，而另一侧则始终保持垂直状态，形体的弯曲只通过水平楼层的悬挑和外围护结构系统的相应变化而形成，构思十分巧妙。如果形体弯曲的方向指向主导风向，则结构整体的受力状况将更加合理

24

图 0-22 由 RUR 事务所设计的中国台湾阿里山旅游通道方案，在 2003 年国际竞标中获胜。该方案提出，沿阿里山铁路线，通过组织一系列休闲观光设施，使旅游者亲身领略到由山底至山上四种迥然不同的生态景观特色。可感知的建筑体量不多，而形成跨越、高架和悬挑之势的网络状空间结构却成了大地景观的主角，结构思维则成了阿里山旅游通道设计的灵魂。如果在这里也采取"结构反叛"的猎奇思路，那么该工程的实施就势必会陷入一筹莫展的困境了

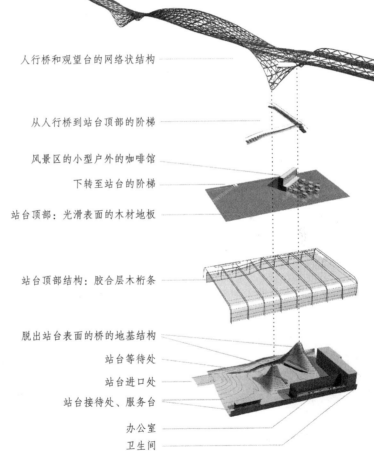

人行桥和观望台的网络状结构

从人行桥到站台顶部的阶梯

风景区的小型户外的咖啡馆

下转至站台的阶梯

站台顶部：光滑表面的木材地板

站台顶部结构：胶合层木桁条

脱出站台表面的桥的地基结构

站台等待处

站台进口处

站台接待处、服务台

办公室

卫生间

图 0-23 德国"诺玛雅 3"南极科考站"太空屋"是一组拱形结构，每一部分有 4 根支柱，高达 5 层，建筑外表符合空气动力学原理，可抵御里氏 7.5 级地震、时速 220km 的狂风和高达 3m 的海浪。该建筑采用了太空舱使用的超轻材料：碳纤维强化塑料

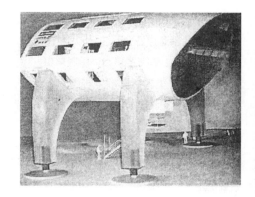

图 0-24 穹隆半径为 2200m、中心高 240m 的"气承式天空"，可以构成 15000 人至 45000 人居住的北极城，这对于进入 21 世纪的人类来说，已不是梦想（下面两幅图分别是北极城的外景与内景）

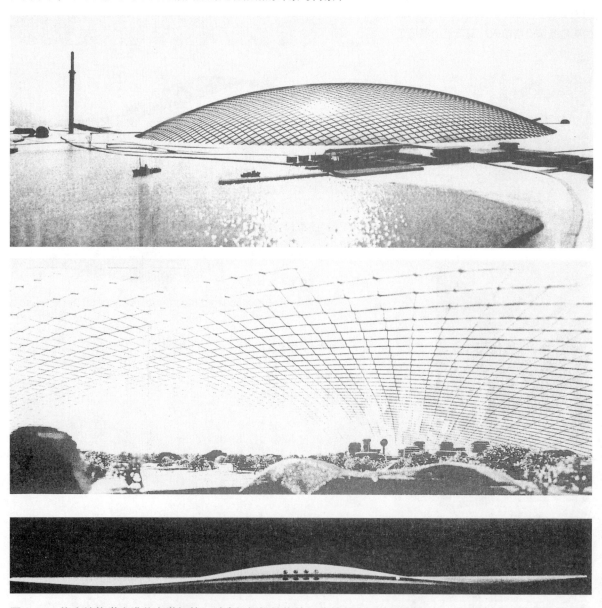

图 0-25 仿生结构学充满着力学智慧，对我们领悟结构的正确性与合理性很有启示。这是卷叶形壳体桥的优美造型，它的力学原理是以其向上下翻卷的体形来增强桥的刚度和承载能力

建筑结构
思维是综
合创造力
的展现

要点提示：

　　结构处在自然空间和建筑空间之中，故要同时考虑力场的作用和建筑方面的各种要求。正确对待与合理解决传力方式与传力系统，是良好结构设计的大前提，而从实际出发，综合处理结构与建筑中的各种矛盾，以使结构的运用达到物尽其用、用得其所的目的，这乃是结构构思所要解决的中心问题。结构传力路线越短，越直接，结构的工作效能就越高；结构处于承受直接应力状况时，能更好地发挥和利用材料的力学性能；结构的连续性可以使应力分布比较均匀，从而有利于降低材料的消耗——结构传力中的这些普遍规律，是我们在结构构思中进行力学判断的依据。结构构思是辩证思维的过程，也是设计思路与设计手法统一的过程。

1　建筑结构思维是综合创造力的展现

……现在建筑设计所要求的新的、宏伟的结构方案，使得建筑师必须要理解结构思维，而且应达到这样一个深度和广度：使其能把这种基于物理学、数学和经验资料之上而产生的观念，转化为一种非同一般的综合能力，转化为一种直觉和与之同时产生的敏感能力。

——P.L. 奈维：《结构在建筑中的地位》

信息化社会（Information Society）对现代建筑的巨大冲击，迫使我们要急速地扩大自己的知识范围，并使这些知识转化为进行现代建筑设计与创作所必须具备的那种综合创造力。"结构思维"就是此综合创造力的一种重要展现。

早在 20 世纪初（1922 年），一贯注重结构逻辑的建筑大师密斯·凡德罗就曾这样地谈论过摩天楼："摩天楼大胆的结构思维，随着施工的进展而呈现出来，巨型的钢铁网架给观者以强烈的印象。"但他又紧接着批评道，由于加上去的外墙掩盖了结构骨架，因而失去了这一结构思维的艺术表现力。所以，他认为采用玻璃外墙是适应摩天楼结构形式的一种创新。⊖

20 世纪 60 年代以来，在现代建筑的设计与创作中，建筑师应当怎样去掌握和运用结构原理，引起了国际建筑界学者们的关注。以研究这一课题而著称的 H.W. 罗森迟尔，在 1962 年出版了专为建筑师而写的"结构的确定"（Structural decisions）一书。这本著作不仅对建筑师必须掌握的结构力学原理做了深入浅出的系统阐述，而且，还在字里行间的夹叙夹议中，提出了精辟的理论观点。他明确指出："量的分析是为实践的目的所需要的。但计算不能认为就是目的，而且这应当留给专家们去做。对于建筑师来说，最为重要的，乃是导致这些计算且体现着对结构原理的思考过程（thought processes）。"

进一步把"结构思维"这一概念同建筑师的基本技能训练联系起来的，是蜚声国际建筑界的意大利建筑师兼结构工程师 P.L. 奈维。他在专门论述建筑师的训练时，创造性地提出："问题的核心是如何在学生中发展一个作为结构思维不可缺少的、以直观为基础的力学意识……"⊖ 他认为，现代建筑设计所要求的宏伟的结构方案，"使得建筑师必须要理解结构思维，而且应该达到这样一个深度和广度：使其能把这种基于物理学、数学和经验资料

⊖　密斯·凡德罗的建筑思想.张似赞译.建筑师，第1期。此言论是译自《苏维埃建筑论文集》，文中"结构思维"是由俄文"КОНСТРУКТИВНЫЙ ЗАМЫСЕЛ"而来。

⊖　Siegel Curt：《Structure and Form in Modern Architecture》. London，1962.

之上而产生的观念，转化为一种非同一般的综合能力，转化为一种直觉和与之同时产生的敏感能力。"[⊖] 以下，我们将从七个方面来阐述有关结构思维理论的基本观点。

一、结构在建筑中的作用：双重空间中的结构

当任何一幢房屋还没有任何设施的时候，却有了支撑着房屋的"骨骼"——即采用一定材料，按照一定力学原理而营造的结构。

房屋的结构既处于自然空间之中，又处于建筑空间之中。发展至今，建筑空间又可分解为受功能要求制约的合用空间和受审美要求制约的视觉空间。

房屋在自然空间中要抵抗外力的作用而得以"生存"，首先要依赖于结构。而合用空间与视觉空间的创造，也要通过结构的运用才能实现。结构在建筑中的地位与作用如图1-1所示。

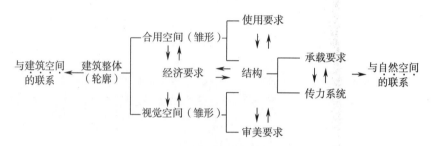

图 1-1　结构在建筑中的地位与作用

正由于结构处于自然空间之中，故要考虑"力场"对结构的作用（图1-2，见本书34页）；又由于结构处于建筑空间之中，因而又深受功能、经济与艺术诸方面要求的制约和影响。在现代建筑的设计与创作中，结构运用的复杂性与难度，无不发端于此。

结构处于两个空间之中，它所涉及的面很广，因而较之于其他专业，它同建筑的关系更为密切。如果说，人物画家或外科医生必须熟练地掌握人体骨骼的话，那么，建筑师就必须很好地懂得"建筑骨骼"！

二、结构思维的特殊意义：对建筑骨骼的摹想

对于结构工程师来说，他的工作可以概括为三个阶段：提出结构方案，进行结构分析和应力分析，确定结构形式及其几何尺寸。

结构分析和应力分析是结构设计中的计算阶段，在现代，电子计算机已经能够承担这一任务。但是，必须强调指出，结构的计算并不能代替结构的设计。良好结构设计的大前提，乃是正确对待与合理解决结构的传力方式与传力系统。换而言之，良好的结构方案，就是良好结构设计的重要前提——这正是结构思维的特殊意义所在。

一个成熟的建筑师，从建筑设计方案阶段一开始，就会在脑子里不断地考虑这样一

⊖　P.L.Nervi：《The place of Structure in Architecture》. Architectural Record 1956. No 236.

些问题：这座房子的"骨骼"是什么样子的？用什么材料和方式来构成它？这样的"骨骼"构成形式是否能满足建筑功能方面的各种要求？它本身是否经济合理？对建筑空间、体形及其建筑风格的艺术表现又会带来什么影响？如此等等。这正如马克思指出的那样："使最拙劣的建筑师都比最巧妙的蜜蜂更优越的，是建筑师以蜂蜡建筑蜂房以前，就已经在他脑海中把它构成了"（《资本论》一卷），不论我们自觉地意识到了与否，在建筑方案阶段，对建筑物的"骨骼"就已经轮廓式地"把它构成了"，结构思维就已经是客观地存在着了。

现代建筑学是一门整体性和综合性很强的学科。作为建筑师，他在考虑结构问题时，不仅要同时涉及功能、技术、经济以及艺术等诸方面的因素，同时，还要统筹处理其他各专业的技术要求与结构之间的矛盾。因此，尽管建筑师在结构专业的理论深度上，可以远远不及结构工程师，但在思考结构问题的广度上，却应当处于领先的地位。

三、结构思维的中心问题：综合处理各种信息

在现代建筑的设计与创作中，结构的运用会遇到来自各个方面的许多具体矛盾。诸如：与建筑物使用空间的大小、形状、组合方式之间的矛盾；与建筑物采光、通风、排水、排气、音响、开启面等要求之间的矛盾；与建筑物采暖、空调、给水排水、电气照明、工艺等设备布置之间的矛盾；与建筑材料、施工条件及其技术水平之间的矛盾；与建筑工程投资、建筑经济要求之间的矛盾；与建筑体系及其工业化生产方式之间的矛盾；与建筑构图中对空间、体量、比例、尺度等美学要求之间的矛盾等。归根结底，结构的运用影响到建筑工程的各个方面。这些来自建筑功能、建筑技术与经济以及建筑艺术诸方面的具体矛盾，都作为"信息"而不断地输入到建筑师的脑子里。结构思维就是要在结构运用的过程中，来综合地处理这些信息。

结构既要把建筑空间及其实体支撑起来，又要把作用于建筑物上的一切荷载传递到地基上去。荷载传递问题的解决，不仅直接决定着结构自身的安全与经济，而且，也会对建筑功能、建筑技术和建筑艺术带来莫大的影响。这就要求我们，必须在考虑如何组织和解决结构的传力系统、传力方式问题上下一番功夫。在现代物质技术条件下，解决这一问题的结构方案是多种多样的，其中，总可以探求到与建筑功能、建筑经济以及建筑艺术等诸方面要求比较相适应的结构系统和结构形式。

由此可见，如何从客观物质技术条件的实际出发，把满足建筑功能、建筑经济以及建筑艺术等诸方面的要求，与合理组织和综合解决结构各个部分的传力系统、传力方式有机地结合起来，以达到物尽其用、用得其所的目的，这乃是现代建筑结构思维所要抓住的中心问题。

四、结构思维的力学判断：结构传力普遍规律

现代建筑的空间概念是与其结构的力学概念密切相关的。正如西格尔（Curt Siegel）指出的那样："我们必须打破旧习陈见，更系统更广泛地深入到结构形式所据以发展的力

学、静力学以及一些物理的自然规律中去。"[a]这也就是奈维常常说的那种"力学意识"（static sense）。

现代结构技术的理论基础是力学中的一个分支——建筑力学，其中包括理论力学、材料力学、结构力学、弹性力学与塑性力学等多种独立课目。然而，如前所述，结构设计的重要前提在于构思，计算只是作为验证的手段。在结构思维的过程中，更为重要的是运用建筑中的基本力学概念来进行概略的推理和初步的判断。

从力学观点来看，现代建筑的结构体系及其形式如图1-3所示。

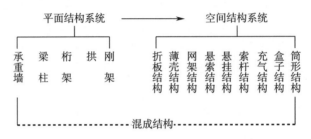

图 1-3 现代建筑的结构体系及其形式

许多结构专著都对上述这些结构形式的受力性能和受力特点做了具体分析，这是我们所应当熟知的，以免在运用这些结构形式时出现原则性的错误。然而，在现代建筑的设计与创作中，仅仅停留在对已有的结构形式的力学原理的认识上是不够的，还必须进一步去揭示和掌握反映在这些结构力学原理中的普遍规律。这样，不仅可以提高对结构方案进行推理判断的直观能力，而且，还可以引导我们去探索那些既能满足建筑功能需要，又能适应材料力学性能的更加经济有效、先进合理的结构体系与结构形式。

通过对建筑实践的长期考察和分析，我们可以总结出以下一些结构传力中的普遍规律。

1）在荷载作用下，只有当结构具有足够的抵抗破坏的能力、抵抗变形的能力和维持原有平衡状态的能力时，才能安全可靠地进行力的传递。换言之，结构的安全可靠性或结构的承载能力是由它的强度、刚度和稳定性这三个方面综合决定的。

现代轻质高强建筑材料的出现，使得满足结构强度的要求，与满足结构刚度和稳定性的要求之间的矛盾日趋尖锐。采用轻质高强材料的结构断面，若按强度计算可以大大减少，但是，在荷载（主要是受压或受弯）作用下，结构则极易产生挠曲或失稳而破坏。为了保证结构的刚度和稳定性来加大结构断面是很不经济的。因此，如何充分而巧妙地运用以受拉传力方式为主的结构系统，这已成为现代建筑结构思维中广泛引起人们兴趣与关注的问题。

2）在荷载作用下，结构的传力路线越短、越直接，结构的工作效能就越高，所耗费的建筑材料也就越少。

一个又好又省的结构设计，应当根据最短的传力路线来组织其结构部件，这是必须铭记的一个原则。当然，实际上结构中力的传递总是要走一定的弯路的。力在普通的梁构件中走的是最长的弯路（图1-4），所以从力学观点来看，这种梁构件是很不理想的结构形式。

⊖　Curt Siegel：《Structure and Form in Modern Architecture》.London，1962.

在许多情况下，我们可以通过对结构传力路线的分析比较，来判断结构形式或结构受力状况是否合理，图1-5~图1-7便是几个典型的例子。

结构所承受的来自上部的荷载越大，就越应当注意简捷的传力路线的组织。有趣的是，在这一点上，我们从工程仿生学和古生物学那里也可以得到很好的启示。图1-8说明，古代恐龙躯干的巨大重量，就好像是按照拱结构的形式，通过支腿而径直传递到地面上来的，因此这种极其庞大、沉重的走兽才能在陆地上得以活动和生存。

3）在荷载作用下，结构处于承受直接应力（即轴向压应力或拉应力）状况，比处于承受弯曲应力或混合应力（即偏心受压或受拉时所产生的应力）状况时，能更好地发挥和利用材料的力学特性和承载能力。

图1-9表示了同样大小一块材料在轴向受压受拉、偏心受压受拉以及受弯时，其截面上应力分布的情况。显然，应力分布的阴影面积在轴向受压受拉时最大，在偏心受压受拉时次之，而以受弯时最小。这就说明了，材料力学特性与承载能力得以发挥和利用的程度，是随着结构受力性能的不同而有显著差异的。这也正是为什么应使结构尽量避免处于受弯工作状态的原因所在。

一般来说，在荷载作用下，结构中总会有弯矩产生，只是在某些情况下量值很小而已。因此，弯矩不仅是结构力学计算中的一个极其重要的因素，而且也是结构思维中进行推理判断的一个基本力学概念。罗森迟尔（H. Werner Rosenthal）在《结构的确定》一书中特别指出："对设计者而言，弯矩图形及其含义比一些孤立的弯矩数值更为重要。"

借助于弯矩概念和弯矩图形分析，可以启发我们考虑结构方案的基本思路，进一步去探求尽可能减小结构中弯曲应力的各种途径（图1-10、图1-11）；可以比较不同结构形式的工作原理，以深入了解和掌握各种结构形式赖以演进、发展的力学根据（图1-12、图1-13）；可以研究不同结构方案的受力性能及其受力特点，以确定与建筑要求相适应的合理结构形式（图1-14）；可以判断结构体形的基本特征，以确定结构的哪些部位应当加强，结构断面乃至建筑体形应当如何处理等。总而言之，我们要善于把弯矩概念和弯矩图形分析同结构构思紧密地联系起来。

4）结构的连续性可以改进结构的工作性能，减小内力，使应力分布比较均匀，从而有利于降低材料消耗，并充分发挥材料的力学性能。

结构的连续性首先是指它的整体性。图1-15是连续梁与简支梁弯矩分布的比较，从中可以看出，简支梁虽然也串在一起，但仍然是各自处于单独的工作状态，而连续梁则由于筑成一体，使结构在局部荷载作用下受力范围扩大，因而结构中有更多的材料一同抵抗荷载，故其内力和变形都自然减小。换言之，结构的连续性，其意义首先在于可以提高它的承载能力和刚度，为了说明这一点，西班牙著名结构工程师托罗哈（E.Torroja）曾引用一个形象化比喻的插图（图1-16）。

结构的连续性还表现在结构构件交接处方向"渐变"的体形特征上。当结构构件交接处突然变换方向时（如梁与柱、主梁与次梁等就是最典型的情况），则会出现应力集中的现象（所以在梁与柱、主梁与次梁等直角相交处有大量的钢筋集中）。从力学观点来看，结构构件的交接以微曲线过渡比较理想，此时，应力分布较均匀，"力流"通过时较顺畅（图1-17）。以此便可推断，当壳体构件成连续曲线时，不仅造型上显得优美，而且对结构中内力的传递也很有利（图1-18）。

图 1-2 房屋的结构既处于自然空间之中，又处于建筑空间之中，房屋要在自然空间中得以"生存"，首先就要考虑"力场"对结构的作用

图 1-5 在钢筋混凝土空间框架结构（图 b）中，结构的各部分共同受力，改变了传统骨架结构（图 a）中荷载经由板→小梁→大梁→立柱→基础的"叠罗汉"式的传力方式，大大缩短了结构传力路线……

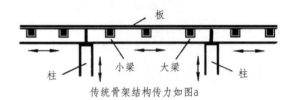

传统骨架结构传力如图 a

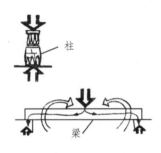

图 1-4 以最短的传力路线来组织结构部件，这是结构构思的一个重要原则。中心受压的柱传力直接，而在受弯的梁中，力走最坏的弯路

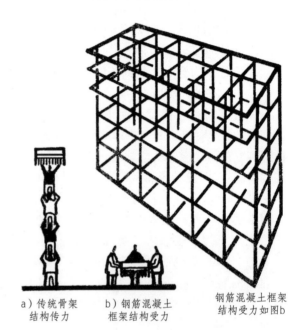

a）传统骨架结构传力　　b）钢筋混凝土框架结构受力

钢筋混凝土框架结构受力如图 b

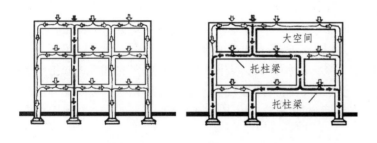

图 1-6 在同类型的多层框架结构中，由于设置大空间而出现"托柱梁"时，结构中传力路线就要曲折、迂回得多。显然，这种空间布局是由于缺少结构思维的力学意识而造成的

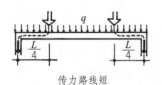

传力路线短　　　　传力路线长

图 1-7 在均布荷载和在集中荷载作用下，结构中的传力路线也是不同的。可以看出，尽可能使结构部件承受均布荷载，这将有利于提高结构的工作效能

图 1-8　古生物学的启示：恐龙的"支撑结构"及其躯体中力的传递——上面像拱桥，下面像吊桥

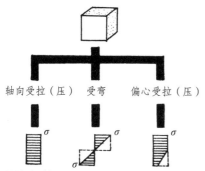

轴向受拉（压）　受弯　偏心受拉（压）

材料利用充分　材料利用最少　材料利用较少
（σ：材料最大许可应力）

图 1-9（左图）　同样大小的一块材料在不同受力情况下，材料截面上应力分布的情况。从阴影面积比较中可以看出材料的力学性能在结构受弯时利用最小

图 1-10　高层建筑结构构思与弯矩分析举例：小麦杆上"茎节"分布的距离向下依次缩短，这些"茎节"起着减小弯矩的作用（图 a）。苏联建筑师 A.拉查列夫根据这一力学原理，提出了带"茎节"的高层公寓方案的设想（图 b）

b ）

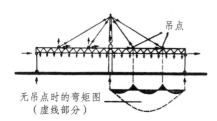

吊点

无吊点时的弯矩图
（虚线部分）

图 1-11　大跨度建筑结构构思与弯矩分析举例：通过设置斜拉吊点来有效地减小大跨度水平构件中的弯矩

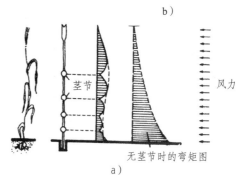

茎节

风力

无茎节时的弯矩图

a ）

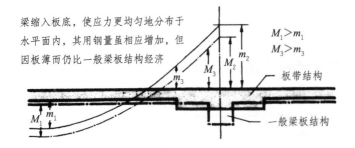

梁缩入板底，使应力更均匀地分布于水平面内，其用钢量虽相应增加，但因板薄而仍比一般梁板结构经济

$M_1 > m_1$
$M_3 > m_3$

板带结构

一般梁板结构

图 1-12　结构工作性能比较与弯矩分析（例一）：板带结构比一般梁板结构要经济

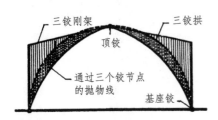

三铰刚架　　　三铰拱
顶铰
通过三个铰节点的抛物线
基座铰

图 1-13　结构工作性能比较与弯矩分析（例二）：三铰拱（或刚架）、两铰拱（或刚架）上任意一点的弯矩值大小随阴影面积的形状变化而变化

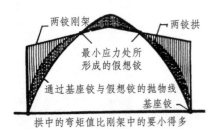

两铰刚架　　　两铰拱
最小应力处所形成的假想铰
通过基座铰与假想铰的抛物线
基座铰
拱中的弯矩值比刚架中的要小得多

图 1-14　结构方案比较与弯矩分析举例（内走廊办公楼）

a）没有利用结构的连续性，结构中产生的弯矩相当大

b）利用了结构的连续性，但梁柱为刚接，节点笨重

c）自由端悬臂结构，平面布局灵活，但固定端弯矩很大，必须加大梁高

d）一端有支撑的悬臂结构，刚性节点少，大部分荷载由中央部分的柱子承受，外柱所承受的荷载不超过整个跨度荷载的 3/8

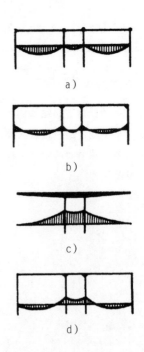

a）

b）

c）

d）

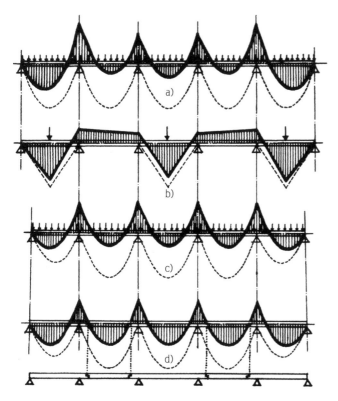

图 1-15　结构的连续性与弯矩分析举例：连续梁与简支梁弯矩分布的比较（虚线所示为简支梁弯矩）

a）等跨，均布荷载，连续梁边跨弯矩值较中间跨为大

b）等跨，集中荷载，与图 a 相比，连续梁与简支梁的最大弯矩值相差较小

c）相应减小边跨，可使均布荷载作用下连续梁边跨的弯矩值等于或接近于中间跨弯矩

d）连续梁装配时的接头点位置应在中跨弯矩值为零处（最下面的装配式连续梁简图所示）

图 1-16　结构的连续性可以提高结构的承载能力

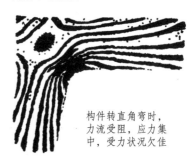

构件转直角弯时，力流受阻，应力集中，受力状况欠佳

构件转角呈圆弧状时，力流顺畅，应力分布较均匀

图 1-17　结构的连续性有利于构件中应力分布均匀

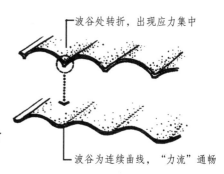

波谷处转折，出现应力集中

波谷为连续曲线，"力流"通畅

图 1-18　连续曲线不仅造型优美，而且符合结构的力学原理

理解和铭记上述这些结构传力中的普遍规律，还仅仅是建立和培养结构思维中力学意识的开始，更重要的是，必须在建筑设计与创作实践中，通过举一反三的灵活运用方能奏效。事实上，那些违背结构力学原理，不合结构逻辑的建筑方案是屡见不鲜的。在国内外的建筑工程实践中，也有不少建筑方案，只是在对其结构系统和结构形式做了重大改进之后才得以实施的。由此可见，结构思维中的力学推理与判断，对于建筑方案的可行性分析和建筑方案的取舍是多么重要了。

以上我们讨论了结构传力中的普遍规律。掌握了这些规律，虽然对结构思维中的力学判断有很大的帮助，但我们也不能忽视不同结构系统中不同结构形式的特殊工作原理。只有同时从结构传力规律的普遍性与特殊性去加以把握，我们才能在结构思维的过程中，充分发挥自己的主观能动性。为此，作者特意将"各类结构形式工作原理要点"附在本书之后，以供大家需要时参考。

五、结构思维的展开进程：逐步形成结构方案

结构思维是随着建筑方案的酝酿、形成、深入、完善而逐步发展的。建筑方案要依存于结构，而结构方案则又要统一于建筑，二者既有区别，又有密切联系，所以，我们很难将结构思维的过程孤立地划分为几个简单的程序。但从建筑设计与创作的实际情况来看，我们不妨把结构思维的展开进程分为以下两个大的阶段：

（一）从总体关系上把握结构方案的初步形成

在这个阶段，就是要根据建筑材料和建筑施工技术条件的可能，通过对建筑物空间系统构成特点的分析与归纳，运用结构工程的力学原理与力学规律，大体上确定结构传力系统中各组成部分的结构形式及其相互间的联结方式，以求构成与建筑雏形相适应的结构雏形。为此，我们所要考虑的主要问题是：

所提出的结构方案在满足建筑功能要求方面，包括采光、通风、热工、声学、各种设施的安装以及使用空间的合理性、灵活性等，各具有哪些优缺点？

这些结构方案在组织和解决结构的传力系统、传力方式问题上，大致可以获得怎样的技术经济效果？其中，也包括结构所围合的空间是否能得到有效而充分的利用？

根据工程施工的物质技术条件和其他具体情况（如气候条件、交通状况、施工期限等），分析这些结构方案付诸实施的可能性如何。

此外，在一些情况下，从一开始，还需要把建筑艺术方面的要求（包括建筑风格和建筑个性的创造），同结构方案的构思紧密地结合起来。

通过以上概略的分析和比较，我们便可以对这些不同方案的结构雏形进行综合取舍，并为结构思维的不断深入和发展打下基础。

（二）从局部关系上解决结构方案的具体问题

随着建筑设计的全面展开，与结构相关的许多矛盾，甚至料想不到的一些具体问题，都会一一暴露出来。对此，我们都要悉心地加以考虑，诸如：

结构形式不能较好地适应建筑功能方面的某些个别要求时，如何改进？

结构系统中某些部件受施工技术条件的限制而难以实施时，如何解决？

结构各组成部分之间的某些联结方式或节点构造比较复杂时，如何处理？

结构的构成系统与水、暖、电以及工艺设备的布置相互"打架"时，如何协调？

结构本身由于力学要求或施工技术要求而具有的几何体形，与人们对建筑的审美要求发生矛盾时，又如何统一？等等。

类似这样的问题，在建筑设计的施工图阶段还会遇到许多。当然，这些具体问题的解决，需要综合权衡、统一考虑，采取各种相应的措施。但是，在这个过程中，也往往需要对原来所提出的结构方案做必要的局部调整，以使其更加合理和完善。所以，从广义上来说，结构构思应贯穿于建筑设计的始终。可见，结构思维的基本技能，不但取决于掌握和运用工程结构原理的熟练程度，而且也取决于掌握和运用建筑设计原理的熟练程度。

六、结构思维的应变方式：思维序列的灵活性

建筑设计与创作是基于一定物质技术基础上的精神生产，是按照逻辑思维与形象思维的规律，在错综复杂的思维序列中展开的。

在国际建筑界颇有声望的美国建筑师 E. 沙里宁（Eero Saarinen），把维特鲁威对建筑要素的经典提法"适用，坚固和美观"，明确地解释为"功能、结构和美"。他认为，不论是古代建筑还是现代建筑，都必须满足这三个条件，而每个建筑师"也在这三个条件约束之下找到了自己的表现手法。"[⊖]

尽管人们对建筑创作内涵的认识在不断深化，然而，沙里宁这里说的"功能、结构与美"，仍可视为构成现代建筑创作基本思维序列的三个要素（当然还有其他思维序列及其要素）。艺术心理学的研究表明，不论是创作构思的全过程，还是这一过程中所呈现出来的各个片断，建筑创作总体思维序列中的基本要素都具有程序可逆、排列灵活的特点。从图 1-19 所示建筑创作总体思维序列的变化情况可以看出，"结构"所处的"位势"各不相同，其中最为典型的如：

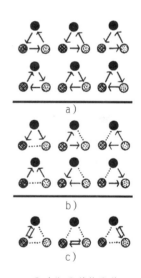

a)

b)

c)

●功能 ◉结构 ◐美

图 1-19 结构思维的应变活力与建筑创作总体思维相关联

a）单向性思维序列

b）双向性思维序列

c）排他性思维序列

结构要素是建筑创作总体思维序列的"始发点"——设计者可以首先确定某一特定几何形体的结构形式，然后，再在此结构所覆盖的空间中去探求相应的合用空间和视觉空间构成；

结构要素是建筑创作总体思维序列的"中间点"——设计者可以首先大体确定合用空间或视觉空间的几何形体，随之考虑相应的结构系统形式，最后再对合用空间或视觉空间进行调整；

结构要素是建筑创作总体思维序列的"终结点"——这就是说，设计者可以暂时排除对结构问题的考虑，而主要是潜心于合用空间与视觉空间的创造。进行到一定程度之后，再来分析和确定比较适宜的结构系统形式，如此等等。

在建筑作品的精神生产过程中，人脑的高级思维活动处于瞬息即变的状态。事实上，在许多情况下，这些无影无踪的思维活动，也绝非是上述文字所描写的这般清晰。但是，这种错综复杂性本身

⊖ 《功能、结构与美》，在英国建筑学会特别会议上的讲演，刘振亚译、张似赞校，《建筑师》第7期。

却恰好说明了，结构构思是辩证思维：在各种建筑工程的设计与创作中，尽管结构思维的中心问题、结构思维的发展层次都没有太大区别，但是，从整个建筑设计与创作的总体思维活动来看，结构构思却并非是在同一种模式中进行的，这里有一般与特殊之分、从属与优先之分以及难易之分、巨细之分等。总之，根据建筑工程的不同要求和不同条件，通过灵活多变的总体思维序列，最后总是可以达到"功能、结构与美"的相对统一的。

任何建筑设计与创作总会有其特定的前提条件，建筑师对于各种客观条件以及设计中各种矛盾的分析综合，必然形成各自不同的主导性创作思路。我们平时所说的思路不活，其实就是指思维序列中基本要素之间的排列关系太死板、太机械。如有些人总习惯于按照"功能→结构→美"这个模式来进行思考，总以为在任何情况下，结构形式都只服从于建筑的物质功能。看起来这只是一个具体的思维方法问题，但却直接影响到创作技巧的发挥和创作水平的提高。

七、结构思维的敏感能力：思路与手法的统一

现代建筑的结构思维不仅是辩证思维，而且也是思路与手法的统一。

一个好的设计思路，总要靠一定的设计手法来完美地表达。倘若思路离开了手法，那就会变得空洞、抽象，甚至拿起笔来也会感到无从下手。所以，结构思维不只是要注重思路，而且还要注重手法。要以手法去体现思路、启迪思路，同时，又要以思路去挖掘手法、创造手法。

思路开阔敏捷而手法又随机应变，这正是现代建筑结构思维所要求的那种敏感能力。

结构思维的敏感能力主要表现在：

1）根据不同建筑工程的客观条件，善于抓住结构构思中难以解决的主要环节，并能很快明确应当把注意力放在一些什么问题上。

2）鉴于结构涉及的专业面很广，当提出一种解决矛盾的想法时，要能同时考虑到由此而可能带来的其他问题，或由此而可能解决的其他问题。

3）在综合权衡中，能果断地放弃一些想法，或者能由一种想法机智地联想到（转入到）另一种新的想法（包括思路和手法）。

4）善于在那些看起来似乎是难以办到，却又富有独创性的想法中进行分析研究，并从中找到付诸实施的可能性。

总之，结构思维的敏感能力是建筑创作中思路开阔敏捷而手法又随机应变的集中反映。所以，在以下几章里分别来探讨合用空间的创造、视觉空间的创造和经济价值的创造时，我们都将同时涉及结构思维中的"思路"与"手法"这两个方面的内容。

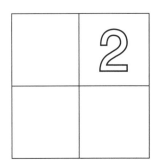

建筑结构
思维与合
用空间的
创造

要点提示：

　　结构的运用首先是为了创造合乎使用要求的空间，为此，结构思维的基本思路十分开阔，诸如：如何使结构所覆盖的空间与使用空间相趋近，如何使结构的合理几何体形与建筑物采光、照明、通风、排气、排水、声学乃至开启面设置的要求相协调，如何从结构的静力平衡系统来考虑建筑物的空间组合，如何从结构的整体受力特点和结构传力的定向控制来考虑建筑物的空间扩展等。在现代建筑创作中，这是一些非常有趣，而又与建筑创新密切相关的问题。要完美地去解决这些问题，不仅需要丰富的建筑空间想象力，而且还需要热心于结构工程实践的务实精神。

2 建筑结构思维与合用空间的创造

在一定程度上来说，摹想结构的过程乃是一种艺术，但是，功能方面的要求和结构方面的要求，却必须密切地结合起来。

——Z.S. 马柯夫斯基：《结构的确定》一书前言

结构的运用首先是为了创造合乎使用要求的空间，即合用空间。

在现代建筑合用空间的创造中，结构思维的基本思路与设计手法，主要是从以下几个方面展开的：

1）如何使结构的覆盖空间与建筑物的使用空间趋近一致。

2）如何使结构的合理几何体形与建筑物的使用要求相互协调。

3）如何从结构的静力平衡系统来考虑建筑物的空间组合。

4）如何从结构的整体受力特点来考虑建筑物的空间扩展。

5）如何从结构传力的定向控制来考虑建筑物的空间扩展。

一、建筑物的使用空间与结构的覆盖空间

建筑物的使用空间由底界面、侧界面和顶界面围合而成，它的形状及其大小是根据建筑功能要求及其各种参数确定的。在结构的覆盖空间中，除容纳了建筑物的使用空间而外，还包括了非使用空间——其中有结构部分所占去的那一部分空间。当结构的覆盖空间与建筑物的使用空间趋近一致时，不仅可以提高空间的使用效率，而且，还将为减少照明、采暖、空调等负荷，以及为节约维修费用等创造有利条件。因此，力求使结构的覆盖空间与建筑物的使用空间趋近一致，这是现代建筑结构思维的一个基本原则。

一般来说，在承重墙、梁柱、框架结构中，结构所覆盖的空间多为矩形断面，这与常见的大量性建筑的使用空间容易取得协调。然而，当结构的几何体形比较庞大，或者富于变化时，其覆盖空间则往往得不到充分利用（图 2-1）。为了做到结构合理，同时也使它的覆盖空间与建筑物的使用空间尽可能趋势近一致，首先要对所设计的使用空间做如下分析：

使用空间的大小。

使用空间的形状。

使用空间的组成关系。

对建筑物的使用空间不做具体分析，把现代结构技术只是作为追求某种所谓完美而永

恒的几何体形的手段，这是西方现代建筑中形式主义的一种表现。曾经研究过拉丁美洲古代建筑的巴西著名建筑师尼迈耶（O.Niemeyer）在设计巴西利亚歌剧院时，为了仿造阿西德克金字塔的几何体形，不得不将此歌剧院的使用空间强行塞进"现代金字塔"之中，结果，在大小两个观众厅部分，结构所覆盖的空间竟有一半以上被浪费掉了（图2-2）。

通过以下途径，我们可以获得与使用空间尽可能趋近一致的结构覆盖空间。

（一）利用不同体形的平面结构，构成与使用空间相适应的顶界面或侧界面

通过桁架、梁柱等简单构件的灵活组合，可以对结构覆盖空间的形状做适当调整。根据使用空间的具体情况，顶界面既可以高低错落（图2-3），也可以倾斜、弯曲（图2-4）；甚至作为侧界面的墙面，也能随使用空间做相应变化的处理（图2-5）。值得注意的是，利用拱和刚架的特殊体形（对称的或非对称的），可以更有效地适应某些使用空间的形状，如散体物料仓库（图2-6）、设有高跳台的游泳馆（图2-7、图2-8）等。

（二）将覆盖大空间的单一结构，化为体量较小的连续重复的组合结构

例如，大跨度抛物线拱可以化为多波筒壳，大穹隆顶可以化为十字形拱或波状圆形组合式壳等（图2-9）。图2-10所示一例没有采用常见的横向布置的三角形屋架或梯形桁架，而是结合通风与采光要求，利用在纵向上兼起天窗架作用的两榀36m跨钢桁架，来承托两侧的预制整体装配式折板，相应节约了空间，同时，又使折板的跨度由30m减小至13m，获得了较好的技术经济效果和使用效果。

（三）选择其平面、剖面与建筑物使用空间相适应的各种新结构形式

大跨度空间结构的运用最容易出现空间浪费的弊病，因此，结构构思时应善于去发现，哪些新结构的平面与剖面形式，对适应哪些建筑物的使用空间形式是特别有利的。与此同时，也应当善于对使用空间形式做巧妙的调整，以求能充分地发挥某种新结构形式的优越性。

平面为圆形、剖面为中部低落或高起的使用空间，对挖掘圆形悬索结构潜在的巨大优越性十分有利。这类结构可以用长短相等、受力均匀的悬索和同样多的外墙材料，来覆盖最大的建筑面积。它适用于体育馆、展览馆等之类的使用空间。一些大型工业厂房的平面布置，也可以按圆形几何关系加以调整和变换（图2-11）。

平面为圆形、剖面接近于半球形的使用空间，采用穹隆网架、球面壳等比较有利（图2-12、图2-13）。

平面为椭圆形、剖面为长轴向高起的使用空间，恰好能与马鞍形悬索结构相吻合。除体育馆外，像礼堂、音乐厅、电影院等，由于舞台和楼座的空间都高于中间的池座部分，因而国外也常在这一类观演性建筑中采用马鞍形悬索结构。

在某些情况下，使用空间底界面的形状，也可以与各种新结构形式的构思结合起来，从而省去或减小那些无用的空间。加拿大多伦多市政中心会议厅（图2-14），利用倒圆锥体曲面作为它的楼盖，并使之与筒形底座（交通枢纽）相连；顶部则以球面壳覆盖。这样，就恰好构成了与会议厅功能相适应、而体积又十分紧凑的使用空间。另一个好处是，倾斜的楼座下部也为人们提供了可以自由活动的外部空间。路易斯·康（Louis Kahn）设计的威尼斯议会大楼（Palazzo dei Congressi）方案，在运用新结构组织空间方面也颇具匠心。从图2-15中可以看出，钢索悬挂楼面构成了议事厅的底界面，而其下垂度恰好可以利用来作为座位的起坡。三个小会议室底界面轮廓线的变化，除满足视线升起的要求外，同时又构

44

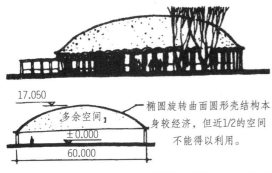

17.050

多余空间

±0.000

60.000

椭圆旋转曲面圆形壳结构本身较经济，但近1/2的空间不能得以利用。

图 2-1　新疆某机械加工车间的结构覆盖空间与使用空间

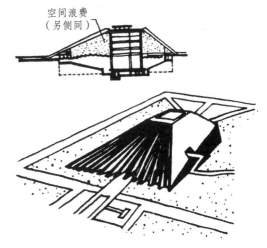

空间浪费（另侧同）

图 2-2　巴西利亚歌剧院的结构覆盖空间与使用空间

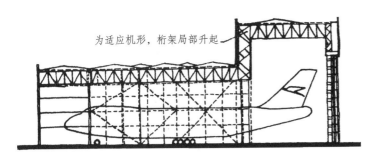

为适应机形，桁架局部升起

图 2-3　适应使用空间的顶界面高低错落处理——伦敦波音 747 飞机库

曲线形桁架

图 2-4　适应使用空间的顶界面倾斜弯曲处理——法国的一座仓库

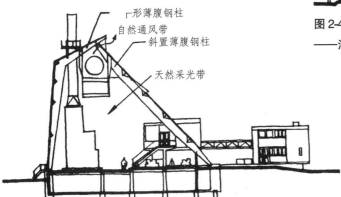

Γ形薄腹钢柱
自然通风带
斜置薄腹钢柱
天然采光带

图 2-5　适应使用空间的侧界面倾斜落地处理——法国玛西·安东尼市供热中心

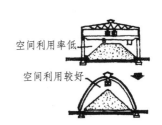

空间利用率低

空间利用较好

图 2-6　利用对称拱适应使用空间形状——散体物料仓库

图 2-7　利用非对称拱
适应使用空间形状
——捷克斯洛伐克玻特
里游泳馆（注意：不对
称拱的缓坡一侧恰好又
作为室外游泳场的看台
承重结构）

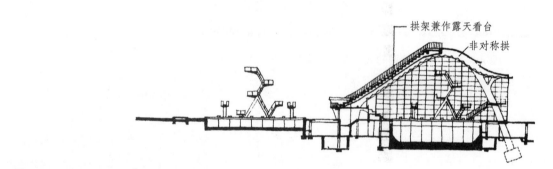

拱架兼作露天看台

非对称拱

采光面　　非对称刚架

图 2-8　利用非对称刚架适应
使用空间形状
——杭州黄龙洞游泳馆方案

图 2-9　以结构单元组合减小
结构覆盖空间示意

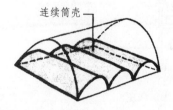

连续筒壳

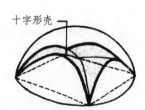

十字形壳

图 2-10 利用折板与桁架组合减小结构覆盖空间
——郑州第二砂轮厂职工食堂

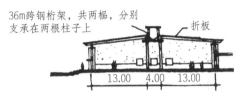

36m跨钢桁架,共两榀,分别
支承在两根柱子上

折板

13.00 4.00 13.00

预制工段

起重机设备

环行文化区

安装车间

堆置场地

图 2-11 利用新结构形式适应使用空间形状(例一)
——奥地利圆形悬索结构工业厂房设计

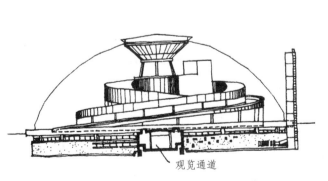

观览通道

图 2-12 利用新结构形式适应使用空间形状(例二)
——东京都南多摩郡海生水族馆

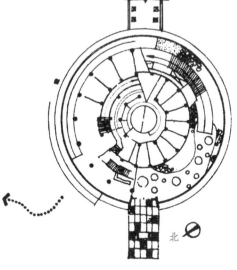

北

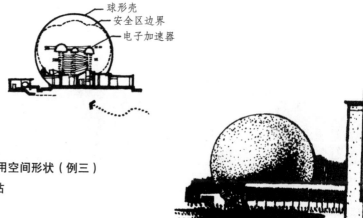

图 2-13　利用新结构形式适应使用空间形状（例三）
——法国吐鲁士电子加速器实验站

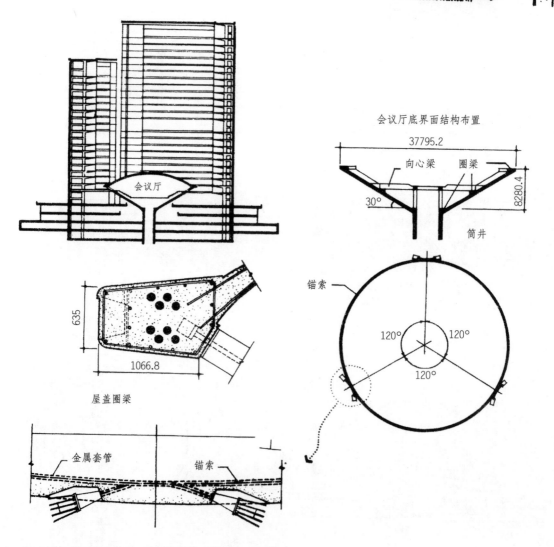

图 2-14　利用新结构形式适应使用空间形状（例四）
——加拿大多伦多市政中心会议厅

成了底层议事厅的顶界面（这恰恰又是符合声学要求的一种特殊形式的"吊顶"），既节约了空间，又有利于声反射和声场的均匀分布，可谓是一举多得，充分体现了使建筑物使用空间与结构覆盖空间协调统一的创作技巧。

一些最新的空间结构的剖面形式值得注意。例如，大跨度气承式结构可以设计成扁曲的体形，其表面越平缓越好，以减小风吸力和风压力的影响。这样，结构形式在力学方面的要求，就同减小结构的覆盖空间、提高空间的使用效率一致起来。日本大阪国际博览会美国馆气承式结构覆盖面积达 10000m²，相当于两个足球场那么大，而屋盖曲面的起拱高度却只有跨度的 1/14 左右（图 2-16）。

总而言之，新结构的覆盖空间与建筑物的使用空间趋近一致，最终都是通过它们各自对应的平面形式与剖面形式相互吻合而达到的。因此，在结构构思时，应从这两个方面来灵活地协调其关系。

（四）利用组合灵活的混成结构，以适应建筑物使用空间的平面与剖面形式

现代结构技术的运用已不再局限于平面结构之间的组合。利用混成结构——即空间结构与空间结构，或空间结构与平面结构的灵活组合，不仅可以更好地发挥不同承重材料的力学性能，而且，还可以相应调整结构覆盖空间的体形。

德国法兰克福飞机库屋盖是薄壳（受压）与钢索（受拉）的组合（图 2-17），钢索使薄壳得以平衡，却并不占据使用空间，薄壳向外张曲对受压有利，其轮廓又恰好与飞机体形趋近一致。从合理利用材料和有效利用空间来说，比前述图 2-3 一例均为优越。

混成结构的灵活性还表现在，它可以适应某些建筑物平面形式的变化，如覆盖扇形或梯形平面的厅堂式建筑等（图 2-18）。

前面提到的图 2-10 所示一例，也可以说是混成结构——折板与钢桁架组合的具体运用。

（五）通过平面结构与空间结构的组合，与大小使用空间的归并相适应

这种手法对于大面积工业厂房建筑设计来说，很有现实意义。在许多情况下，将空间结构单元（如双曲扁壳、扭壳等）做联方排列，虽然满足灵活布置生产工艺流程的要求，但往往由于其中要设置附属用房，而使成片的大空间得不到充分利用。

德国对工业厂房厅堂式结构运用的研究表明，大跨度空间结构结合小跨度楼层布置，是在大面积情况下，有效利用结构覆盖空间，并取得良好技术经济效果的一个重要途径。如图 2-19 所示，楼层中设置办公室、管理室、检修室以及公共卫生用房等，而厅堂部分折叠式拱形薄壳所覆盖的大空间，则又能很好地适应化工设备高低错落的布置。

必须指出，在处理结构覆盖空间与建筑物使用空间相互关系的过程中，还应当充分注意使结构本身所占据的空间尽可能得以合理利用。

首先是水平向结构层空间的利用。屋盖和楼盖层空间一般都用来放置各种管道、线路和设备（图 2-20 ~ 图 2-23）。在高层或多层建筑设计中，可以有意地留出较大的结构层空间，以便能作为技术设备间、服务间、储藏间以及检修道来使用。图 2-20 所示英国通用多层工业厂房生产车间，将三角形桁架倒置（提高楼盖的承载能力，并增大楼盖的跨度），利用倾斜的顶棚作为反射面，提高了跨中天然采光的照度，而桁架结构层空间也得到了合理利用（敷设管线和人行通道）。图 2-21 一例，其结构构思的出发点之一，也是想利用大跨度桁架结构层空间作为辅助使用空间——备用仓库。这一空间利用的设想，还巧妙地解决了一般商业性建筑这类库房难以合理布置的问题，使得货仓既不妨碍营业大厅的使用，同

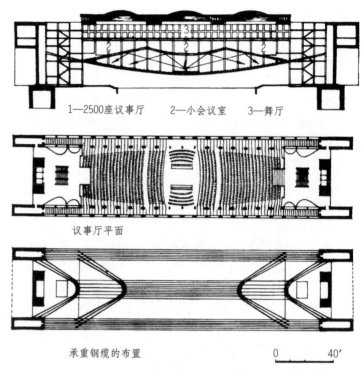

1—2500座议事厅　　2—小会议室　　3—舞厅

议事厅平面

承重钢缆的布置　　　　　　　　　　　　0　　　　40'

图 2-15　利用新结构形式适应使用空间形状（例五）
——路易斯·康设计的威尼斯议会大楼方案
（构思草图参见图 0-14）

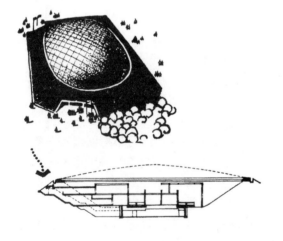

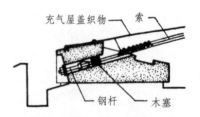

充气屋盖织物——索

钢杆　　木塞

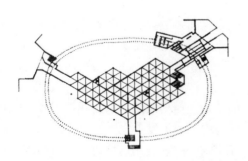

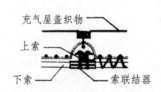

充气屋盖织物

上索

下索　　　索联结器

图 2-16　利用新结构形式适应使用空间形状（例六）
——1970 年大阪国际博览会美国馆

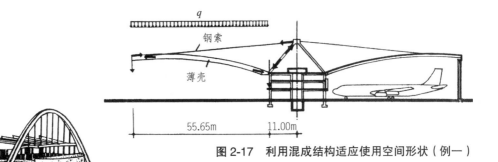

图 2-17 利用混成结构适应使用空间形状（例一）
——德国法兰克福飞机库

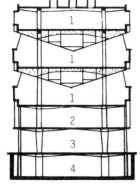

图 2-18 利用混成结构适应使用空间形状（例二）
——勒·柯布西耶设计的苏维埃宫方案

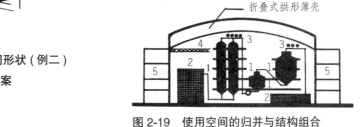

图 2-19 使用空间的归并与结构组合
——德国厅堂式化工厂房设计

1—化学设备

2—储存容器

3—管道

4—悬挂式起重机

5—办公室、管理室、检修室等

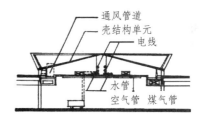

图 2-22 结构空间的利用（例三）
——美国诺特洛尼克斯研究中心

图 2-20 结构空间的利用（例一）
——英国通用多层工业厂房设计

1—生产车间

2—仓库

3—生活间、自行车库

4—锅炉、空调机房

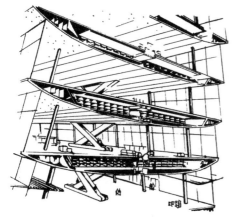

图 2-21 结构空间的利用（例二）
——百货公司设想方案（建筑师路易潘尼）

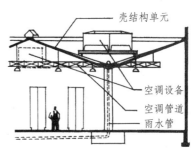

图 2-23 结构空间的利用（例四）
——美国建造的试验性厂房

时又临近出售的货位，便于随时补充货源。

当竖向承重结构能形成"井筒"时，则可布置电梯间、楼梯间、通风管道以及其他各种管道竖井等辅助设施。芬兰泰波拉市印刷厂采用方形悬挂屋盖，将支撑屋盖的钢筋混凝土圆柱设计成空心的（直径 3m），并当作通风道使用，既经济又保证了室内空间的完整性（参见图 2-51）。

二、建筑物的使用要求与结构的合理几何体形

建筑物的使用要求涉及面很广，除了使用空间的大小、形状及其组成关系外，诸如采光、照明、通风、排气、音响、开启面、排水等要求，对结构形式或结构几何体形的确定，都有比较直接的影响，而这些因素却正是我们在酝酿结构方案时容易忽视的。

结构的合理几何体形是在相对意义上讲的，主要受材料力学性能和结构工作性能的制约。在结构思维的最初阶段就要注意到，既不能单纯地强调结构合理而不顾建筑物的使用要求，也不可迁就使用要求而给结构设计和施工带来大的弊病和麻烦。富于创造性的结构思维，总是这二者较为完美的结合。

（一）采光、照明与结构的合理几何体形

在使用空间的侧界面上开设采光带并不困难，特别是在框架结构系统中。但当需要采用顶部采光或顶部高侧采光方式时，就要很好地去开动一番脑筋了。

在屋盖的水平构件上设置"冂"形天窗，这是一种原始的笨拙方法。首先，屋盖结构的传力路线迂回曲折，水平构件跨中弯矩增大，受力恶化。此外，天窗和挡风板凸出屋面，风荷载增加，因此柱子和基础的截面、配筋都必须加大。这种天窗还增加了无用的结构覆盖空间，而室内天然采光照度也不均匀（图 2-24a）。

可以说，我们在运用天然采光形式方面的"高招"越多，那么适应屋盖结构合理几何体形的灵活性也就越大。

1）利用屋盖结构层空间开设采光带或采光口。如在桁架上下弦杆之间设置下沉式天窗（图 2-24b），利用桁架悬挑端部的收束做进光口（图 2-25），结合钢筋混凝土大梁布置采光井（图 2-26），在平板网架周边的高度内开高侧窗等。

2）通过结构单元的适当组合，形成高侧采光或顶部采光（图 2-27）。在剖面设计中，这些屋盖结构单元可以按高低跨或锯齿形等方式排列；在平面组合中，结构单元之间则可以留出空当，设置水平向顶部采光带。类似这些手法不仅常见于工业建筑，而且在一些大型公共建筑中，也能与结构的运用协调一致，取得良好效果。

3）直接在屋盖结构所形成的顶界面上开设采光口或采光带。常见的形式如在双曲扁壳上布置圆形采光孔，在平板网架上架立角锥形采光罩，在折板或折拱上嵌镶条形采光带等。蒙特利尔国际博览会德国馆帐篷结构上的"网眼"式天窗别具一格（图 2-28）。参与这项工程设计的 F. 奥托在其名著《悬挂屋盖》（Das Hängende Dach）一书中，还对悬索结构的采光形式做过一些有趣的设想，了解这些对开拓我们的思路颇有益处。

（二）通风、排气与结构的合理几何体形

使一些工业或民用建筑具有有利于自然通风或自然排气的建筑剖面形式，这也往往成为结构构思的一个重要出发点。

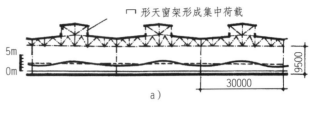

图 2-24 下沉式天窗（图 b）在结构受力、空间利用与采光效果方面都比"⌐"形天窗（图 a）优越

a）"⌐"形天窗

b）下沉式天窗

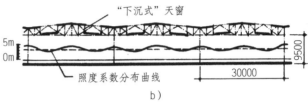

利用悬臂体形开设大面积高侧采光窗兼可省去该带形窗窗过梁

图 2-25 利用桁架悬挑端部的收束做进光口

——德国士威林体育馆结构方案的发展（进光口与桁架悬挑端部的收束造型相一致）

图 2-26 结合钢筋混凝土大梁布置采光井

——挪威贝尔根面包工厂

53

瑞士戈绍橡皮带制造厂

波兰卡里司纺织厂

图 2-27　通过结构单元组合形成高侧采光面举例

图 2-28　适应帐篷结构的网眼式天窗
——1967 年蒙特利尔国际博览会德国馆（参见图 2-53）

1）使结构形成的侧界面有利于通风排气。德国巴伐利亚市玻璃厂熔炉车间（图2-29）使承重骨架搭成简洁、稳定的"人"字形，以便于车间内的热空气通过向上收拢的空间体形，从屋脊通风百叶排出。骨架两侧的水平窗处理可以保证室内对流通风，并防止阳光直射。巴黎德方斯区能源站（图2-30），其纵剖面和横剖面均设计成梯形，侧墙是由工字形断面的斜钢梁构成的，体形收束的上部布置有通风百叶和排气设备。

2）使结构形成的顶界面有利于通风排气。具体手法甚多，但同样都应以力求使结构传力简捷，避免受力状况恶化为其原则。法国费津（Feyzin）炼油厂行政管理中心实验室，将屋盖钢桁架一端向上弯曲翘起（图2-31），结合侧墙面上的窗洞处理，利用该桁架结构层空间来组织室内自然通风排气，构思十分巧妙。图2-32一例，为了排除铸工车间内的烟气和余热，设计者对壳顶形式做了大胆构想：使每一个独立的壳体都由两个对称的双曲抛物面单元、一个天然采光面天窗和一个"抽气斗口"组成。因此，每一个具有这样几何体形的壳体，都可以很好地起到"排气罩"的作用。

在某些情况下，民用及公共建筑中的屋盖结构形式，也可以结合自然通风或排气要求考虑。这样构想不仅可以使结构传力和通风排气要求有机地统一起来，而且还会给建筑物的室内空间及其外部体形的艺术处理，带来引人注目的特点。图2-33只是许多有趣实例中的一个。

（三）音响与结构的合理几何体形

音响问题不止限于声学设计要求较高的剧院、电影院、音乐厅、礼堂等建筑。在其他类型建筑中，当使用空间有较大的噪声产生时（如火车站、体育馆、展览馆、印刷车间、冲压车间、纺织车间等），都应当考虑所采用的结构形式对室内音响将会带来怎样的影响。那种认为"声学吊顶"是弥补新结构声学缺欠的好办法的观点，是十分片面的。美国麻省理工学院礼堂（图2-34），第一层是剧院大厅，第二层是大讲堂，整个使用空间由1/8球面壳覆盖着，不仅上下两个厅堂之间的隔声处理很复杂，而且上部壳顶悬吊式吸声构造的造价比该壳体本身的造价还高。1934年建成的苏联新西伯利亚歌舞剧院，观众厅采用了直径为60m的圆球形壳（图2-35），尽管壳体仅厚8cm，很经济，但声学效果却很差。安装吸声顶棚后，遮去了圆拱顶，以致使原来设计时考虑作天象厅、马戏场的用途均未实现。

新结构的几何体形与声学要求之间的关系，应从以下几个方面去分析。

1）新结构的几何体形是否会产生音质缺欠——声焦聚、回声、颤动回声、沿边反射等。例如，一些薄壳、悬索、网架等所具有的圆形或椭圆形平面形式，容易产生声场分布不均匀，出现声焦聚和沿边反射等缺点；向上凸起的双曲扁壳与地面之间容易产生颤动回声（图2-36），等等。

2）新结构的几何体形是否有利于达到所要求的响度、清晰度和混响时间。高大的结构体形会消耗较多的有效声能，即消耗较多的直达声和直达声后35ms（毫秒）以内的前几次反射声，同时，还会加大反射声的行程，使50ms（毫秒）前的几次反射声减少，这些对提高响度和清晰度都是不利的。所以，对会堂、电影院、话剧院等来说，新结构的体形以避免高大为宜。在音乐厅、歌剧院等厅堂建筑中，由于混响时间要求较长（为一般会堂混响时间的4～5倍），每一席位所占有的观众厅体积相应增大，因此，高大的结构体形可以得到较好的利用。这一点从声学吊顶处理上也可以反映出来。如德国法兰克福音乐厅采用了直径为85.5m的球面壳，为了克服声学缺欠，同时也为了利用结构体形所占有的空间来延长混响时间，仅局部悬挂声反射板，并在声反射板之间留以空隙，以使来自壳顶的反射声还可以从间隙中透过来，增强混响效果。

3）新结构的几何体形是否有利于声扩散。声扩散不仅可以保证观众厅中声音从四面八方来的空间感和丰满度，而且还可以减弱室内噪声的影响。因此，直接利用各种有利的新结构几何体形起声扩散作用（图2-37），乃是一种十分经济有效的声学设计手法。

在厅堂建筑的声学设计中，如何通过结构构思而避免设置声学顶棚或声学墙面，这是很值得我们去进一步探讨的课题。F.奥托就曾对悬挂屋盖结构在剧院中的具体运用做过试验，他得出的结论是："剧院建筑上采用悬挂屋盖结构形式，不仅在结构上，而且在声学上也是有其独特的优点的。"图2-38是建筑师A.维利阿姆斯提出的"闭合式壳体厅堂"的构想：作为声反射面的壳顶与视线升起的壳底连成一体，可谓是合用空间的独特创造。

（四）开启面与结构的合理几何体形

开启面是指可以自由启闭的空间界面或空间界面的某一部分，在满足现代建筑功能要求方面具有独特意义。借助于开启面，可以使大型交通工具、机件设备等，方便地进出于大空间建筑；可以使某些公共建筑（如体育场、游泳馆、大会堂等）的屋盖全部敞开，从而直接从大自然空间获得阳光和新鲜空气（屋盖又可以闭合，使室内各种活动不受外界条件的影响）。此外，在多功能厅堂建筑中，借助于开启面还可以灵活地改变室内空间的容积，使厅室具备能"分"能"合"的可能性。

获得大开启面的最简单的结构方案，是在垂直支撑结构上设置水平过梁。然而，这毕竟不是一种巧妙的方法。因为，随着开启面宽度的加大，水平过梁中的弯矩也将急剧增大，这也就意味着梁的断面高度及其结构自重急剧增加。因此，大的开启面的设置，只有通过结构构思，在改进结构传力系统、传力方式的基础上才能达到。最常采用的是悬挑结构和悬挂结构，如图2-39和图2-17两例所示的大型飞机库，其开启面（活动门）可以通长设置而无垂直支撑结构阻挡。为了使顶界面自由开启，国外已经出现了旋转式活动屋盖（图2-40）、平移式活动屋盖（图2-41）等结构方式。可以预见，充气结构的发展必将为未来建筑屋盖的自由开启，提供更大的可能性的优越性。

开启面的设计原理使我们得到这样一个启示：建筑物内部使用空间与其外部自然空间如何沟通（即联系），是我们训练结构构思想象能力的一个重要方法。图2-42是采用悬挂式结构的航站候机廊设计方案。其特点是，候机廊下部悬空，由于机翼不受阻碍而可使机身驶入停放，像船靠码头一样，乘客直接由候机廊进出机舱。这样可以缩短登机（或下机）路线，并全部省去登机桥设施。显然，飞机之所以能驶入停靠，这正是由于候机廊下变成了"开启面"（没有障碍物）的结果，而这种空间上的沟通，又恰恰是结构方案的特点所带来的。

（五）排水与结构的合理几何体形

排水是一个"不起眼"的问题，然而，在结构思维的思路发展过程中，它却有可能成为一个障碍。这是因为，一些大跨度屋盖结构的几何体形往往不易使雨水得到排除。例如，单层悬索屋盖是由下垂的柔索组成的，这样便形成了周边高、中间低、呈下凹形的顶界面，雨水在此汇积。如果在屋盖中部设置水落管，则势必影响使用空间。蛇腹形折板虽然对提高结构的整体刚度和抵抗弯矩作用有利，但由于折板间壁形成了许多闭合的"小仓"，雨水在这些"小仓"中积蓄，反而增加了折板所承受的荷载，对结构受力不利。大跨度平板网架结构一般是通过"起拱"的方式来解决屋面排水问题的，但因这类网架结构单元杆件组合的几何形式不尽相同，故结构起拱的灵活性也很不一样。下弦正放的抽空正四

人字形承重骨架

图 2-29　使结构形成的侧界面有利于通风排气（例一）
——德国巴伐利亚市玻璃厂熔炉车间

图 2-30　使结构形成的侧界面有利于通风排气（例二）
——巴黎德方斯区能源站

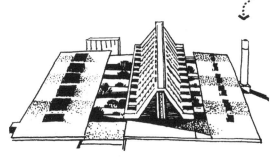

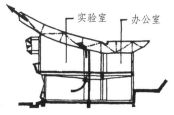
实验室　办公室

图 2-31　使结构形成的顶界面有利于通风排气（例一）
——法国费津炼油厂行政管理中心实验室

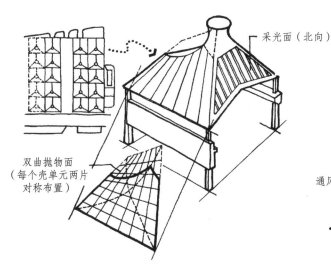
采光面（北向）

双曲抛物面
（每个壳单元两片
对称布置）

图 2-32　使结构形成的顶界面有利于通风排气（例二）
——德国劳莱尔炼铁厂铸工车间

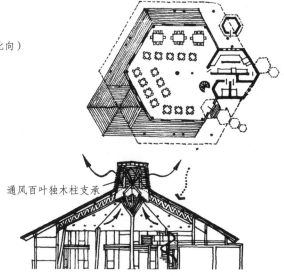
通风百叶独木柱支承

图 2-33　公共建筑中与通风排气要求相结合的屋盖结构形式
——日本轻井泽娱乐之家餐厅

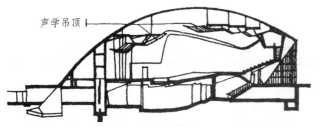

图 2-34　新结构体形带来的声学设计问题（例一）
——美国麻省理工学院礼堂

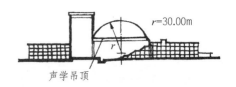

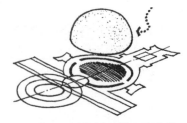

图 2-35　新结构体形带来的声学设
计问题（例二）
——苏联新西伯利亚歌舞剧院

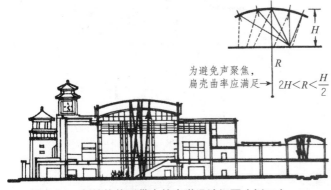

为避免声聚焦，扁壳曲率应满足 $2H < R < \dfrac{H}{2}$

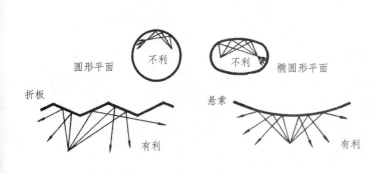

图 2-36　新结构体形带来的声学设计问题（例三）
——北京火车站（南站）广厅等处的颤动回声

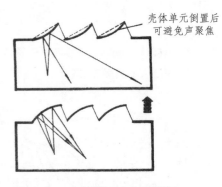

图 2-37　对声学设计有利或不利的结构体形举例

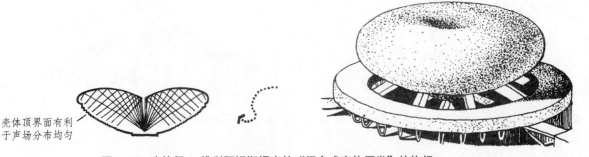

图 2-38　建筑师 A. 维利阿姆斯提出的"闭合式壳体厅堂"的构想

图 2-39 由悬挑式结构形成的
大空间开启面
——旧金山一飞机库

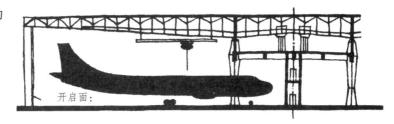

开启面：

图 2-40 由旋转式结
构形成的大空间开启面
——美国宾夕法尼亚州
游泳池

滑行轨

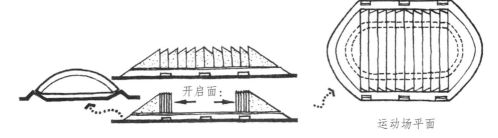

开启面：

运动场平面

图 2-41 由平移式结构形成的大空间开启面
——苏联 B.A. 沙维里耶夫提出的运动场设计方案

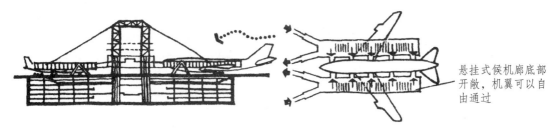

悬挂式候机廊底部
开敞，机翼可以自
由通过

图 2-42 建筑物内部使用空间与其外部自然空间的沟通
——飞机可以驶入的悬挂式结构的航站候机廊设计方案

角锥网架起拱较方便，而斜放四角锥网架起拱就较困难。两向正交斜放网架当长梁直通角柱时，适于四坡起拱，而两向正交正放网架则只适于两坡起拱。这些都说明了，屋面排水要求往往也会影响到对结构合理几何体形的考虑。

在许多情况下，为了保证屋盖结构具有比较合理的几何体形，排水处理应因势利导，结合使用空间形状、天然采光形式、内庭院布置以及室内垂直支撑结构的利用（设内落水）等，做灵活多样的不同考虑。

应当指出，在大面积工业厂房中，当采用双曲扁壳或双曲抛物面壳（扭壳）做联方排列、壳体单元间设置纵向和横向（即呈"井"字形）排水天沟板时，如何确定与四个相邻壳转角点相连的支撑结构形式，是一个很大的问题。因为在施工过程中，壳体要按一定顺序坐落在这些共同的支撑结构上，支撑结构的设计必然要把施工中偏心受压和极易倾覆的不利因素考虑进去。因此，尽管壳体本身的结构形式及其几何体形是合理的，但是由于较宽的双向天沟板的设置（考虑大面积屋面排水，并兼顾高侧采光）却会导致支撑结构复杂化。实践表明，这往往要消耗大量的钢材，甚至会将壳体结构在技术经济效果方面的优越性全部抵消。由此可见，排水问题不仅直接关系到结构本身的几何体形，而且还可能影响到结构的总体布局。

综上所述，正如使用空间的大小、形状及其组成关系等因素一样，采光、照明、通风、排气、音响、开启面、排水等要求，对结构方案特点的形成也起着十分重要的作用。因此可以说，对建筑物使用要求的深思熟虑，乃是我们在结构思维中获得创作灵感和创造性成果的一个重要源泉所在。

三、建筑物的空间组合与结构的静力平衡系统

结构在正常的工作状况下必须是处于相对静止的平衡状态，即结构受力后，既不移动（单力的总效果为零），又不转动（力矩的总效果为零）。结构的静力平衡系统就是在荷载作用下自身能保持平衡稳定、无移动或转动情况发生的结构传力系统。

一个受力合理而构思巧妙的结构传力系统，不仅要尽可能避免增加不必要的传递构件，还应当根据建筑功能要求，使建筑物的空间组合与结构的静力平衡系统有机地统一起来。

对建筑物空间组合有很大影响的，主要是用于大空间的屋盖结构静力平衡系统和用于开放空间的悬挑结构静力平衡系统。在这些结构静力平衡系统的构思和设计中，建筑师可以像结构工程师那样，充分发挥自己的聪明才智和创造性，特别是，建筑师可以把空间组合的基本技巧与结构思维的基本技巧很好地结合起来。

首先，我们要讨论的是大空间与屋盖结构的静力平衡系统。在近、现代结构技术出现以前，人们要获得单一的较大跨度的室内空间是难以达到的。古罗马的穹隆顶结构必须以圆形或多角形平面的厚重而连续的墙体来承受其竖向重力和水平推力。拜占庭穹隆结构的静力平衡系统有所改进，由于采用了帆拱（Pendentives），穹隆可以支撑在独立的柱墩上，但是穹隆的四周仍需布置平面为半圆或矩形的附属建筑，以平衡其水平推力（图2-43a）。创造了尖券（Pointed Arch）和飞扶壁（Flying Buttress）结构静力平衡系统的哥特式建筑，在空间组合上则要灵活得多：它既不像拜占庭建筑那样，必须在穹隆顶周围设置附属建筑，也不像罗马式建筑那样，平面组合必须以适应半圆骨架券的方形跨间为基本单元。然而，哥特式建筑的结构静力平衡系统仍然要使主跨间两侧出现狭长的廊道空间（图2-43b）。

现代建筑的屋盖结构形式十分丰富，而使这些屋盖保持静力平衡的结构传力系统也极富变化，按其力学作用可以分为：

1）主要是承受双曲扁壳、扭壳、折板、平板网架等屋盖结构竖向作用力的结构静力平衡系统。

2）主要是承受拱、半圆球壳、球面扁壳、拱形网架等屋盖结构水平推力的结构静力平衡系统。

3）主要是承受悬索、帐篷、悬挂式梁板、悬挂式薄壳等屋盖结构水平拉力的结构静力平衡系统。

4）主要是承受悬挑折板、悬挑薄壳、悬臂式刚架、悬臂式梁板等屋盖结构倾覆力矩的结构静力平衡系统。

现代结构技术为大空间建筑屋盖结构静力平衡系统的方案构思提供了各种新的可能性，因此，与之相适应的大空间的组合方式也就越来越灵活多样了（图2-44）。

（一）单一式大空间与屋盖结构的静力平衡系统

采用许多屋盖结构形式都可以获得单一的大跨度室内空间，而不必像过去拜占庭建筑或哥特式建筑那样，另外附加为结构静力平衡系统所必须设置的附属建筑空间。当然，在此单一构成的大空间中，也可以根据建筑功能的要求，划分出一些较小的使用空间。然而，这并不是由于该大空间建筑的屋盖结构静力平衡系统所造成的。所以，从结构构思的角度来看，这属于单一式大空间的范围。

当采用有水平拉力或水平推力的大跨度屋盖结构来覆盖单一式大空间时，应着重地考虑这一类屋盖的支撑结构形式——垂直支撑结构系统或倾斜支撑结构系统。

平衡屋盖水平拉力或水平推力的垂直支撑结构系统，一般是由屋盖圈梁和与该圈梁连接的垂直支柱构成的。例如，浙江人民体育馆马鞍形悬索屋盖，其索网是张拉在截面面积为200cm×80cm的钢筋混凝土空间曲梁上的，此圈梁固定在它下面的44根不同高度的柱子上，而这些柱子又和看台梁、内柱等组成了可以阻止圈梁在平面内变形的框架体系。罗马尼亚布加勒斯特中央马戏院跨度为60.6m的波形穹隆薄壳，其水平推力也是由与薄壳支点相连的预应力圈梁来承受的，而该圈梁则坐落在按圆形分布的16根钢筋混凝土柱上。

能更好发挥建筑师与结构工程师创造性的，是平衡屋盖水平拉力或水平推力的倾斜支撑结构系统。这种结构静力平衡系统，可以使力的传递比较直接而少走弯路，同时，又可以丰富建筑空间与造型的艺术效果。美国北卡罗来纳州雷里（Raleigh）竞技馆和意大利罗马小体育宫（Palazzetto Dello Sport）就是以其屋盖结构静力平衡系统的独特构思而出名的。雷里竞技馆的索网张拉于两个高27.4m的抛物线形钢筋混凝土拱之间（图2-45），巧妙的是，这两个拱是对称斜置交叉的，对平衡来自悬索屋盖的拉力十分有利，可以充分发挥和利用钢筋混凝土拱的受力性能。此外，斜拱张拉的索网还恰好构成了能适应观演性建筑剖面形式的顶界面。由于悬索屋盖这种静力平衡系统的构思新颖、简洁而合理，使得雷里竞技馆被国外建筑学界誉为对现代建筑的发展有深远影响的重要建筑物之一，而建筑师诺维斯基（M.Nowicki）也因此而誉满全球。由奈尔维设计的意大利罗马小体育宫（图2-46），其拱顶由钢筋混凝土菱形板、三角形板以及弧形曲梁（共1600多块预制构件）拼合而成。为了平衡拱顶推力，在拱顶四周布置了36根Y形支柱。这里，支柱是按一定角度斜放的，柱的上端与拱顶波形边缘相切，因而Y形支柱轴向受压，将来自拱顶的推力传递到地下一

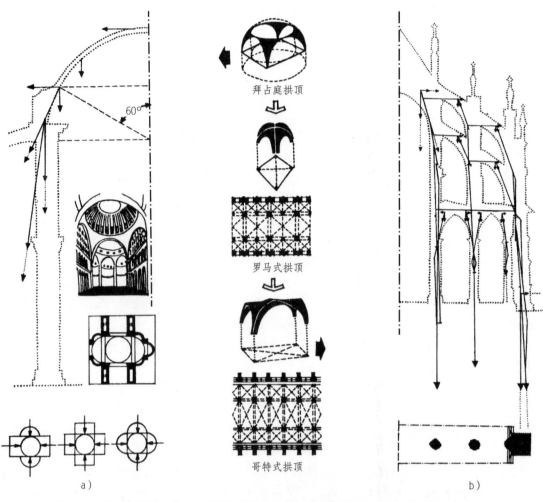

图 2-43 拜占庭建筑（图 a）与哥特式建筑（图 b）的结构静力平衡系统与空间组合
a）拜占庭建筑　b）哥特式建筑

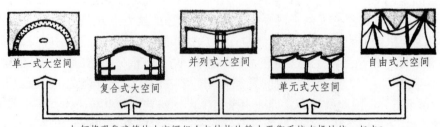

单一式大空间　复合式大空间　并列式大空间　单元式大空间　自由式大空间

如何将现代建筑的大空间组合与结构的静力平衡系统有机地统一起来？

图 2-44　现代建筑大空间组合与结构构思的基本思路

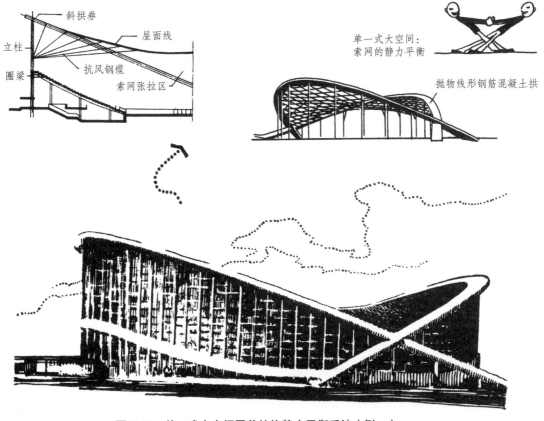

斜拱券
屋面线
立柱
抗风钢缆
圈梁
索网张拉区

单一式大空间：
索网的静力平衡

抛物线形钢筋混凝土拱

图 2-45　单一式大空间屋盖结构静力平衡系统（例一）
——美国北卡罗来纳州雷里竞技馆

单一式大空间：拱壳的静力平衡

拱壳
Y形支柱

图 2-46　单一式大空间屋盖结构静力平衡系统（例二）
——意大利罗马小体育宫

个直径约为84m、宽2.4m的预应力受压环基础上。这样构成的屋盖结构静力平衡系统，不仅增强了建筑物的刚度和稳定性，而且也相应减小了土壤所承受的压应力。

（二）复合式大空间与屋盖结构的静力平衡系统

在空间组合中，我们往往可以利用附属空间的结构来构成覆盖大空间的屋盖结构的静力平衡系统。反之亦然：我们可以紧密结合大跨度屋盖结构传力系统的合理组织，来恰当安排大空间与其附属空间的组合关系。

布鲁塞尔国际博览会苏联展览馆矩形平面中两排格构式钢柱相距48m，设计者利用柱顶端的悬索将柱身两侧各挑出12m的金属桁架拉住。水平伸出并略向上抬起的金属桁架分别将大厅中部24m跨金属屋盖和大厅两侧悬挂式玻璃外墙的荷重，同时传递到垂直的格构式钢柱上，这样，便形成了一个静力平衡的悬索体系（图2-47）。显然，立柱外侧12m宽的附属空间是由于该屋盖结构的静力平衡方式而带来的，但是，在展览馆的空间组合中，大厅两侧的附属空间并不显得多余。由于因势利导地布置了悬挑的楼层，不仅增加了展览面积，而且也衬托了中轴线上作为主体的大厅空间。

奥地利维也纳航站楼在空间组合与屋盖结构静力平衡系统的构思方面也颇具匠心。如图2-48所示，航站楼两个平行布置的厅室空间均由不对称门式刚架构成，而这两组刚架则成了它们之间张拉单向悬索的支撑结构。悬索的利用也很特别：中间部分的钢索悬挂着行李房的屋盖（这一部分屋面为顶部采光，屋面以上形成中部庭院，悬吊屋盖的钢索则暴露在庭院之中）；左右两侧部分的钢索，分别构成了进站大厅和出站大厅的单向悬索屋盖（这两个大厅均为侧面采光）。有趣的是，两组不对称刚架均向中部倾斜，其体形恰好与单向悬索的下垂轮廓线相吻合。刚架本身起到了平衡悬索水平拉力的作用，并构成了附属厅室空间。

（三）并列式大空间与屋盖结构的静力平衡系统

一些公共建筑和工业建筑的大空间组合，在满足使用要求的前提下，可以有意识地将两个大的使用空间并列布置在一起，这样便可用对称的悬挑（或悬挂）屋盖来覆盖两个并列的大空间。

法国诺特尔（Nauterre）体育中心体育馆（图2-49），在近于方形的平面中对称地布置了两个使用面积相近的大空间（50m×20m的游泳池和44m×24m的比赛厅），与此相适应，折板向两侧呈等跨悬挑。折板的固定端与起箱形梁作用的钢筋混凝土楼层结构连成一体，而自由端则以收头的加劲梁与玻璃侧墙上的一系列纤细的支柱铰接。随着弯矩有规律的变化，折板断面的高度也由固定端向铰接端逐渐减小。这样的结构布置与处理，保证了悬挑折板屋盖的平衡与稳定，同时，也使处于并列式大空间中部的箱形大梁能合理地得以利用。在这一类大空间组合中，作为特殊附属空间的"中央区"，乃是构成悬挑或悬挂屋盖结构静力平衡系统的一个重要部分，图2-50所示是一个设计十分成功的工业厂房的例子。

（四）单元式大空间与屋盖结构的静力平衡系统

通过同一类型结构单元的组合来获得较大的使用空间，这也是现代建筑大空间组合中的一个典型手法。一般来说，这种结构单元都是由一根垂直的独立支柱和一个屋盖单元构成的。此屋盖单元可以具有不同的平面与剖面形式。平面以方形、六边形等最常见。剖面则取决于屋盖的传力方式。例如，当屋盖是通过拉杆悬挂于立柱顶端时，其剖面可以为平板型（图2-51），当屋盖按壳体考虑并与立柱连成一体时，则多为倒伞形（图2-23）等。当采用帐篷结构单元时，其屋顶都具有成型简便灵巧的特点（图2-52）。不论是哪一类结构单

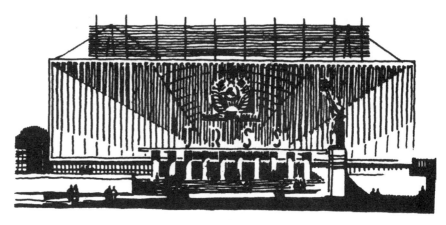

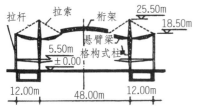

复合式大空间：桁架的静力平衡

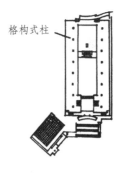

图 2-47 复合式大空间屋盖结构静力平衡系统（例一）
——1958 年布鲁塞尔国际博览会苏联展览馆

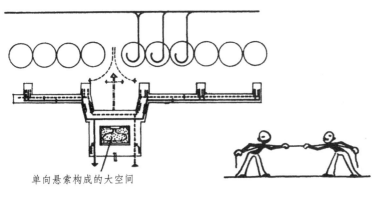

单向悬索构成的大空间

复合式大空间：
单向悬索的静力平衡

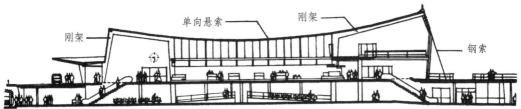

图 2-48 复合式大空间屋盖结构静力平衡系统（例二）
——奥地利维也纳航站楼

图 2-49　并列式大空间屋盖结构
静力平衡系统（例一）
——法国诺特尔体育中心体育馆

并列式大空间：
悬挑结构的静力
平衡

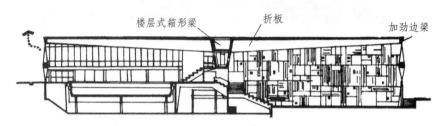

楼层式箱形梁　　折板　　　　加劲边梁

图 2-50　并列式大空间屋盖结构
静力平衡系统（例二）
——日本静冈县原町田印刷厂

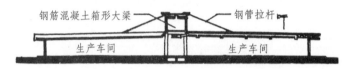

钢筋混凝土箱形大梁　　　　钢管拉杆

生产车间　　　　　生产车间

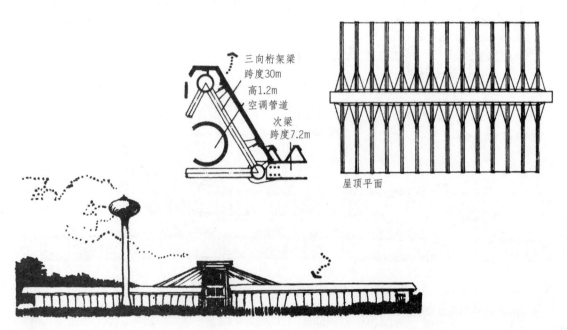

三向桁架梁
跨度30m
高1.2m
空调管道

次梁
跨度7.2m

屋顶平面

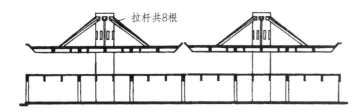

拉杆共8根

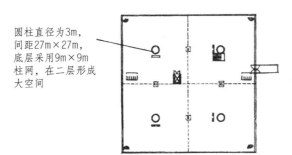

圆柱直径为3m,
间距27m×27m,
底层采用9m×9m
柱网,在二层形成
大空间

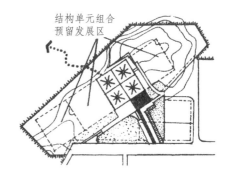

结构单元组合
预留发展区

单元式大空间:
结构单元的静力平衡

图 2-51　单元式大空间屋盖结构静力平衡系统（例一）
——芬兰泰波拉市印刷厂

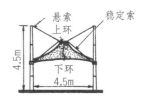

悬索　　稳定索
上环
下环
4.5m
4.5m

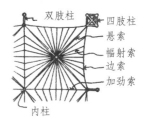

双肢柱　　四肢柱
悬索
幅射索
边索
加劲索
内柱

图 2-52　单元式大空间屋盖结构静力平衡系统（例二）
——沙特阿拉伯吉达空港候机棚

元，作用于屋盖上的荷载都能直接传递给立柱。单个的结构单元的平衡是不稳定的（如果立柱与基础的连接不做特殊处理的话），然而，通过结构单元的组合与联结，则可以保证结构的整体刚度和稳定性。这种结构方式所带来的空间组合特点是，既可以形成较大的（支柱较少的）室内空间，又能保证今后在建筑物的任何一边，以同样的结构单元灵活地进行扩建。

（五）自由式大空间与屋盖结构的静力平衡系统

现代结构中的一些屋盖形式，由于本身能自由成型，以及用来保证其稳定与平衡的传力结构系统可以灵活组织，因此，可以覆盖极不规则的使用空间。其中，尤以帐篷结构（也称"幕结构"）在这方面的实际运用更为突出。

图 2-53 所示是 1967 年蒙特利尔国际博览会德国馆。该馆的设计为了与自然环境协调，采用了自由式平面布局。从空间组合的这一特点和使用性质来看，以帐篷结构来建造是比较理想的。撑杆、索和锚组成了整个屋盖的静力平衡系统。11 根高低不同的金属撑杆很自由但却是很有节奏地穿插于不规则的建筑平面之中，使得馆内的空间组合仍有高低、疏密之分。由于这类结构的静力平衡系统组成简便、灵活，能适应建筑平面布局和地形起伏的各种变化，因而，越来越多地运用于临时性或季节性的建筑物中，如运动场、剧场（图 2-54）、候机厅、展览馆（图 2-55），以及游艺娱乐场所等。

（六）开放空间与悬挑结构的静力平衡系统

以上讨论的是大空间屋盖结构的静力平衡系统，下面要转到开放空间悬挑结构的静力平衡系统。

悬挑结构可以避免使用空间的某侧界面上设置竖向支撑，因而是现代建筑获得开放空间的极为有效的手段之一，诸如：车站站台或停车场的雨罩，体育场看台的顶棚，观演性建筑的楼座等。一些大型库房建筑为了在侧墙上设置很大的开启面，也往往需要采用悬挑结构。

如何以合理的结构传力方式或传力系统来保证悬挑结构的平衡与稳定，这是现代建筑结构思维中十分重要而又饶有趣味的设计课题。

悬挑结构往往是与一定的竖向支撑系统联结在一起的。从平面力系来看，使悬挑结构在荷载作用下保持平衡稳定的基本途径如图 2-56 所示。这些悬挑结构在纵向重复布置，并以其联系构件而获得三度空间内的平衡与稳定。

在建筑设计中，应根据建筑功能要求、开放空间的使用特点以及工程技术条件等，因地制宜地确定悬挑结构的静力平衡系统。这里，结构思维的技巧性主要体现在以下几个方面：

1）充分利用悬挑结构静力平衡系统的组成构件。如何使抗倾覆的静力平衡系统为建筑功能服务，这是悬挑结构设计构思的一个要点。

图 2-57 分析比较了几个体育建筑的工程实例。意大利佛罗伦萨运动场看台利用一列"厂"形构件与一组斜撑构件组成了静力平衡的刚架系统，而这一组斜撑构件又恰好是承托阶梯式看台的大梁。摩洛哥拉伯特运动场的看台顶棚采用了一列有长、短悬臂之分的 T 形构件，为了不致倾覆，在这些构件的后端用了一排拉杆与看台的不对称悬臂刚架（此刚架可以保持自身的平衡）相连。顶棚与看台在纵向上的稳定性都是由梁、板构件的拉接来保证的。委内瑞拉卡拉卡斯运动场悬挑顶棚的构思则另有特点：悬挑顶棚既没有设置斜撑，也没有设置拉杆，而是使它与看台合为一个连续的整体，并使这个连续的整体坐落在另一个稳定、平衡的独立支撑结构系统上。这些实例说明了，不能孤立地去考虑顶棚悬挑结构的静力平衡系统，而应当把它同看台结构的布置很好地结合起来。由此，不同的建筑造型

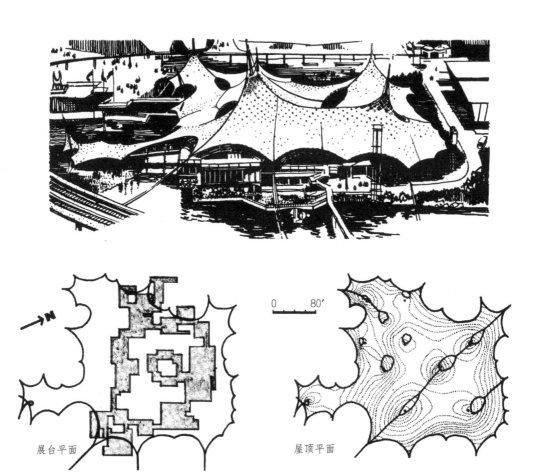

展台平面

屋顶平面

图 2-53　自由式大空间屋盖结构静力平衡系统（例一）
——1967 年蒙特利尔国际博览会德国馆

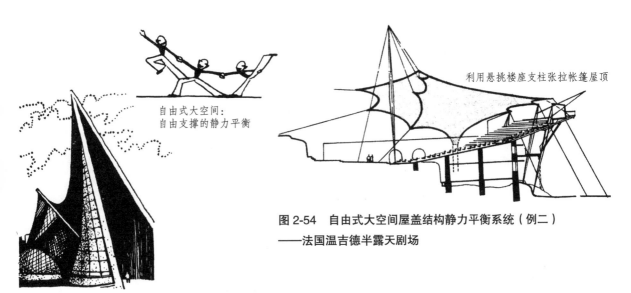

自由式大空间：
自由支撑的静力平衡

利用悬挑楼座支柱张拉帐篷屋顶

图 2-54　自由式大空间屋盖结构静力平衡系统（例二）
——法国温吉德半露天剧场

图 2-55　自由式大空间屋盖结构静力平衡系统（例三）
——仅有三个支点的菲利浦展览馆

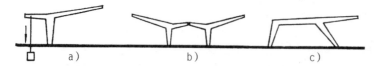

图 2-56 使悬挑结构在荷载作用下保持平衡稳定的基本途径

a）施加平衡力

b）构件组合

c）自平衡的结构体形设计

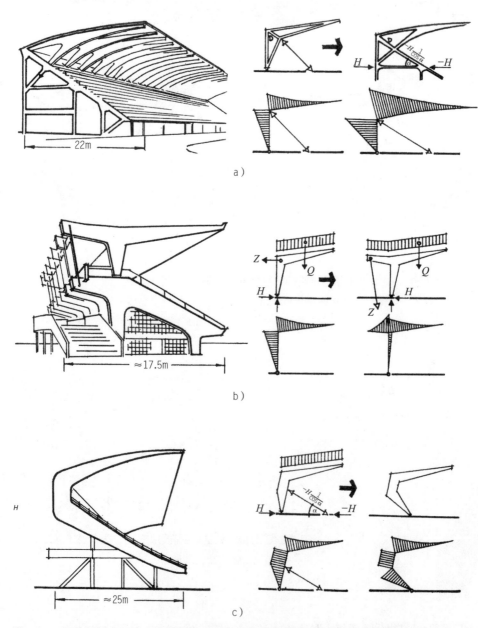

图 2-57 运动场看台设计（抗倾覆静力平衡系统是其设计构思的一个基本要点）

a）意大利佛罗伦萨运动场看台　b）摩洛哥拉伯特运动场看台　c）委内瑞拉卡拉卡斯运动场看台

特征也会应运而生。

由西班牙著名结构工程师托罗哈设计的马德里赛马场看台顶棚结构也很有趣（图2-58）。悬挑的薄壳顶棚后端以其拉杆与看台背面的开放式大厅曲面屋盖相连，此悬挂式屋盖的拉杆恰好就是平衡看台前端悬挑薄壳所不可缺少的结构构件。

2）充分利用悬挑结构静力平衡系统的附属空间。在开放空间或非开放空间的组合中，常常可以把建筑物中所需要设置的附属使用空间，与悬挑结构的静力平衡系统有机地联系起来。

上面提到的马德里赛马场看台，其悬挑薄壳顶棚是靠后部相连的另一悬挂式曲面屋盖来平衡的，而此悬挂式曲面屋盖则又形成了赛马场"赌注厅"的顶界面。

图2-59是布鲁塞尔国际博览会比利时馆的箭形吊桥。它悬挂着一条人行道，供游览参观者在此俯视露天地面上用彩色陶瓷锦砖拼砌的比利时地图。吊桥的主体是一个悬臂的箭形壳体结构，为了使它保持平衡，在接近支座处布置了一个圆顶下悬吊的房间——接待厅。这样安排在结构上合乎逻辑，而空间的利用也很自然。图2-60、图2-61所示实例也体现了类似的思路与手法。

3）充分利用自身能保持其静力平衡的悬挑结构。避免采用繁琐的结构传力系统，充分利用自身能保持其静力平衡的悬挑结构，这对于观演性建筑——礼堂、电影院、剧院、马戏院、音乐厅或多功能厅堂的空间组合来说，是一条值得我们重视的设计思路。

在一般情况下，观演性建筑楼座悬挑结构所采取的静力平衡方式，都要与观众厅或前厅的承重结构系统发生关系，这样就给这一类建筑的空间组合提出了一些相应的先决条件。

当楼座沿观众厅纵向采用悬臂梁或悬臂桁架时，必须将此悬挑结构向观众厅后墙以外的空间延伸。也即必须以相应的辅助空间（如门厅、休息厅、回马廊等）所布置的结构，作为楼座悬挑结构的"平衡体"。因此，观众厅前部的空间组合则要受到一定的制约。

当楼座沿观众厅横向设置大梁或桁架以承托悬挑结构时，又会由于大梁或桁架本身的高度而要求楼座及其观众厅的标高做相应提高，这样厅室空间便往往偏大，得不到合理利用。

当楼座的悬挑结构兼用上述两种方式来保持平衡和传递荷载时，同样也无法避免空间组合上的某些局限性。

由此可见，在观演性建筑设计中，使楼座悬挑结构自身能保持其静力平衡（如图2-62～图2-64所示各例），这就可以为灵活而紧凑地组织空间创造极为有利的条件。在1400座国内多功能礼堂设计中，从简化楼座悬挑结构的静力平衡系统出发，作者采用了6榀8m跨两端悬挑的钢筋混凝土刚架（观众厅跨度27m）。刚架斜梁变化是根据楼座座位视线最小升高值确定的。靠观众厅一侧的刚架支腿有意向上外张，以减小结构中的弯矩作用。由于刚架本身是平衡的，故无须再另行设置抗倾覆的结构构件。刚架在观众厅跨度方向上的稳定性和刚度，可由连系梁和预制π形楼板的拉结作用而得以保证。这种"自平衡"楼座结构形式的运用，不仅为紧凑地组织空间和快速施工创造了有利条件，同时也便于观众厅主体结构做抗震设防，即脱开楼座结构的技术处理。日本东京文化会馆观众厅采用了A字形多层框架，4层挑台均由此框架挑出。尽管楼座挑台层次很多，然而其前厅空间的构成并不复杂，这一空间组合上的特点，正是与楼座悬挑结构的自平衡方式分不开的。

综上所述，不同结构的静力平衡方式体现着不同的结构思维路线，并导致不同的空间组合及其建筑形式。因此，作结构静力平衡分析简图，乃是训练我们结构思维能力及其技巧的一个重要方法。

在建筑工程实践中，由于对结构静力平衡系统考虑不当而造成结构不合理，同时也给工程施工带来很多麻烦的这一类教训是不少的。甚至就是一些举世皆知的著名建筑，如布鲁塞尔国际博览会法国馆（图2-65）、原德国柏林议会厅（图2-66）等，也同样存在着这种问题。法国馆的悬索屋顶由两个双曲抛物面组成，钢索张拉在桁架式边梁上，屋面荷载由此边梁传递给高度不同的柱子。这样，只有正立面一边的左右两根高柱和另一边的中间一根高柱承受绝大部分荷载，为了不使正立面一边的中间低柱由于内桁架传来的荷重而产生过大的偏心力矩，所以在此中间低柱的外面，又做了一个起平衡作用的外悬臂。设计者的一个基本意图就是，想利用这个外悬臂的特殊造型来作为法国馆的突出标志。然而，该悬索屋盖结构形式及其静力平衡方式，既没有体现出现代结构技术的优越性（由于加设外悬臂反而多耗费了建筑材料），同时与建筑物的空间组合也毫无内在联系，悬索结构所覆盖的空间浪费很多。原西柏林会议厅马鞍形索网屋盖虽然是对称的，但由于只有两个支点，因而，向两侧悬挑的屋盖结构便处于极不稳定的"平衡"之中。为了避免屋盖倾覆，设计者不得不设置一道十分复杂的呈空间曲线变化的特大圈梁，与两个斜拱共同起传力作用。殊不知，这是寻求结构静力平衡的最笨拙的办法!1980年，这座以其"美貌"而闻名于世的大悬挑索网屋盖竟然让大风给掀塌了。

四、建筑物的空间扩展与结构的整体受力特点

社会生产和社会生活对现代建筑的使用空间提出了"多"和"大"的要求，这样，借助于现代物质技术手段，便促使建筑物的使用空间分别向着垂直方向和水平方向扩展，相应地形成了高层——超高层建筑和大跨——超大跨建筑。建筑物的这种空间扩展对现代结构技术的创造与运用，产生了极其深刻的影响。

建筑物的空间扩展只有从结构的整体受力特点出发，才能使其建筑平面设计与剖面设计，同所应采用的结构形式很好地结合起来。

（一）空间扩展所带来的结构整体受力状况的变化

总的来说，任何建筑的结构设计都要考虑竖向荷载和水平荷载的作用。然而，随着建筑物的使用空间由低层到高层或超高层，由小跨到大跨或超大跨的扩展，其结构的整体受力状况却有很大的变化。

影响低层建筑结构设计的主要因素是竖向荷载，垂直结构基本上是处于受压状态。到了多层建筑，垂直结构不仅要承受竖向荷载，而且也承受部分水平荷载，因而，结构设计要由竖向荷载和水平荷载共同控制。但在高层和超高层建筑中，控制结构设计的主要因素却是水平荷载——风力和地震力。这是因为，在水平荷载作用下产生的建筑物基底弯矩是随建筑物高度的二次方（均布）、荷载的三次方（倒三角形荷载）而急剧递增的，但竖向荷载却随建筑物的高度增高而呈线性增加。此外，水平荷载还会使高层建筑产生摆动，建筑物越高，摆动也就越大。摆动幅度过大时，会使人感觉不舒服，甚至不适应，同时也会使隔墙、填充墙及内部建筑装修开裂、损坏。所以，高层结构不仅要有效地传递水平荷载，而且，其顶端的水平位移必须受到控制（日本、美国、英国、加拿大等一般都规定风荷载产生的顶端水平位移 $A \leqslant 1/500H$）。这种具有很大刚度的抵抗水平荷载的结构，在高层建筑中称之为"抗侧力结构"。与上述情况不同，对于中跨、大跨和超大跨建筑来说，竖向荷

图 2-58　西班牙马德里赛马场看台结构思维的发展过程　（E·托罗哈设计）

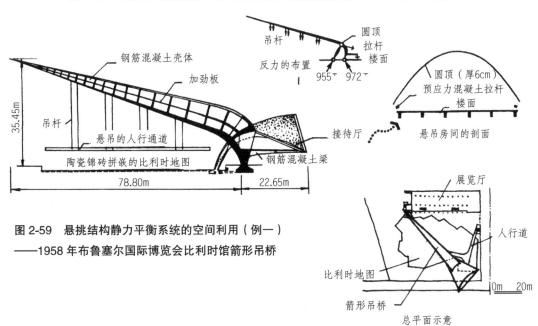

图 2-59　悬挑结构静力平衡系统的空间利用（例一）
——1958 年布鲁塞尔国际博览会比利时馆箭形吊桥

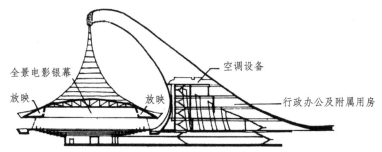

图 2-60　悬挑结构静力平衡系统的空间利用（例二）
——1970 年大阪国际博览会澳大利亚馆

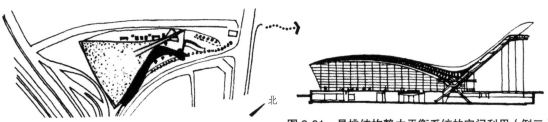

图 2-61　悬挑结构静力平衡系统的空间利用（例三）
——国外某航站楼设计

73

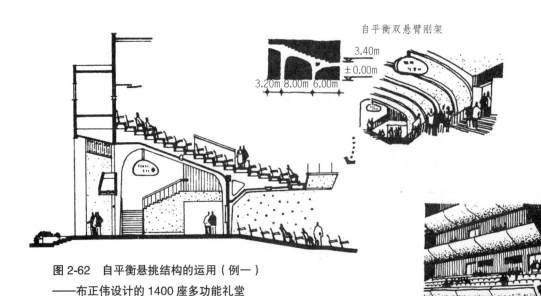

自平衡双悬臂刚架

3.40m
±0.00
3.20m 8.00m 6.00m

图 2-62　自平衡悬挑结构的运用（例一）
——布正伟设计的 1400 座多功能礼堂
采用自平衡双悬臂刚架楼座结构

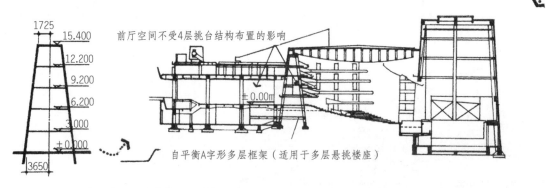

1725
15.400
12.200
9.200
6.200
3.000
±0.000
3650

前厅空间不受4层挑台结构布置的影响

自平衡A字形多层框架（适用于多层悬挑楼座）

图 2-63　自平衡悬挑结构的运用（例二）
——日本东京文化会馆剧场
各层楼座从多层刚架水平构件挑出

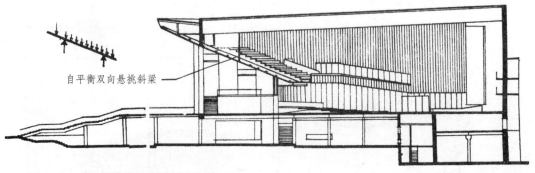

自平衡双向悬挑斜梁

图 2-64　自平衡悬挑结构的运用（例三）
——莫斯科俄罗斯电影院
楼座设在两端悬挑的斜梁结构上

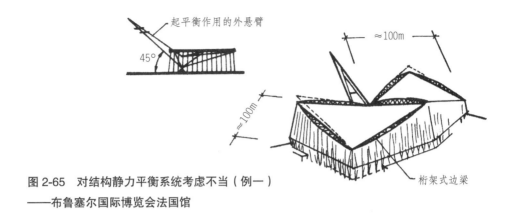

图 2-65　对结构静力平衡系统考虑不当（例一）
——布鲁塞尔国际博览会法国馆

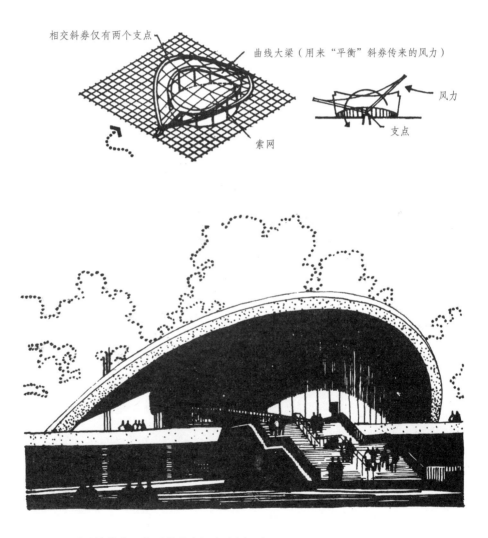

图 2-66　对结构静力平衡系统考虑不当（例二）
——原德国柏林议会厅

载主要是屋盖自重，始终是控制结构设计的主要因素。在中、小跨建筑中，屋盖的结构类型及其形式可以有各种各样的变化，大跨度屋盖的结构形式则受到较大的限制，而能覆盖超大跨建筑的屋盖结构形式便寥寥无几了。这主要是因为随着跨度的增大，屋盖自重或屋面荷载将急剧增加的缘故，如图 2-67 和图 2-68 所示。

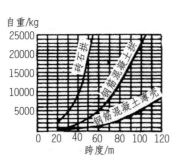

图 2-67　各类拱顶结构的跨度
与自重的关系

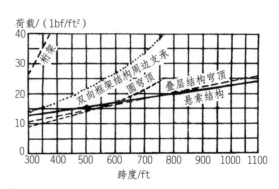

图 2-68　跨度 100m 以上主要钢材结构的跨度
与屋盖荷载的关系（1ft=0.3048m，lbf/ft²=47.88Pa）

水平荷载对大跨或超大跨屋盖结构的影响作用也与高层或超高层建筑不同。这里，主要是考虑风吸力，特别是在超大跨建筑中，不仅是像悬索这样的柔性屋盖，而且像穹顶这样的非柔性屋盖，风吸力均应作为控制其结构设计的主要影响因素而同屋盖自重一起加以考虑。

（二）与空间扩展相适应的不同结构体系

从结构的整体受力特点来看，在高层建筑中，结构构思必须格外注意如何解决抵抗水平荷载的问题；在大跨建筑中，结构构思则必须着重地研究如何克服屋盖结构中可能产生的巨大弯矩，以及由此而带来的结构自重等问题。

为了适应空间扩展由低层到超高层、由小跨到超大跨而带来的结构整体受力状况、受力特点的变化，结构传力系统不断地由低级形式向高级形式演进、发展，如图 2-69 所示。

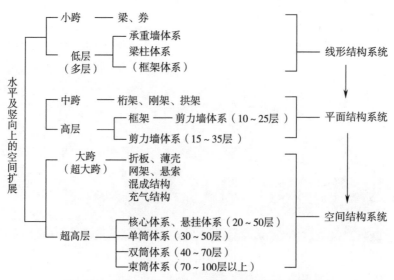

图 2-69　结构传力系统由低级形式向高级形式的演进

筒体体系是建筑物的使用空间向垂直方向扩展后，适应其结构整体受力特点的合乎逻辑发展的必然结果。外筒体常由间距 1 ~ 3m 的密排柱和墙梁联结组成，而内筒体则直接利用电梯间、楼梯间、管道竖井或内柱等。筒体组合形式有多种变化（图 2-70），因而为平面及空间的灵活布局创造了有利条件。

（三）高层结构的整体受力特点对建筑平面—空间布局的影响

为了有效地解决抵抗水平荷载的问题，高层建筑的平面—空间布局应体现以下一些设计原则：

1）高层建筑的平面安排应有利于抗侧力结构的均匀布置，使抗侧力结构的刚度中心接近于水平荷载的合力作用线，或者说，力求使建筑平面的刚度中心接近其质量中心，以减小水平荷载作用下所产生的扭矩。

在一般情况下，风力或地震力在建筑物上的分布是比较均匀的，其合力作用线往往在建筑物的中部。如果抗侧力结构，如刚性井筒、剪力墙等分布不均匀，那么，合力作用中心就会偏离抗侧力结构的刚度中心，而产生扭矩（图 2-71）。因此，建筑物就会绕通过刚度中心的垂直轴线扭转，致使抗侧力结构处于更复杂的受力状态。对于框架—剪力墙体系来说，只有剪力墙的均匀布置，才能避免结构平面内出现刚性部分与柔性部分的显著差异，才能保证水平荷载按各垂直构件的刚度来进行分配，使剪力墙真正能承受绝大部分的水平荷载。

由此可见，在高层建筑中，简洁而对称的平面设计对于合理布置抗侧力结构是比较有利的。北京民族文化宫中部 68m 高的方形塔楼，结合平面设计呈中心对称和高塔造型坚挺有力的特点，在四个角上很匀称地布置了 "凵" 形钢筋混凝土刚性墙（图 2-72）。国外许多高层塔式建筑均多采用四角对称的抗侧力结构布置形式（图 2-73）。日本的许多超高层建筑采用矩形平面，它们在两个方向上的对称性和质量的均匀性要求也是相当严格的。奈维设计的米兰皮列里（Pirelli）大厦，其平面为船形，两端为三角形井筒，中部设置刚性墙体，建筑造型特征与抗侧力结构别出心裁的构思同出一辙（图 2-74）。

由于建筑艺术方面的原因，高层建筑的平面设计有时也要突破简单规整的几何形式。例如，北京 16 层外交公寓曾做了多种方案比较，考虑到该地段建筑群空间体量构图这一因素，最后采用了错叠式矩形平面。为了使平面的质量中心仍能接近于抗侧力结构的刚度中心，在平面布局中对剪力墙和电梯井筒的分布做了适当调整（图 2-75）。赖特设计的著名的普赖斯塔楼（Price Tower）巧妙地将刚性墙体布置成风车形，使得空间和体形突破了简单几何形式的束缚（图 2-76）。

建筑师必须掌握按抗侧力结构布置的力学原则与建筑功能要求来综合考虑空间组合的基本技巧。以筒体体系为例，一般外筒体的周围都是密排柱子，但是，许多日本高层或超高层建筑却是在一个方向上使柱子密排，而在另一个方向上加大柱距，这样既构成了 "框筒"，同时又可以灵活地布置较大的室内空间（图 2-77）。国外一些结构工程师和建筑师，还注意通过特有的平面—空间布局形式及其相应的技术措施，来构成不另独立设置抗侧力结构的 "刚性空间"，如高层薄砖结构的分寓、住宅等。

2）高层建筑的剖面设计应力求简化结构的传力路线，降低建筑物的重心，避免在竖向上抗侧力结构的刚度有较大的突变。

如何布置大空间厅室是高层建筑剖面设计中的一个重要问题。其基本形式如图 2-78 所示。

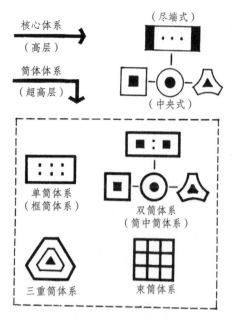

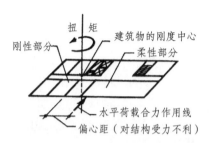

图 2-71 高层、超高层建筑抗侧力结构分布不均匀时对结构受力不利，这是高层、超高层建筑平面空间布局时应牢记的

图 2-70 空间向上扩展时所采用的核心体系与筒体体系结构布局示意

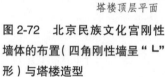

塔楼顶层平面

图 2-72 北京民族文化宫刚性墙体的布置（四角刚性墙呈"L"形）与塔楼造型

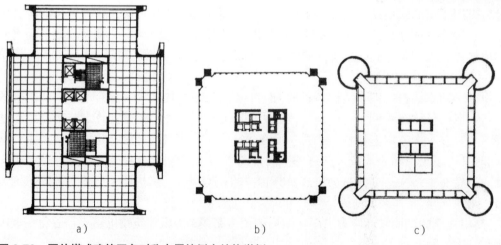

图 2-73 国外塔式建筑四角对称布置抗侧力结构举例

a）贝聿铭设计的火奴鲁太平洋中心大厦　b）路易斯·康设计的堪萨斯市政办公楼　c）鲁治·丁加路设计的纽哈文一办公楼

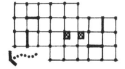

图 2-75　北京 16 层外交公寓抗侧力结构的布置与空间组合

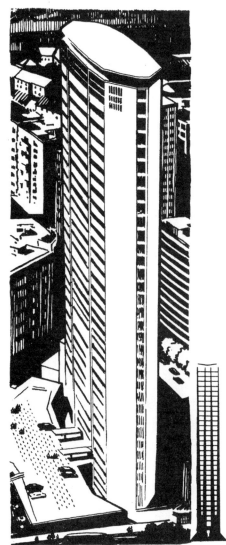

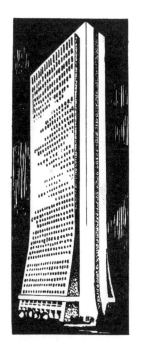

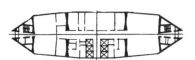

图 2-74　意大利米兰皮列里大厦
抗侧力结构的布置与空间组合

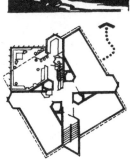

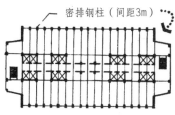

图 2-76　普赖斯塔楼抗
侧力结构的布置与空间
组合

图 2-77　日本安田火灾海上保
险公司大楼密柱、刚性井筒的
布置与空间组合

在高层建筑的底层设置高大的厅室，如宴会厅、餐厅等，一方面会使结构传力复杂，要以断面尺寸很大的水平构件来承受上面各层的竖向荷载；另一方面，也会使建筑物重心上移，对高层结构抗倾覆不利。当层数很高而不宜采用一般框架结构体系时，底层大空间则又会与剪力墙、刚性筒体等的布置发生矛盾。因此，在这种情况下，一般都将大空间做脱开处理，使大厅室的结构布置与高层主体相对独立。运用这种手法可以取得体量对比、轮廓线丰富的建筑艺术效果。

当厅室空间不是很大，而地段用地又紧张，做单层脱开处理有困难时，也可以采用框支剪力墙结构（不考虑抗震设防），即将底层部分做成框架（图2-79）。南非约翰内斯堡卡顿中心高层建筑底层大厅室空间的布置，以及稳健的建筑体形的处理，都与框架结构取得了很好的统一（图2-80）。

在高层建筑的顶层设置大厅室空间，其屋顶的水平承重结构比较容易解决。但当考虑抗震设防要求时，以不在顶层设置较大厅室而使剪力墙沿竖向贯通建筑全高为好。例外的情况则多属于构思巧妙之作，如日本东京新大谷饭店（旧楼）为稳定的三叉形平面，中部三角形柱网与井筒构成了抗侧力结构的核心。在这个核心部分的第十七层上，合理地布置了一个圆形旋转餐厅，而整个第十六层都作为高级宴会厅使用。

多层地下室对降低高层建筑的重心有利，同时也是与高层建筑宜优先采用深基础的原则相一致的。日本超高层建筑地下室结构单位面积平均重量通常是上部标准层的10倍左右，刚度则要大50～100倍。

高层建筑的剖面设计还应注意使抗侧力结构的刚度由基础部分向顶层逐渐过渡，这样才不致由于刚度的较大突变而削弱这一部分抵抗水平荷载的能力。图2-74所示皮列里大厦的剖面设计十分典型，它逐渐向上收束的结构断面体形，是与在水平风力作用下结构中弯矩分布的几何图形（直角三角形）相一致的，整个高层结构连续渐变而没有任何被削弱的部位。

3）高层建筑的体形设计应力求简洁、匀称、平整、稳定，以适应高层结构的整体受力特点。

简洁的建筑体形可以保证高层结构的组成单一、受力明确，有利于抵抗水平风力和地震力。实践表明，平面外形复杂、高低悬殊或各部分有刚度突变等，都是导致震后开裂的因素。出于建筑功能要求或建筑空间体量构图方面的原因，建筑平面或立面的形状比较复杂，或结构刚度截然不同时，应以防震缝分成几个体形简单的独立单元。

高层或超高层建筑的体形应有利于抗侧力结构的稳定。为了增强抗侧力结构的稳定性，高层和超高层建筑的体形设计多采用如下手法：

①使高层或超高层建筑的底部逐渐扩大。一般常结合底层大空间的布置而采用倾斜的框架结构（图2-77、图2-80）。

②使高层或超高层建筑的上部逐层或跳层收束。这种收束可以是对称的（如纽约帝国大厦），也可以是不对称的（如芝加哥西尔斯塔楼，图2-81）。

③使高层或超高层建筑由下至上逐渐收分。高100层的芝加哥约翰·汉考克大厦明显地反映了古埃及建筑那种稳定敦实的体形特征（图2-82），它比不收分的矩形柱状塔楼可以减少10%～50%的侧移。在现代城市规划设计理论中，A字形、金字塔形等结构形式，也被利用来探求各种新型的居住生活单元了（图2-83、图2-84）。这里，结构的稳定体形是与

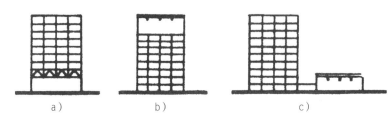

图 2-78　高层建筑中大厅室空间的布置

a）设于底层　b）设于顶层　c）脱开布置

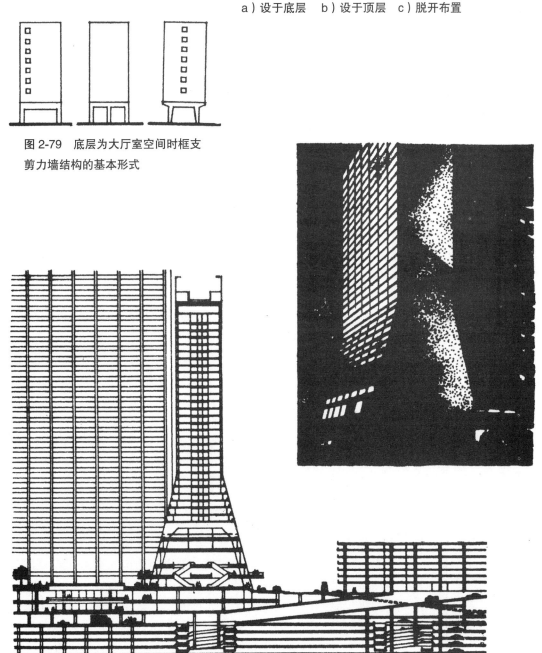

图 2-79　底层为大厅室空间时框支
剪力墙结构的基本形式

图 2-80　南非约翰内斯堡卡顿中心高层建筑底层大厅室空间的结构形式

空间的组织和利用紧密联系在一起的。

④采用圆形、三叉形等建筑平面。这类平面形式可以增强结构在各个方向上的刚度，从而取得较好的抗侧力效果（图2-85、图2-86）。建筑物空气弹性模型实验（风洞实验）表明，圆形建筑物最好，三角形断面虽很差，但做切角处理后（即修正三角形），则要比矩形断面优越得多。圆柱形建筑由于它垂直于风向的表面积最小，因而风荷载（即风压）比方柱形建筑可减少20%～40%。可见，现代建筑合用空间的创造，在一些情况下必须善于把结构思维同特定的简单几何体形有意识地科学地结合起来（图2-87、图2-88）。日本坂仓准三建筑研究所设计的岐阜市会堂，将观众厅和舞台都统一地组织在一个圆台式的结构空间中，不仅空间紧凑，视线条件好，同时，也创造性地解决了地震区观演性建筑舞台结构通常单独高起而不利于抗震设防的问题。

（四）大跨结构的整体受力特点对建筑平面—空间布局的影响

如何克服屋盖结构中可能产生的巨大弯矩以及由此而带来的结构自重等问题，这是大跨度建筑结构思维的一个基本出发点。

与超高层结构技术的发展相比，超大跨结构的运用还处于尝试阶段。超大跨结构的整体受力特点对建筑剖面设计影响甚大，这主要表现在：

1）超大跨建筑物的顶界面必须"起拱"或"下垂"，难于保持水平状。这是因为，只有以"拱型"结构（如穹顶、拱顶）或"链型"结构（如悬索）取代"水平型"结构（如平板网架），才能克服超大跨结构中巨大弯矩值的增加。这样，超大跨结构的"起拱度"或"下垂度"便十分可观。例如，新奥尔良体育场穹顶直径为210m，而穹顶顶部离比赛场地面高达83m。在某市能容65000人全空调运动场采用了198m跨度的悬索结构，悬索的"下垂度"也有跨度的1/16（12m多）。

2）超大跨建筑物的体积过大，结构所覆盖的空间得不到很好的利用。由于悬索"下垂"而多出的室内空间比穹顶"起拱"而浪费的室内空间要小得多，所以从减小建筑体积来看，悬索体系比穹顶体系优越。再加上超大跨穹顶结构过重（如休斯敦体育场直径为196m的钢穹顶结构自重达2800t），因而，国外普遍认为穹顶体系在超大跨建筑中是没有发展前途的。

3）超大跨建筑的剖面设计要很好地考虑风吸力的影响，即便是非柔性结构也是如此。例如，新奥尔良体育场210m直径的穹顶，为了抵抗风吸力，穹顶中心悬吊了直径为38m、重达68t的吊篮（吊篮上有六幅10m×12m的电视屏以及照明、扩音设备系统），同时，还在三排柱子之间垂直和水平刚度的组合上，考虑了最大的刚度。

五、建筑物的空间扩展与结构传力的定向控制

建筑物在水平向和竖向上的空间扩展，都要受到承重结构受力性能的制约。结构受力性能方面的巨大改进，必然带来建筑空间方面的某种突破。怎样使结构的受力性能向着有利于空间扩展的方向转化呢？基本途径有两条：一是从外部改变结构的形式，如由梁发展到桁架、刚架等；二是从内部来控制结构中力的传递，而预应力的运用恰好可以达到这一点。因此，预应力技术是我们进行结构思维的一个重要手段，它可以进一步启发建筑师运用现代结构技术去创造新的建筑形式，甚至在无须改变结构外形的条件下，也可以通过预应力技术的运用，使结构的受力性能向着有利于大跨或高层的方向转化。

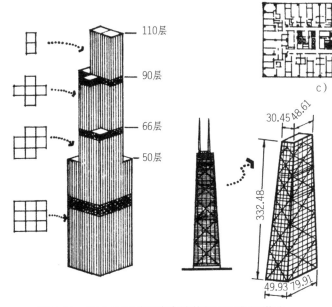

110层

90层

66层

50层

30.45 48.61

332.48

49.93 79.91

图 2-81　向上呈不对称收束的芝加哥西尔斯塔楼

（109 层束筒体系，参见图 3-80）

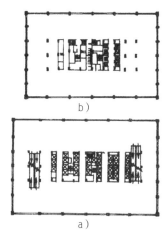

c）

b）

a）

图 2-82　向上呈收分状的芝加哥约翰·汉考克大厦

a）停车场标准层平面

b）行政办公标准层平面

c）公寓标准层平面

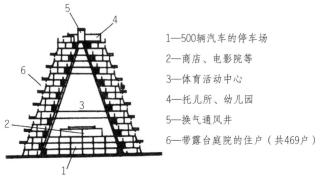

1—500辆汽车的停车场

2—商店、电影院等

3—体育活动中心

4—托儿所、幼儿园

5—换气通风井

6—带露台庭院的住户（共469户）

图 2-83　A 字形结构居住单位的构思

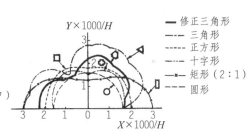

$Y \times 1000/H$

$X \times 1000/H$

—— 修正三角形

—·— 三角形

----- 正方形

—··— 十字形

□ 矩形（2:1）

— 圆形

图 2-85　不同建筑平面形式的高层建筑物在风力作用下最大挠度的包络线图

图 2-84　金字塔形结构居住单位的构思（苏联西伯利亚寒冷地区）

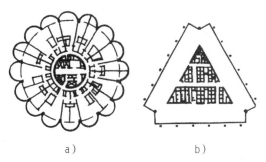

a）

b）

图 2-86　抗侧力效果良好的高层建筑平面举例

a）带花瓣形阳台的芝加哥玛利娜圆塔公寓

b）经过"切角"处理的匹兹堡钢铁大厦

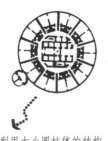

图 2-87　稳定的圆柱结构体形在超高层建
筑中的运用
——亚特兰大桃树中心广场旅馆

利用大小圆柱体的结构
组合使空间向上扩展

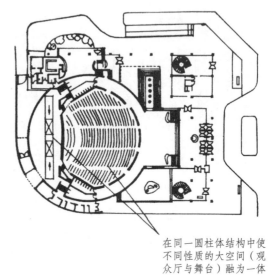

在同一圆柱体结构中使
不同性质的大空间（观
众厅与舞台）融为一体

图 2-88　稳定的圆柱结构体形在大空间
厅堂建筑中的运用
——日本岐阜市会堂

舞台大空间

观众厅大空间

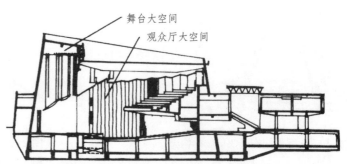

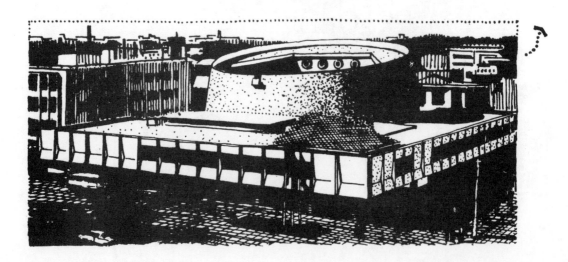

84

（一）水平承重结构受力性能的改进与空间扩展

在水平承重结构中，通过加设预应力钢筋，能增大其承载能力。由于预应力钢筋有"缩短"的趋势而产生一个向上的承托力，这正如跨中支柱所起的作用一样。因此，也可以把这种预应力钢筋看成是水平承重结构的"隐形支柱"。在较大跨度的建筑设计中，我们可以根据不同的具体情况，灵活地运用这一基本原理。

例如，在地震区，由于抗震要求，设计剧院、电影院、礼堂等观演性建筑时，一般都应使楼座的结构传力系统与厅堂的主体结构脱开，若按通常方式来布置挑台结构，那么在池座后部则很可能出现柱子，天津宁河剧院便是一例。预应力的运用为我们提供了新的思路。湖北鄂城影剧院采用了 21m 跨预应力箱形梁楼座结构，梁体本身便形成了有一定视线高差的楼面，并将楼座荷载径直传递到观众厅两侧的抗震墙上，结构简化，传力直接，同时满足了抗震设防要求。

由于预应力可以减小水平承重结构的断面尺寸，因而，对于设计上述观演性建筑的合理剖面形式具有重要意义。我们从上海中兴影剧场改建的观众厅设计中（图 2-89），可以得到有益的启示。一般来说，挑台座位呈曲线或折线形，因而横向断面是一个中间凹两端高的"阶梯"。这样，结构跨中弯矩最大的地方，即结构高度需要最大的地方，建筑上提供的净空恰恰最小。一般大梁只能利用图中 h 这样高的一部分空间，而 $H—h$ 这一部分空间却是无用的。中兴剧场改建增设的楼座，由于空间的限制而采用了预应力悬带结构。在该预应力悬带中，h_1 可以减到最小，并且可以合理利用 $H_1—h_1$ 这一段不挡视线的结构高度。又由于 h_1 较小，预应力悬带可以尽量向台口方向移动，从而减轻它所分担的楼座荷载。总之，预应力悬带相应降低了楼座挑台的设计标高，为解决结构与建筑之间的矛盾创造了有利条件。

（二）悬挑结构受力性能的改进与空间扩展

在重力作用下，一般悬臂将产生挠曲而下垂。施加预应力则可以使它和重力的合力通过悬臂梁轴线，从而消除结构中的弯矩。这时，整个悬臂梁在支座以外没有重量，它像"水平柱"一样，只承受轴向力，并将此力传递到竖向支柱上。委内瑞拉加尔加斯田径运动场轻巧而优美的大悬挑屋盖，就是因上述力学原理的成功运用而闻名于世的（图 2-90）。如果用一般钢筋混凝土建造，该悬挑屋盖将是目前重量的两倍，而且将在结构内产生不能预计的次应力，对安全不利。

高层建筑是从地面伸出的巨大"悬臂体"，预应力的运用也可以很好地控制其结构中内力的传递，为垂直方向上的空间扩展提供新的可能。美国旧金山一座 10 层楼高的汽车停车库，利用从屋顶穿过建筑物而延至基础的 146 根 28.6mm 直径的高强钢筋束，施加了 7000t 值的预应力。如图 2-91 所示，当 1200t 值的水平向地震力作用在建筑物上时，便可被转折到竖直方向上，从而大大减小建筑物的侧向位移，保证了结构上的整体性。斯图加特建造的 211m 高的电视塔，也采用预应力方法，将其锚定在基础上，以抵抗水平风力和地震力。利用预应力还可以改进楼板的受力性能（图 2-92），使其成为中心受压构件。

（三）空间结构受力性能的改进与空间扩展

上述各种情况，预应力仅限于在一个平面上（称之为两向预加应力）。三向预加应力则可用于空间结构形式，如各种折板、薄壳等（图 2-93~ 图 2-95）。如图 2-93 所示，在筒壳曲面中施加三向预应力后，其竖向分力可以平衡薄壳的重量，使得薄壳在自重作用下没有

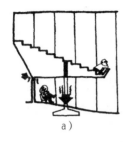

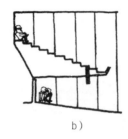

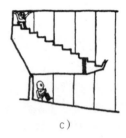

a）大梁布置在中间时要承受挑台绝大部分荷截，这会给基础的处理带来困难

b）大梁布置在前端时，建筑净空不够，而且给楼下后座带来了严重的视线遮挡

c）将前端的大梁升高会引起整个挑台楼面的升高，而且楼上的净空也不够了

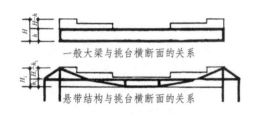

一般大梁与挑台横断面的关系

悬带结构与挑台横断面的关系

座位为弧形排列时，挑台横断面为阶梯形

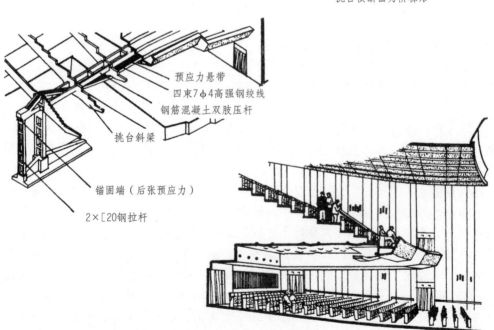

预应力悬带

四束7φ4高强钢绞线

钢筋混凝土双肢压杆

挑台斜梁

锚固端（后张预应力）

2×[20钢拉杆

图 2-89　预应力在创造合用空间中的作用（例一）
——上海中兴影剧场预应力悬带楼座结构的构思

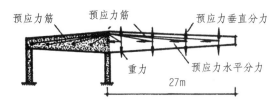

图 2-90 预应力在创造合用空间中的作用（例二）

——委内瑞拉加尔加斯田径运动场看台（预应力使悬挑屋盖变成了"水平的柱"）

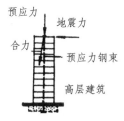

图 2-91 预应力在创造合用空间中的作用（例三）

——旧金山一多层停车库的抗震设计

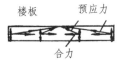

图 2-92 利用预应力改进楼板的受力性能（受弯构件变成了中心受压构件）

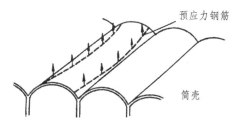

图 2-93 利用预应力改进筒壳的受力性能

图 2-95 利用预应力降低穹顶的结构矢高

——丹下健三设计的爱媛县会堂

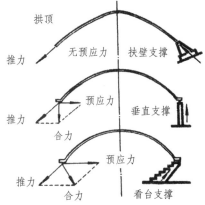

图 2-94 利用预应力改变拱顶的支撑形式

弯矩产生，同时，结构的变形和次应力也能减少到很小。这样，薄壳就能有效地覆盖更大跨度的使用空间。

运用预应力技术，我们还可以合理地组织大跨度钢筋混凝土穹顶或拱顶结构的静力平衡系统。为了平衡穹顶或拱顶的推力，最原始的方法就是采用类似哥特建筑的"扶壁"支撑。这种平衡系统，往往使得支撑结构复杂化，而建筑空间组合也受到一定制约。但施加预应力之后，则可改变屋盖结构的传力路线。根据预应力与推力的合力作用方向，支撑结构可以布置成垂直的支柱，或者设计成向里倾斜的看台，这就为大跨度建筑的剖面设计提供了较大的灵活性（图2-94）。

对穹顶或拱顶的圆环施加预应力还可以减小结构的"起拱度"，以避免结构覆盖空间过高而造成浪费。丹下健三设计的爱媛县会堂屋盖是一个很扁平的球面壳（图2-95），它直接承托在稍稍向外倾斜的支柱上。之所以如此，正是由于在薄壳周边圆环内施加了预应力的结果。该会堂大跨度薄壳结构起拱度大大减小，不仅使用空间趋于紧凑，同时对声学设计也很有利。

在竖向空间扩展中，高层建筑和超高层建筑在风力作用下产生的振动可感觉域，会直接影响到这一类建筑使用的舒适度。图2-96表示了国际建筑研究情报协会规定的最小可感觉域，和大岛正光提出的高层建筑振动感度标准。由此可见，在高层和超高层建筑的结构思维中，要在保证结构体系绝对安全的前提下，还需要研究如何通过空间结构受力性能的改进，才能尽量减少风力对高层和超高层建筑振动感度的影响，以保证使用者在其中工作与生活的良好感觉。

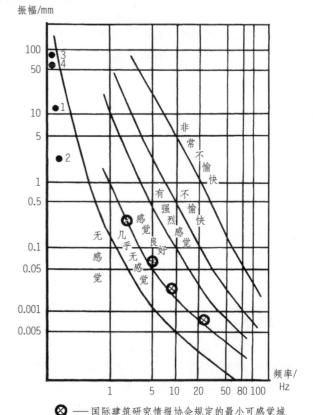

图2-96 大岛正光提出的高层建筑振动感度标准
1—东京京王旅馆（风速51.4m/s）
2—东京京王旅馆（风速22m/s）
3—帝国大厦（由实测值推算风速为36m/s）
4—帝国大厦实测值

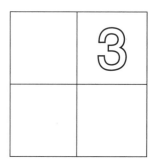

3

建筑结构思维与视觉空间的创造

要点提示：

　　建筑首先是属于用视觉感受的艺术。从结构思维来考虑视觉空间创造的问题有两条基本途径：结构与视觉空间的直观联系及其非直观联系。通过非直观联系可以发掘更高层次上的视觉空间艺术效果。如何围合空间范围、如何支配空间关系和如何修饰空间实体，这是结构思维中视觉空间创造的三个方面的问题。具体设计手法很多，如利用结构构成的空间界面丰富空间轮廓、强调空间动势、组织特有的空间韵律；在结构线网中分割空间、向结构线网外延伸空间、在结构线网上开放空间，以及通过结构所具有的各种形式美特征去增强空间造型的艺术表现力等。

3 建筑结构思维与视觉空间的创造

结构设计与科学技术有着更密切的联系，然而，却也在很大程度上涉及艺术，关系人们的感受、情趣、适应性，以及对合适的结构外形的欣赏……

——M.E. 托罗哈:《结构的哲学》

人们对建筑环境的感受是通过视觉、触觉、听觉乃至嗅觉而达到的。然而，对建筑艺术的欣赏，处于第一优势的，乃莫过于视觉。正如意大利文艺复兴时期的杰出艺术家和工程师达·芬奇（L.da Vinci）早已指出的那样：建筑是属于用视觉感受的艺术。具有形式美或艺术美的建筑形象是在视觉感受的空间中展开的。从这个意义上来讲，建筑形象的创造就是视觉空间的创造。视觉空间与合用空间具有不同的内涵，然而，它们都是从建筑的"骨骼"——结构中孕育出来的。

在现代建筑的结构思维中，为了能把满足建筑各方面的要求，与合理组织和确定结构各个部分的传力系统、传力方式整体而有机地结合起来，不仅要很好地考虑和解决建筑功能方面的问题，而且，还必须运用逻辑思维与形象思维，对建筑艺术创作有一番艺匠经营。因此可以说，视觉空间的形成——它的来龙去脉，也像合用空间那样，是与一定的结构构思紧密联系在一起的。那种脱离结构技术，仅凭建筑构图概念来进行艺术创作或建筑评论的学院派观点，早已是陈旧不堪的了。

根据结构和材料运用中所应遵循的客观规律，因势利导地对视觉空间进行艺术加工与艺术处理，这是现代建筑达到审美目的的最本质、同时往往也是最经济的一种创作手段。从另一个角度来说，这同样是现代建筑结构思维中颇能活跃创作思想而又引人入胜的一个探索领域。在这方面，建筑师的见识越广，积累的经验越多，那么他从总体到局部对结构方案的摹想也就越富有灵感，越卓见成效。

那么，在结构思维的全过程中，我们应当如何考虑建筑艺术方面的问题来创造视觉空间呢？

这里，有两条基本途径：

其一，是结构与视觉空间的直观联系，这种联系是外在的，一目了然的。正由于寻求这种"联系"比较容易，所以久而久之，在现代建筑艺术中也很容易形成一些司空见惯的"模式"。

其二，是结构与视觉空间的非直观联系，这种联系是指合理的结构本身为视觉空间的艺术创造所提供的各种可能性，因而，这种"联系"是内在的、潜藏的，它期待着建筑师以其聪明才智去做深入的挖掘。通过这一条途径，我们可以打破现有的一些"模式"，从而赢得出人意料之外却又在情理之中的独特建筑艺术效果。

只有当我们全面地把握了结构与视觉空间的直观联系和非直观联系时，才能在解决结构技术与建筑艺术的矛盾中，充分发挥建筑师的主观能动性。具体地说，在结构思维的全过程中，视觉空间的创造可以按照如图 3-1 所示的基本思路展开。

这里，结构思维与视觉空间的创造有三个基本方面的问题：

1）如何围合空间范围。

2）如何支配空间关系。

3）如何修饰空间实体。

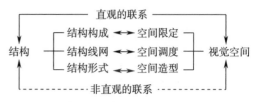

图 3-1　结构思维与视觉空间创造之间的联系

考虑与解决上述这些问题需要创造性思维。这些创造性思维既有"抽象"与"具体"之分——或"虚"与"实"之分，又有"宏观"与"微观"之分——或"整体"与"局部"之分。在结构思维与视觉空间的创造中，建筑师所能具有的这些思维特点越趋于全面，他所潜藏的创造能力也就越趋于成熟。

一、结构构成与空间限定

如何以空间界面（顶界面、侧界面、底界面）来限定空间（Define Space），这是现代建筑视觉空间艺术创造中具有头等重要意义的问题。虽然一些非承重的围护结构和室内装修也可视为空间界面（如玻璃幕墙、轻质隔断墙、顶棚吊顶、室内庭院水面等），然而，空间界面的变化以及由此而带来的空间限定的特点，在很大程度上则还是要取决于承重结构中线、面、体的构成。因此，遵循结构运用中的客观规律（其中包括结构中的力学规律），因势利导地利用结构的合理几何形体来限定人们视觉感受的空间范围，造成不同的空间轮廓、空间动势与空间韵律，这乃是与结构技术发展相适应的现代建筑艺术表现技巧的基本特点之一。

（一）利用结构构成的空间界面以丰富空间轮廓

空间界面不仅是建筑物内部与外部环境的"临界面"，而且也自然而然地构成了人们身临其境的"视野屏障"。不同空间界面按不同方式围合而成的空间轮廓，给人以不同的心理作用，并产生不同的视觉艺术效果。事实上，人们对视觉空间的总体印象——也是最初印象，首先总是具体地来自建筑物外部和内部的"空间轮廓"的。

对造型设计基础理论颇有研究的日本山口正城和家田敢教授指出，人们视觉器官捕捉和感受外部形态的过程，涉及物理学系统、生理学系统和心理学系统（图 3-2）。在心理学系统中，"虽凭人的主观感情和过去的经验来理解，但一般却可以按照共同的心理学法则去分析"。

从现代建筑心理学的角度来看，由水平面和垂直面按直角交接方式围合而成的视觉空间，给人的印象和感受不免趋于平淡，迄今为止，大量运用的承重墙、框架或混合结构系统，荷载基本上都是通过相互垂直交接的结构部件，如板、梁、柱、墙等来传递的。因此，在以空间界面所限定的矩形断面的平行六面体即为许多人称谓"方盒子"的现代建筑中，视觉空间的创造不得不更多地借助于其他的艺术表现手段。

实践表明：通过结构的合理运用，哪怕只要使得空间界面的某一部分（或顶界面，或侧界面，或底界面）获得相应的变化，那么人们对视觉空间的异样感受就会产生。

更为有趣的是，一旦我们把两种或两种以上的空间界面各自相应的变化加以组合时，就会产生奇妙的空间轮廓（Wonderful space outline），上述那种人们对视觉空间的异样感受就会因此而"强化"。图3-3从现代建筑心理学的角度，分析了结构构成、空间轮廓与视觉感受之间的相互关系。

以空间界面来限定空间，创造丰富多彩的空间轮廓，不仅要适应结构中线、面、体的构成，而且往往还要综合考虑其他方面的因素，这样才能顺理成章，使创作技巧更臻成熟。

有许多成功的建筑作品（图3-4 ~ 图3-8）都是结合了建筑功能——如采光、通风、照明、声学、视线等要求来处理结构所构成的空间界面，以丰富空间轮廓的。即使是难以得到变化的底界面，由视线设计要求所形成的楼座倾斜面也往往直接暴露在外，与变化了的顶界面或侧界面合为一体，成为现代观演性建筑（会堂、影剧院、体育馆、马戏院等）室内外空间轮廓的一个新特征。

结合自然环境来考虑结构构成及其空间界面所形成的空间轮廓，这是现代建筑视觉空间艺术创造的一条重要思路。图3-9是日本横滨建在山坡树林中的一座儿童寄宿学校，其校舍小屋（Cabin）设计成由中心支撑（楼梯间）向三个方向外挑的阁楼形式，这样既能适应25°的山坡地形，又可避免蛇虫的侵害。钢筋混凝土楼板向上倾斜悬挑，受力比水平悬挑有利，而倾斜的楼板又恰好可以利用来布置宽面阶梯。儿童们在分散坐落的小屋中住宿和上课，宽面阶梯既是铺位，又是座位，从室内看上去，坡屋顶、斜楼板和菱形侧窗构成了内容紧凑、气氛亲切的生活空间。由黑川纪章设计的横滨国立儿童公园安徒生纪念馆（图3-10）采用了木结构，其结构构成、空间界面的艺术处理，以及以大屋顶为特征的空间轮廓等，都与公园的自然环境十分协调。

建筑工业化、体系化的发展趋向，结构构件连续成型和吊装组合的要求，对"容器式"居住建筑的结构构成及其空间限定带来了新的设想（图3-11）。从长远来看，处于试验阶段中的这类居住房屋必将使我们对现代建筑的视觉空间概念有更进一层的理解。

从以上论述中我们可以得到一个重要的启示：不要轻易地用吊顶和装修墙面去搞"人造的立方体"！要尽可能以结构所构成的空间界面去丰富空间轮廓，甚至于以此有意识地去强化人们对视觉空间的异样感受。应当铭记，这是打破建筑模式、克服千篇一律，从而达到现代建筑审美要求的十分有效而又经济的创作手法。

（二）利用结构构成的空间界面以强调空间动势

现代建筑的空间构图（图3-12 ~ 图3-16），常常可以借助于结构体形所形成的空间界面的变化，来造成和增强视觉空间向前、向上、旋转、起伏等动势感，这不仅能显示出人类现代文明生活中的速度感与节奏感的加快，适应人们审美心理的变化，同时在许多情况下，这种动势感在空间序列中还具有吸引与组织人流的功能作用。华盛顿杜勒斯航站楼就是一个典型的例子：该单向悬索屋盖是用15cm厚的钢筋混凝土板在缆索之间铺设而成的。为了更好地抵抗来自屋盖的拉力，两排相隔45m的支柱（柱距12m）均向外倾。顺应支柱，玻璃墙面也自然呈斜面布置。加之靠广场的列柱较高（19.5m）、靠机坪的列柱较低（12m），这就更加突出了与航站楼建筑性格相协调的"向前欲飞"的空间动势，同时由此而造成的

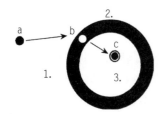

图 3-2　视觉感受过程

1—外界（物理学系统）2—中间带（生理学系统）3—内界（心理学系统）
a—原形态（未知形态）b—被感觉所接受的形态 c—感觉并理解了的形态

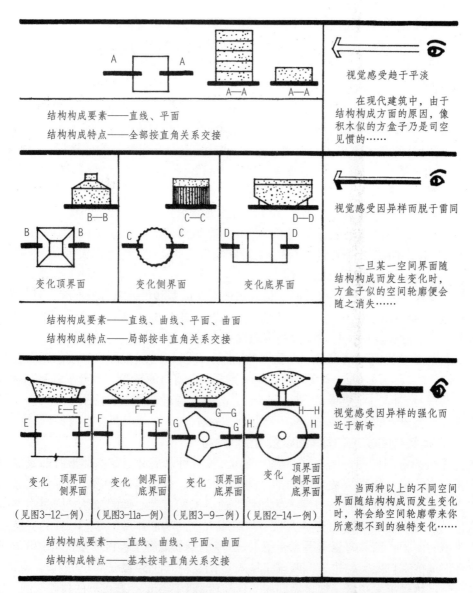

图 3-3　从现代建筑心理学看结构构成、空间轮廓与视觉感受之间的关系

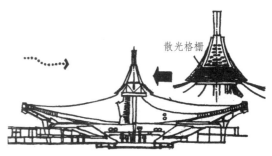

散光格栅

图 3-4　东京代代木体育中心主馆（游泳馆）结合天然
采光设计来处理悬索结构所构成的空间顶界面

通风层

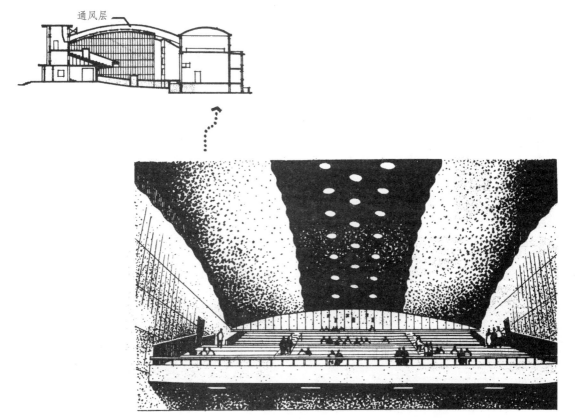

图 3-5　乌鲁木齐某俱乐部观众厅结合通风与照
明设计来处理薄壳结构所构成的空间顶界面

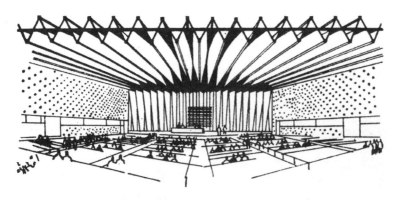

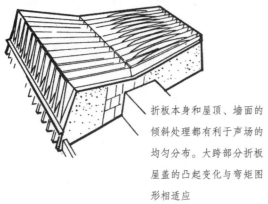

折板本身和屋顶、墙面的
倾斜处理都有利于声场的
均匀分布。大跨部分折板
屋盖的凸起变化与弯矩图
形相适应

图3-6 巴黎联合国教科文组织会议厅结合声学设
计来处理折板结构所构成的空间顶界面与侧界面

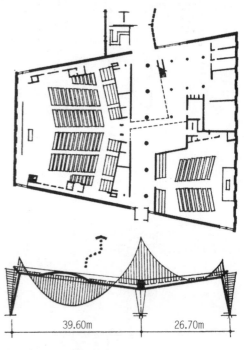

39.60m   26.70m

图3-7 现代观演性建筑结合视线设计来处理结构
所构成的空间底界面与侧界面(例一)
——加拿大多伦多市政中心会议厅(参见图2-14)

图3-8 现代观演性建筑结合视线设计来处理
结构所构成的空间底界面与侧界面(例二)
——苏联伏龙芝列宁体育宫

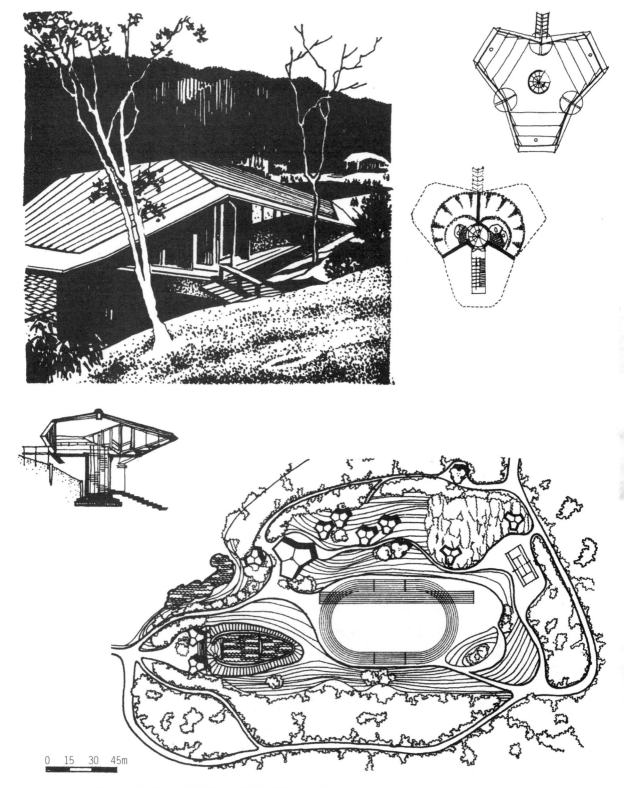

0 15 30 45m

图 3-9 结构构成及其空间轮廓与自然环境相结合（例一）
—— 横滨—儿童寄宿学校校舍

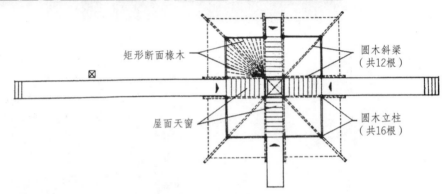

矩形断面椽木

圆木斜梁
（共12根）

屋面天窗

圆木立柱
（共16根）

图 3-10　结构构成及其空间轮廓与自然环境相结合（例二）
——横滨国立儿童公园安徒生纪念馆，黑川纪章设计
（四根立柱间布置了安徒生故乡建筑模型）

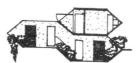

"坦克"积木式住宅

a）

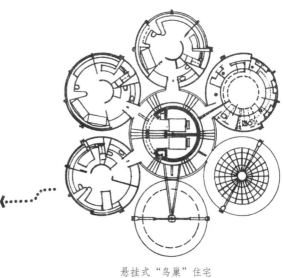

悬挂式"鸟巢"住宅

b）

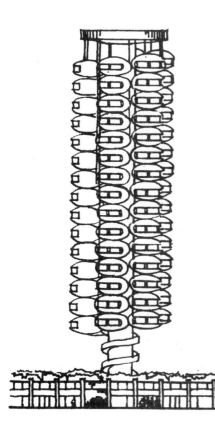

图 3-11　容器式居住建筑的结构构成与空间限定的新设想

a）形如"坦克"的居住用房前后墙壁构成了有趣的外凸三角形空间

b）悬挂式"鸟巢"居住用房墙壁不再有转角，并与顶棚曲面连成一体

99

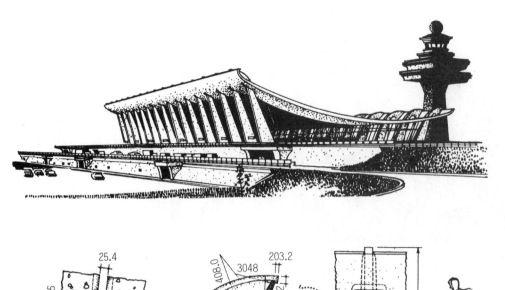

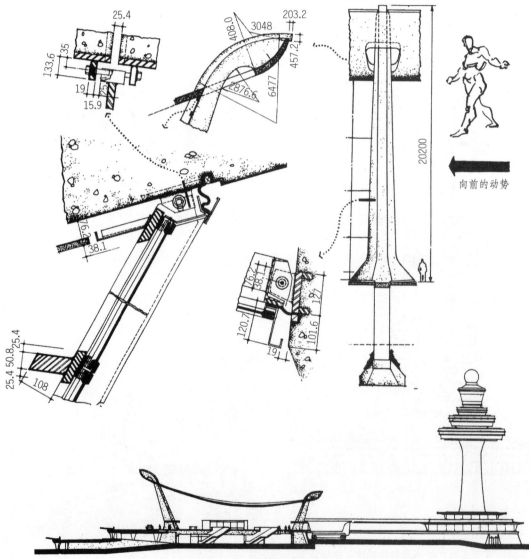

向前的动势

图 3-12 利用结构构成的空间界面造成向前的空间动势
——华盛顿杜勒斯国际空港航站楼（参见图 6-11）

向上的动势

副馆室内透视

图 3-13　利用结构构成的空间界面造成向上的空间动势
——东京代代木体育中心副馆（篮球馆）平面

注意两个出入口处
空间界面的错位处理

旋转的动势

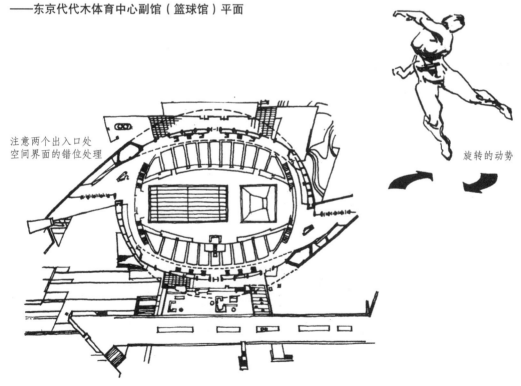

图 3-14　利用结构构成的空间界面造成旋转的空间动势
——东京代代木体育中心主馆（游泳馆）平面

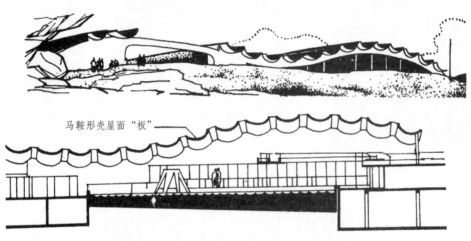

马鞍形壳屋面"板"

图 3-15　利用结构构成的空间界面造成起伏的空间动势（例一）
　　　　——法国魁北隆海水治疗中心游泳馆

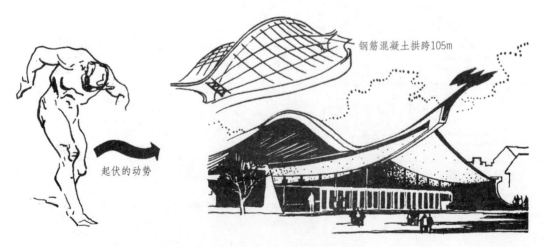

钢筋混凝土拱跨105m

起伏的动势

图 3-16　利用结构构成的空间界面造成起伏的空间动势（例二）
　　　　——美国耶鲁大学冰球馆

指向机坪方向的空间导向性，也恰好反映了登机方式所带来的使用特点：旅客通过"一"字形大厅，可以迅速地进入专供等候上机用的异型汽车。这里，由倾斜屋顶与墙面所造成的空间动势很自然地反映了结构构成的特点，并与该建筑物的使用性质与艺术风格十分相称。

应当指出，现代建筑中的所谓"空间的流动"，在某些情况下，正是由于按照建筑构图原理，去直接利用结构本身所具有的受力合理的曲线或曲面几何体形而形成的。建筑师布劳亚（M.Breuer）在其名著《阳光与阴影》（Sun and Shadow）一书的"空间中的结构"一章中写道："有意思的是，构成我们新建筑的两个最重要的、独立发展的方面，都是以流动、运动的概念作为它们的基础的：空间的流动形成空间的连续、结构中内力的流动形成连续的结构。我们好像已经逐渐感受到这里面存在着的一种内在逻辑了，这种内在逻辑正在一些相互联系的现象中展现出来——空间同结构两者都是连续的，同时也是浮动着的。"可见，直接利用结构的曲线或曲面体形来构成建筑物的空间界面，是造成视觉空间"连续"与"浮动"（即"流动"）艺术效果的一个重要原因。图 3-15 一例很有意思，该游泳馆坐落在崎岖不平的山岩上，设计者结合地形环境和空间利用采用了曲线形连续梁，随着大梁的起伏，本身就呈曲面的马鞍形壳板在纵向上所形成的动势感，恰好与游泳池的水浪呼应，更增加了室内空间的流动感觉。耶鲁大学冰球馆（图 3-16）形如拿破仑帽的马鞍形悬索屋盖，其支撑木屋面板的主要承重索悬挂在中间钢筋混凝土拱和两侧钢筋混凝土曲线形边墙之间。令人称道的是，设计者机敏地利用了巨型拱在两端头的自然起翘和弧形侧墙在相应位置自然转为向外伸展的结构体形，造成了向冰球馆两端进出口处"收缩""吸引"（从馆外看）和"扩展""开放"（从馆内看）的空间导向性与动势感，使得该体育建筑的出入口设计颇有特点而不落俗套。

（三）利用结构构成的空间界面以组织特有的空间韵律

如果说，空间轮廓变化的有意强化形成了空间动势的话，那么空间轮廓特征的有意重复便形成了特有的空间韵律。建筑构图中的韵律是建筑师再熟悉不过的了，然而这里并非是指建筑中类似梁柱、门窗、阳台等构图元素的排列组合，而是指空间轮廓所构成的能从视觉空间总体上影响人们审美情趣的三度空间韵律。例如，北京车站高架进站大厅，五个双曲扁壳间隔升起，是中轴线上广厅大跨扁壳的自然延续。以这些壳体所构成的空间顶界面来限定空间，带来了室内空间韵律的节拍有轻重、缓紧之分的特点。

值得注意和借鉴的是，为了适应现代结构及其施工技术的发展，不仅在工业建筑中，而且在民用与公共建筑中，国外也越来越多地重复采用同一结构单元来进行空间组合。这些结构单元的平面多取正方形、六边形、三角形或圆形等，尽管它们的体形与尺寸都是一样的，然而通过平面上的交错组合或剖面上的高低布置，仍然可以造成富于变化并具有一定结构空间韵律的视觉空间艺术效果。如图 3-17 ~ 图 3-19 诸例所示：威尼斯的一座汽车旅游旅馆利用结构单元拼成"L"形平面，并在一角构成该旅馆的象征性标志物；武藏野美术学院以每一个三坡屋顶的方形边梁相连，中间穿插庭院和旋转楼梯，其空间格局恰似"棋盘式"的规矩图案；耶路撒冷国立艺术博物馆则是从适应地形和分期分批修建考虑，将结构单元疏密有致地组织成十分活泼的自由空间韵律。

二、结构线网与空间调度

在现代结构技术的条件下，空间的组织在水平向和竖向上都具有相当大的自由度。现

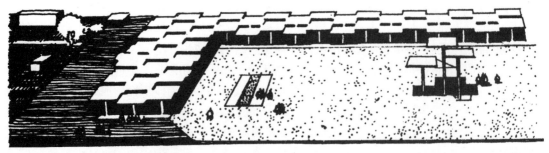

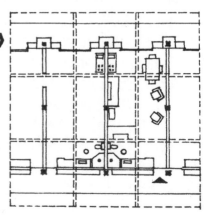

图 3-17　利用同一类结构单元组织特有的
空间韵律（例一）
——威尼斯一座汽车旅游旅馆

方形单元
（三坡顶）

庭院

图 3-18　利用同一类结构单元
组织特有的空间韵律（例二）
——日本武藏野美术学院

图 3-19　利用同一类结构单元
组织特有的空间韵律（例三）
——耶路撒冷国立艺术博物馆
（参见图 4-15）

代建筑中有关空间组织的艺术手法，如空间的分割、穿插、延伸、开放等，都可以归结于"空间调度"这个范畴。

如前所述，在视觉空间的艺术创造中，应当特别注意视觉空间与结构之间的非直观的联系。换言之，作为一个创作技巧成熟的建筑师，一定要悉心地去探求和挖掘合理的结构本身为视觉空间的艺术创造所能提供的各种潜藏的可能性，而这一点，正是本节论述的实质所在。

与合用空间一样，视觉空间同承重结构的关系亲如骨肉。承重结构的布置可以通过建筑平面中的结构线网反映出来。所谓"结构线网"就是平面图上承重结构轴线所交织构成的格网，它在图纸上似乎只是机械地为"开间""进深""柱距""跨度"等尺寸所左右，然而，对于富于想象的建筑师来说，"结构线网"却是他笔下生辉——创造视觉空间的最好"舞台"！

总的来说，规整简洁的结构线网可以使结构承受的荷载分布比较均匀，构件断面趋近一致，整体刚度相应提高，同时，也便于结构计算、设计和施工。因此可以说，在合理的结构线网这个"舞台"上，通过建筑师灵活而精彩的"导演"来取得丰富多彩的视觉空间艺术效果，这乃是与结构技术发展相适应的现代建筑艺术表现技巧的基本特点之二。

（一）在结构线网中分割空间

从结构的观点来看，使结构线网规整划一是经济合理的，但如果使视觉空间也随之"规整划一"，那就会使人感到单调乏味了（实际上，由于建筑功能方面的因素变化，即使是合用空间的组织也不可能总是那么规矩）。如何来解决结构技术与建筑艺术之间的这一矛盾呢？答案是"分割空间"——在"不变"中求"变"。

现代建筑的厅室空间多采用整齐的方形柱网或近于方形的矩形柱网，工业建筑是这样，民用及公共建筑也如此。在这样规矩的统一柱网中，可以造成怎样的视觉空间艺术效果，这就要取决于分割空间的基本技巧。我们不能忘记，密斯·凡德罗在他早期的一些杰作中，是如何以其分割空间的精炼手法，而使当时人们耳目为之一新的（图3-20）。

在现代民用及公共建筑的厅室柱网中，空间分割一般都是结合人流流线和使用要求，通过巧妙地穿插布置出入口、门斗、楼梯、电梯、自动扶梯、通道、服务台、凹室、实墙面、轻质隔断乃至家具等来达到的。以各种构图要素的灵活穿插安排来打破合理柱网本身的规矩和单调，这是许多成功实例中运用空间分割手法的共同特点（图3-21～图3-23）。应当留心的是，使柱子在不同情况下做"拓空"处理，除便于满足建筑设计中有关技术方面或功能方面的要求外，这对于增强室内空间艺术效果也颇为重要。可以想象，如果把靠近墙面的柱子都包在墙里或贴在墙上，不仅结构上显得笨拙，而且空间上也缺少韵味。英国伦敦海波因特一号公寓首层平面的两端和公共厅室中承重支柱与非承重墙面相互关系的艺术处理，是很耐人寻味的。

为了承袭传统的构图章法而去改变合理的统一柱网，这已是被历史所淘汰的设计手法了。在现代高层建筑中，设有大厅室空间的底层，其柱网在保持与上面各标准层一致的情况下，底层厅室通过灵活的空间分割仍可取得丰富的变化。图3-24所示的是日本的一座高层公寓设计，尽管这座塔式建筑的柱网上下左右都严整对应，但其底层和二层厅室空间的布置却变化有方。如底层不承重的外墙面脱开四根柱子呈45°角斜向收进，既打破了建筑方整的外轮廓，增添了空间上的活泼感，同时又使得上层楼盖外挑，成为托幼和茶室的室

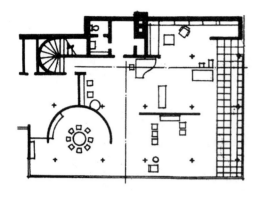

图 3-20 密斯·凡德罗是最早善于在方整的柱网中分割空间的建筑大师,图根哈特住宅便是他设计的一个著名实例

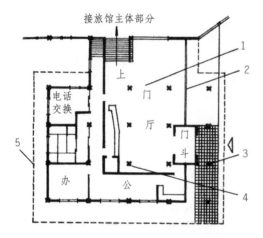

图 3-21 日本雾岛高原旅馆门厅部分(单层)的柱网布局与空间分割

1—柱子的分布在观感上打破了呆板的对称格局

2—插入大片玻璃墙面,造成柱子向室外延伸的感觉

3—将一侧列柱划出室外,形成柱廊,突出入口

4—柱子脱开墙面,增添了室内空间的韵味

5—挑檐在同一标高交圈,不另挑雨罩,形体简洁

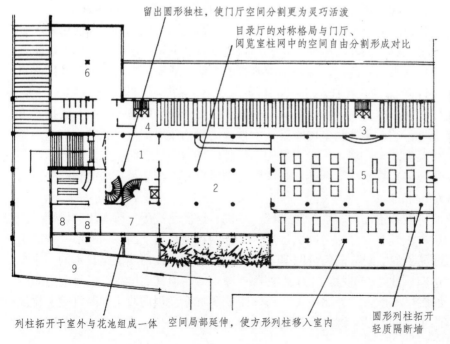

图 3-22 阿尔及利亚国家图书馆的柱网布局与空间分割(局部)

1—门厅

2—目录厅

3—出纳厅

4—书库

5—阅览室

6—期刊室

7—编目室

8—办公室

9—坡道

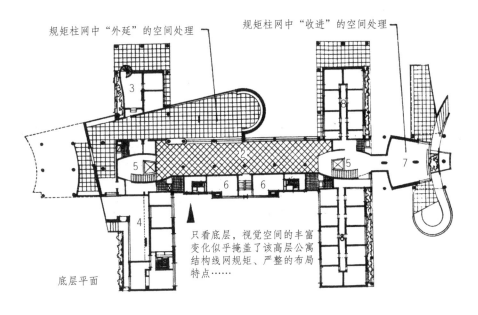

规矩柱网中"外延"的空间处理   规矩柱网中"收进"的空间处理

只看底层，视觉空间的丰富
变化似乎掩盖了该高层公寓
结构线网规矩、严整的布局
特点……

底层平面

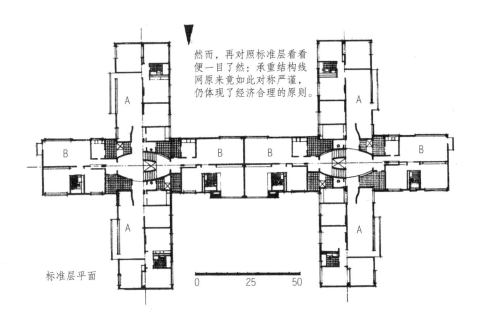

然而，再对照标准层看看
便一目了然：承重结构线
网原来竟如此对称严谨，
仍体现了经济合理的原则。

标准层平面

0   25   50

图 3-23 伦敦海波因特一号公寓的柱网布局与空间分割
在规矩的柱网中"外延"的空间处理与"收进"的空
间处理同时并用，可以更好地弥补"方盒子"建筑在
视觉空间创造中的先天不足

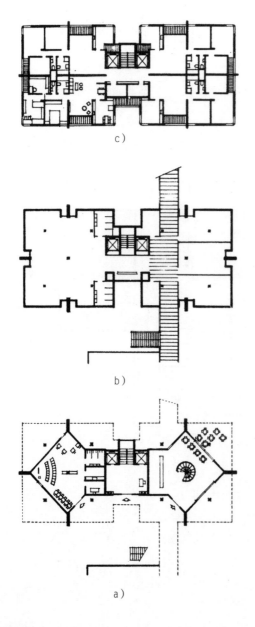

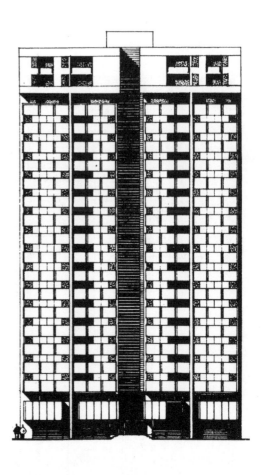

图 3-24 日本某高层公寓设计，在不改变
标准层柱网尺寸的前提下，使底层布置的
大厅室获得相应的空间变化

    a) 底层平面，安排托幼、茶室

    b) 二层平面，安排办公、服务用房

    c) 标准层平面，安排住户

外遮阴避雨之处。

在合理的统一柱网中创造视觉空间，虽不宜改动柱网尺寸，但却可以在统一柱网之外，结合功能分析，引进"附加单元体"。例如，北京和平宾馆由于在主体结构的外侧附加了门斗、休息凹室（这一部分为单层）和楼梯间，因而使得底层大厅空间既紧凑、富于变化，同时又保持了高层框架结构合理柱网的独立性（图 3-25）。

在厅室的纵向轴线上，用等跨等距的单列柱来分割空间，结构简洁，受力合理，从建筑构图上来看，也打破了一般古典建筑所谓"明间、次间"等变化柱网尺寸的框框和俗套，如图 3-26 ~ 图 3-28 所示几例。

（二）向结构线网外延伸空间

在底层（或标准层）合理结构布局的基础上，通过传力结构系统的局部变化（这种变化也是基于力学原理之上的），使二层和二层以上的室内空间向底层（或标准层）结构线网外延伸，这不仅能进一步满足建筑物的使用要求，而且在室内外视觉空间的创造上，还可以取得独特的建筑艺术效果。

根据连续梁端部悬挑的力学原理，使底层以上的空间逐层向周边悬挑，这是现代建筑结构思维中延伸空间的一种典型设计手法。尽管这种手法是现代许多建筑师和结构工程师们所熟悉的，然而要真正做到用得其所，同时在结构的安排上又顺理成章、足见其"巧"，这却并非那么容易。

贝尔格莱德现代艺术博物馆（图 3-29）在结构构思和视觉空间的创造方面都有它独到之处。在面积不大的方形柱网中，底层是一个简洁的矩形平面，二、三层空间没有像通常情况那样沿周边外挑，而是利用了方形柱网在 45°方向上仍呈直线排列的特点，将悬挑梁布置在这个斜向上，使得延伸的空间打破了矩形边界。扩大了的使用面积很适于安排展线和展面，室内空间小巧玲珑，别致有趣，外部造型也朴实可亲，而整个结构线网却异常之简洁。东京都国际会馆是采用斜撑式构架延伸室内空间的一个佳例（图 3-30）。从该会馆主要厅室空间构思的发展过程可以看出，日本著名建筑师大谷幸夫是从结构系统的"变异"着眼来求得空间系统上的突破的：为了增加使用空间而又不多占基底面积（当然同时也渗透了建筑美学方面的原因），他在八字形构架两侧分别对应设置了向上的斜撑构件，以使上部的室内空间得以延伸。由结构体形而形成的倾斜侧墙面，既对声学有利，又增强了主体空间（会议厅）与附属空间（报道室、翻译室等）之间的亲近感。

在顶层延伸空间，这是充分显示现代建筑艺术与结构技术得以统一的一个有趣标志。东京新大谷饭店（老馆）在第十七层设置了一个悬挑的圆形旋转餐厅（图 3-31），它与四周环境——海岸、公园以及皇宫这些景物有着有机的联系。该实例结构思维的成功之处在于，设计者是有意识地利用三叉形平面有利于结构稳定，和平面中心垂直交通枢纽处起刚性井筒作用的特点，按中心对称关系来设置圆形旋转餐厅的悬挑结构的。这里，与环境设计密切相连的视觉空间的创造，同结构逻辑之间有一种内在的"默契"。北京长城饭店八角形屋顶餐厅，由围绕交通枢纽（接近建筑物的刚度中心）的竖向结构向四周悬挑，这与东京新大谷旅馆（老馆）的构思可谓是异曲同工（图 3-32）。

（三）在结构线网上开放空间

由于结构技术提供的方便与可能，在现代建筑的艺术创作中，更有条件去充分考虑人们视觉活动及其观赏过程中空间序列与时间进程之间的综合作用。为了使建筑物或建筑群

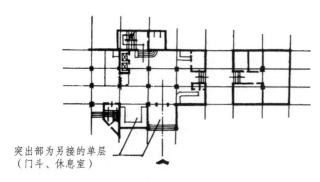

突出部为另接的单层
（门斗、休息室）

图 3-25　北京和平宾馆的柱网布
局与底层厅室的空间处理

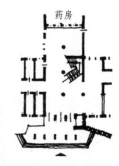

图 3-27　国内某综
合医院设计以等跨
等距的单列柱分割
候药厅

图 3-26　上海大光明
电影院以等跨等距的
单列柱分割休息厅

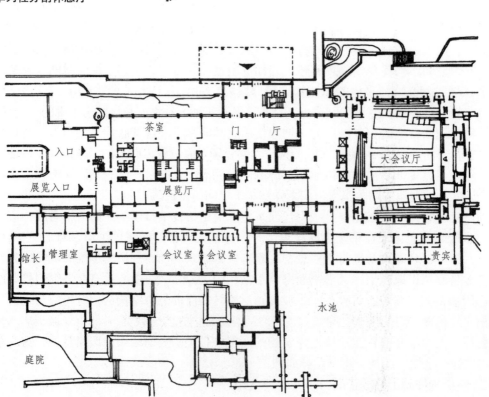

图 3-28　东京都国际会馆以等跨等距的 V 形单列柱分割门厅（参见图 3-30、图 6-13）

110

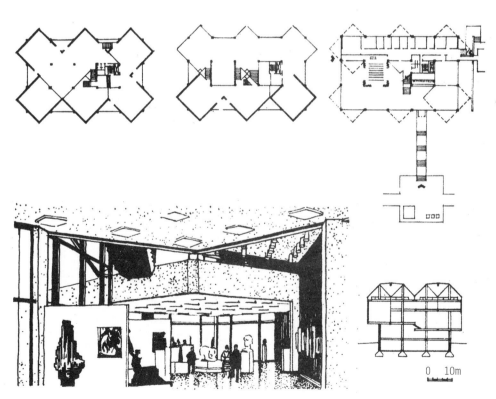

0 10m

图 3-29 贝尔格莱德现代艺术博物馆利用方形柱网的特点，在 45° 方向上延伸楼层的展厅空间

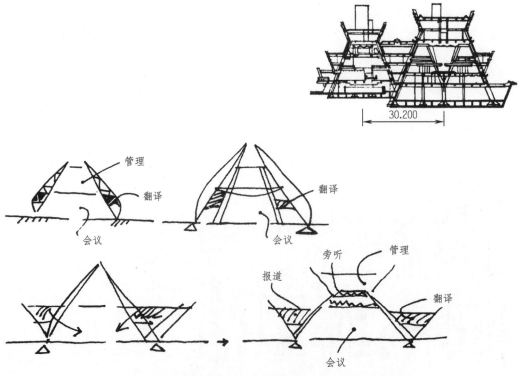

图 3-30　东京都国际会馆采用斜撑式构架延伸附属室内空
间，大谷幸夫画的草图表示大会议厅空间构思的发展过程

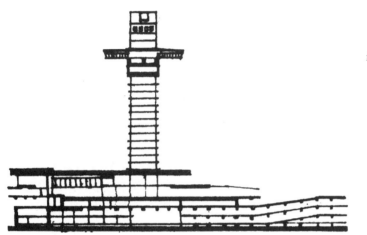

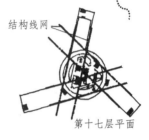

第十七层平面

结构线网

图 3-31 东京新大谷饭店 (老馆) 在第十七层延伸室内空间，构成圆形旋转餐厅

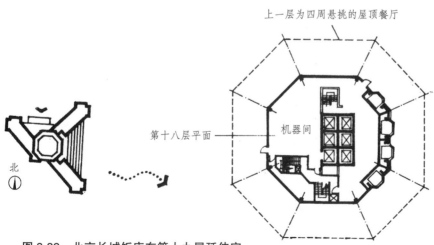

上一层为四周悬挑的屋顶餐厅

第十八层平面

机器间

北

图 3-32 北京长城饭店在第十九层延伸室内空间，构成八角形屋顶餐厅

与室外自然环境相互渗透、相互融合，在规整的结构线网上，因地制宜地开放某些空间界面，这也是现代建筑视觉空间创造中常常采用的艺术手法。

广州东方宾馆新楼中座底层原设计，不仅继承了我国园林建筑的传统，而且借鉴了国外高层建筑利用底层刚架结构做开放空间处理的经验，把空间变化与结构经营很好地结合了起来。该楼中座为东西朝向，客房自然成单面布置，走道及阳台分别从前后挑出，结构受力均衡，故只需采用近于方形柱网单元的两排柱子作为中座楼层的承重骨架，这样也使得底层空间侧界面开放之后所形成的长廊有适宜的宽度（不致过宽）和良好的比例。结构线网虽呈简单的"一"字形展开，但由于结合了空间分割的手法，颇有韵律地穿插了休息室、酒吧间、露台、水池、装饰性隔断和壁画等，因而开放空间仍有丰富的变化，成为该宾馆庭园空间中一个精彩的组成部分。

新结构形式的运用，为开放空间的艺术处理提供了各种新的可能。结合建筑物的使用性质和要求，根据新结构形式反映在结构线网中的特点，对它所能形成的空间界面做各种灵活的开放处理，这也是现代建筑视觉空间艺术创新的一个"绝招"，墨西哥人类学博物馆（图3-33）和布鲁塞尔国际博览会美国馆（图3-34），便是两个比较突出的例子。墨西哥人类学博物馆为四合院（也可以视为"三合院"）式的布局，在与报告厅毗邻的一端和南北陈列馆出入口人流交汇处，设计者大胆地采用了独立柱支撑的悬挂式屋盖结构，形成了侧界面全部开放、顶界面为倒棱锥体的过渡空间：一方面可以挡雨遮阳，供人们休息；另一方面也使得狭长庭院的顶部有封闭与开敞之别，体现了以简洁的结构思维来丰富空间层次的艺术意图。显然，如果这个"伞盖"改成由四根柱子来支撑，那么就会由于"画蛇添足"而达不到现在所取得的开放空间处理的艺术效果。布鲁塞尔国际博览会美国馆则是在圆形悬索结构线网中局部地开放顶界面的一例。这里，承受拉力的圆形内环是由放射形拉索均匀分布、均匀受力的要求所形成的。结合建筑物的使用性质和功能要求，该展览馆圆形内环的顶部没有封闭，而是敞开！与此露空圆环相对应，在馆内中央设置了一个圆形水池，阳光可以射进，雨水可以落入；水池周围种植了高大的树木，人在馆内，似在室外，真是"异想"而得"天开"！这个圆形悬索屋盖顶界面局部开放的艺术处理，给该馆室内视觉空间的创造带来了自然生机和生活情趣。

如果说"流动空间"是开放空间处理中较为常见的一种情况的话，那么"悬浮空间"则是开放空间处理中的一种特殊形式。当室内空间的划分采用悬吊结构时，下面无柱，四周无墙（代之以吊杆），只有作为上层空间的底界面。这样一来，在人们的心理上就会产生"悬浮"的感觉和印象。在空间组织和利用方面，"悬浮空间"也有它独到之处。

在建筑设计中，特别是在公共建筑设计中，我们都有这样的体会：处于显要位置的楼梯，它的下部支撑结构往往难得处理——这类支撑既有碍于视觉空间的观感，也会给使用上造成很大的"死角区"。采用悬吊的结构方式，不论楼梯（或坡道）有多长，都可以避免在其下部设置支撑结构。这样，楼梯、坡道变成了"悬浮"的，可以更加突出视觉空间的新颖与完整，且底层的空间利用也要自由、灵活得多（图3-35、图3-36）。

著名建筑师保罗·鲁道夫（P.Rudolph）很擅长运用悬吊结构来创造"悬浮空间"。1950年他因设计喜利宾馆而出人头地，该宾馆楼面用钢缆挂着，"浮"在地上。他的事务所是由一座两层的旧屋改建的，从图3-37剖面示意可以看出，正是由于他别出心裁地采用了悬吊阁楼，才使得这座低矮平淡的旧屋暗中生辉，创造了耐人寻味的室内视觉空间，正如有人

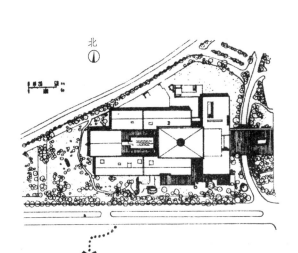

图 3-34　布鲁塞尔国际博览会美国馆利用圆形悬索结构做开放空间的艺术处理，中心圆环处的室内空间因顶棚透空而独具特色

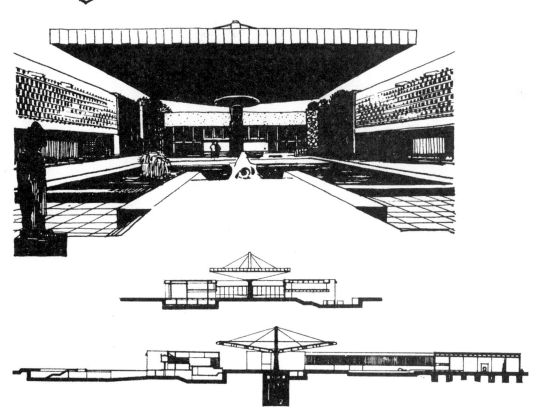

图 3-33　墨西哥人类学博物馆利用悬挂式伞形结构做开放空间的艺术处理

115

图 3-35　"悬浮空间"（例一）
——墨西哥一体育场悬吊结构的坡道

图 3-36　"悬浮空间"（例二）
——美国一办公楼悬吊结构的楼梯

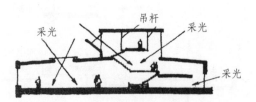

图 3-37　"悬浮空间"（例三）
——保罗·鲁道夫建筑事务所剖面示意

描述的那样，鲁道夫本人的制图部是"悬空飘出"的。

我们还可以注意到，近一个时期来，现代建筑又开始流行一种新的开放空间的设计手法，即多半在框架或半框架结构系统中，使框架部分地袒露在空中，游离于建筑物的墙、板之外，从而为视觉空间提供连续而开阔的多样形态，这不仅是利用了结构本身的可能性，而且简直就是把框架当作了创造这种特殊视觉空间效果的必备手段了（图 3-38 ~ 图 3-40）。

三、结构形式与空间造型

在现代建筑结构思维的全过程中，首先既要从大的关系——即空间限定和空间调度方面来把握视觉空间的艺术创造，还必须进一步深入考虑和解决好有关空间造型方面的各种问题，以使视觉空间的艺术表现具象化。

历史上一些优秀的建筑体系，如我国古代木构架建筑、古罗马石拱券穹隆建筑、西欧文艺复兴之前的哥特建筑等，都在建筑空间造型中突出地反映出了结构形式的基本特征和结构运用的基本技巧。值得深思的是，这些优秀建筑体系兴起与衰落的发展过程，大都揭示出了这样一条客观规律：当结构技术的运用受到建筑艺术创作中雕琢与堆砌的影响，而得不到继续发展的时候，那么这也往往就是建筑艺术的生命力开始枯竭的时候。

在现代结构技术的条件下，建筑物的空间造型艺术也是不断推陈出新的，其总的趋向和原则仍是要同现代结构技术的演进与发展相适应。

因此可以说，充分利用结构形式中对建筑审美的有利方面，着眼于空间造型的整体感和逻辑性，摒弃繁琐的雕琢与堆砌，以简求繁，立新于创，这乃是与结构技术发展相适应的现代建筑艺术表现技巧的基本特点之三。

（一）结构的形式美与空间造型

在现代建筑的空间造型中，可以充分利用结构中符合力学规律和力学原理的形式美的因素，来增强建筑艺术的表现力。大体上说，结构所具有的这些形式美可以归纳为以下几个方面：均衡与稳定、韵律与节奏、连续性与渐变性、形式感与量感等。

1.结构的均衡与稳定

由于力学要求，对称或不对称的结构形式都必须保持均衡与稳定，这同建筑构图中形式美的规律是一致的。

现代建筑中的许多构筑物，如桥梁、大坝、高架渡槽、圆柱形筒仓、冷却塔、电视塔等，虽然体形简单，也没有什么装饰物，但在均衡、稳定的基础上，根据结构中应力分布的规律或结合结构合理受力的要求，仅仅对其体形轮廓进行适当的艺术加工，便能给人以美感（图 3-41 ~ 图 3-45）。

奈维说，稳定性是最带技术性的、最基本的结构性质，"通过应用各种建筑方法得以保障的稳定性，也是大大有助于取得确定的、理想的建筑艺术效果的。"（《Aesthetics and Technology in Building》）事实上，尽管我们都知道均衡与稳定是使建筑形象趋于完美的一个必备条件，然而我们往往并不善于把稳定性这一结构思维因素同建筑物的空间造型糅合在一起。

图 3-46 ~ 图 3-48 所示各例说明了取得结构稳定的不同方式，可以赋予塔的空间体量构图以不同的造型特征。高 129m 的鹿特丹港"欧洲之柱"望塔以直径 9m、厚 30cm 的钢筋混凝土圆柱筒体结构与宽厚的底部浮筏基础相连（筒体下部环绕布置了两层游览服务用房），从而

图 3-38 尼迈耶画的 Henrique Xavier 住宅透视草图。其柱子和框架成了通透空间构图中的特殊元素

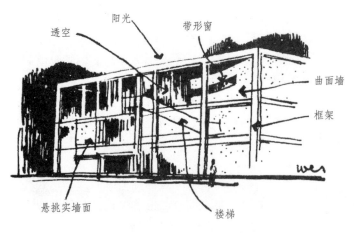

阳光
透空
带形窗
曲面墙
框架
悬挑实墙面
楼梯

图 3-39 后现代派代表人物查尔斯·摩尔在一所住宅中运用了局部使框架拓空游离的手法，加上曲面墙的引入，有力地打破了"方盒子"在视觉空间创造中的局限性

图 3-40 皮特·埃森曼设计的魏芒特 2 号住宅（House II Vermont），从远处看去，可以从拓空的框架结构中望到蓝天，房子不再是一团实心的了

弯矩图

图 3-41　R·马亚设计的瑞士萨金纳——托贝尔桥

图 3-42　巴黎埃菲尔铁塔

压强分布

图 3-43　由芝加哥桥梁——冶铁公司建造的储液罐

图 3-44　E·托罗哈设计的高架渡槽

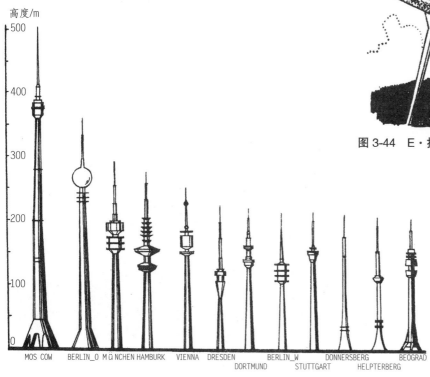

图 3-45　1953～1966 年间国外建造的一些电视塔

119

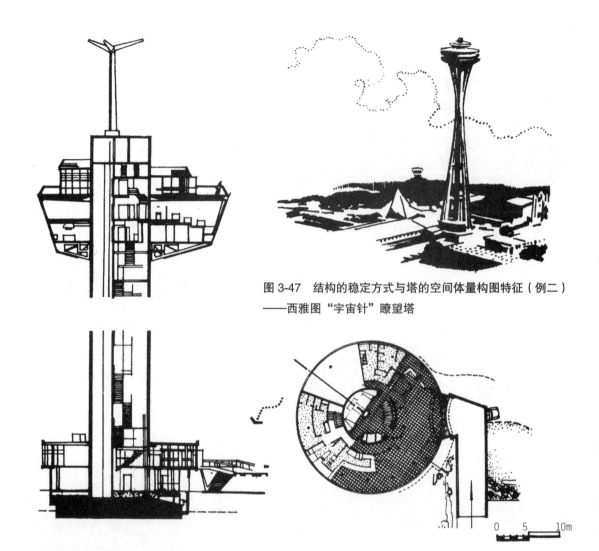

图 3-47 结构的稳定方式与塔的空间体量构图特征（例二）
——西雅图"宇宙针"瞭望塔

图 3-46 结构的稳定方式与塔的空间体量构图特征（例一）
——鹿特丹"欧洲之柱"瞭望塔

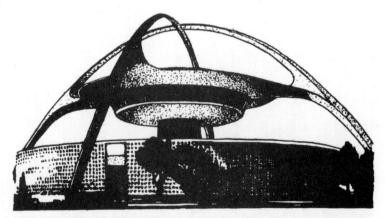

图 3-48 结构的稳定方式与塔的空间体量构图特征（例三）
——洛杉矶航空港圆形塔式餐厅

构成了能有效抵抗水平荷载的坚固塔身。西雅图"宇宙针"瞭望塔则是在塔身周边均衡地布置了三组斜向支撑，先由支座处逐渐向塔身上部收束，然后再转向塔端张开，并承托圆形悬挑的塔端楼层。洛杉矶航空港圆形塔式餐厅，由于塔身较矮，设计者别出心裁地采用了十字交叉的抛物线拱来增强塔台的稳定性，构思既新颖大胆，空间体量构图又颇富于时代感。

结构稳定是建立在静力平衡的基础上的。不论是从力学的角度，还是从美学观点来看，"对称"是"平衡"中的一种比较简单的形式，而"非对称"的平衡则要复杂得多。随着现代建筑中新材料、新技术、新结构的广泛运用，"平衡"与"稳定"这些概念的内涵更加丰富了。长期以来，建筑师和结构工程师多半都是按照"把一个实体构件放在另一个实体构件之上"的原则来解决结构的承重问题。这样，所谓"平衡"与"稳定"的概念也就必然和敦厚、庞大、稳重、雄伟以及"上轻下重""上小下大"等这样一些视觉感受、视觉印象紧密联系在一起。然而随着高强材料的出现，"拉力"在结构的平衡与稳定中起着越来越大的作用，带有"索"的各种结构系统，如悬索结构、悬挂结构、帐篷结构、索杆结构等，从根本上改变了传统建筑基于受压力学原理之上的空间造型特征，不仅会变得轻巧、雅致，甚至给人以飘然失重的感觉，而且在一些情况下还富有奇妙、惊险之类的戏剧性艺术效果（图3-49 ~ 图3-53）。1951年英国伦敦国际博览会标志塔，其烟草卷叶状的主体高76.2m（250英尺），由十二个面的钢骨架构成，向两端收束，中央部分直径为4.3m（14英尺）。如何使这样一个塔身竖立起来取得平衡与稳定，这是创作构思的关键所在。建筑师鲍威尔（P. Powell）和摩雅（H. Moya）通过三根向外倾斜的细杆，用钢索来承托和固定两头尖的塔身，造成了强烈的浮游空中的"动态平衡"的视觉印象。正如奈维所说的那样，"在某些情况下，表面上的不稳定性又可能创造出一种特殊的美感……"。如图3-52、图3-53所示，更是结构设计大师林同炎结合自然环境创造的"漂浮之桥"的绝美之作。

2. 结构的韵律与节奏

结构部件的排列组合都以一定的规律进行，这样不仅结构简化、受力合理，有利于快速施工，而且还可以使空间造型获得极富变化的韵律感与节奏感。根据这一原理，我们在做室内外建筑装修设计时，应当从建筑整体出发，慎重处理结构掩蔽与暴露的关系，在美学上能够加以发挥和利用的因素，就不要轻易地让它从视觉空间中"消失"。应当说，合乎情理的外露结构本身乃是最自然、最经济的一种建筑装饰手法。众所周知，这种"骨子里的美"在中外许多传统建筑中都有着充分而完美的表现。

各种承重结构构件，如立柱、楼板、挑梁、刚架、拉索、桅杆等，是使建筑物立面构图获得某种韵律与节奏的最活跃的基本要素，而这些有规律排列的结构构件，又往往使建筑物的空间造型具有该结构形式的一些基本特征。特别应当指出，从立体构成原理来分析，一些新结构形式（如各种网架）是由许多密集单元集聚而成的。"作为形态被分割的单元虽不是很显眼的角色，可是在集聚的构成中却显示着极其丰富的作用，是使三次元达到极其明快的构造物。"（山口正城等著《设计基础》）。图3-54所示的就是很好的一例。在现代建筑的室内装修设计中，新材料、新技术、新结构的运用，可以使得富有韵律的露明结构的艺术表现充满生气而令人惊叹和遐想。1967年在蒙特利尔和1970年在大阪举行的国际博览会上，分别采用穹隆网架结构和扁曲形充气结构的美国馆（图3-54、图3-55）便是如此。贝聿铭设计的华盛顿国家艺术陈列馆东厅，把三角形大厅顶部的采光顶棚设计与结构思维结合起来，使三角锥结构单元组合不仅具有图案趣味，而且还为优美的厅内空间

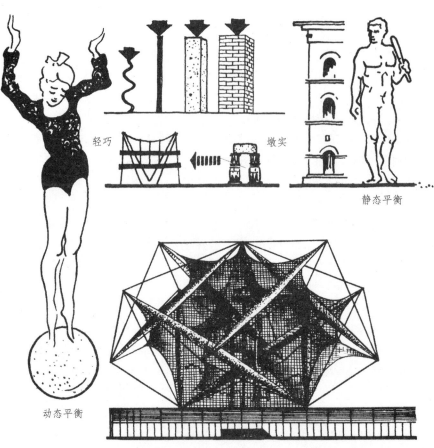

图 3-49 高强材料的出现改变了传统建筑基于受压力学原理之上的空间造型特征

轻巧　墩实　静态平衡　动态平衡

图 3-50 苏联 A.列奥尼多夫设计的索杆结构的温室

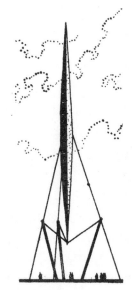

图 3-51 1951 年英国伦敦国际博览会采用索杆结构的标志塔

图 3-52 林同炎设计的加利福尼亚勒克阿—朱盖（Ruck-A-Chucky）桥，该桥悬索的平面布置见图 3-53

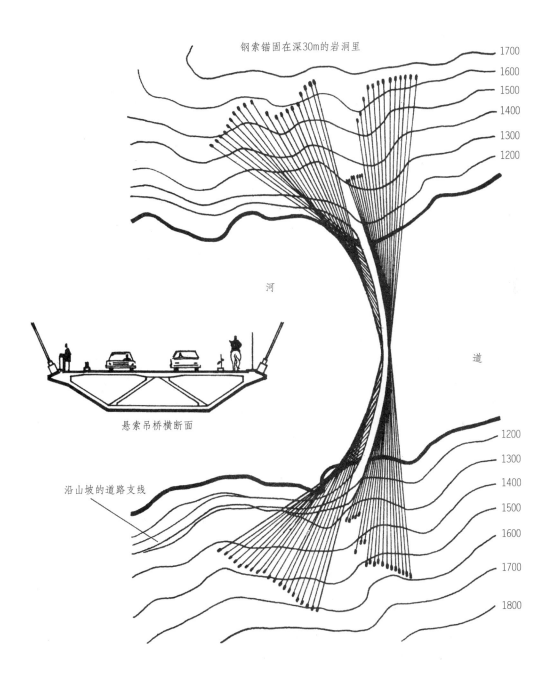

图 3-53 勒克阿—朱盖悬索吊桥平面与横断面

曲线形桥身不仅优美动人，而且还利用了现有沿山坡的道路支线，并避免了在山里开凿隧道。桥身断面及曲率保持不变，因此可采用滑动模板施工

图 3-54 1967 年蒙特利尔国际博览会美国馆

从室内看上去，穹隆网架的六边形棱锥体结构单元尺度合宜，晶体般的图案自然而然地由顶棚延展至墙面

图 3-55 1970 年大阪国际博览会美国馆

金属构架、充气薄膜及其接缝构成的弧形顶棚，给人以朴实无华、清新明快的艺术感受

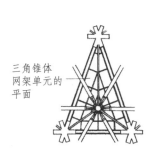

三角锥体
网架单元的
平面

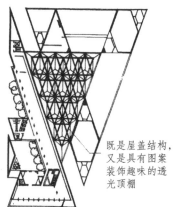

既是屋盖结构，
又是具有图案
装饰趣味的透
光顶棚

图 3-56　华盛顿国家艺术陈列馆东厅
三角锥体网架结构的采光顶棚给室内空间带来了瞬息多变的光影效果

增添了瞬息多变的光影效果（图 3-56）。这里，被誉为"第三种建筑材料"的阳光倾泻而下，似乎把图案般的顶棚结构化成了动人的音符，显映在三角形大厅的墙壁、栏板和地面上，使人身临其境感到兴奋和欢快。应当说，贝聿铭的这种洗练的艺术表现手法，正是巧妙地再现了结构韵律的魅力所在。

装配构件本身的形式美，以及装配构件排列组合后形成的韵律感，对于工业化和体系化建筑的空间造型艺术效果来说，具有特殊的重要意义。因此，工业化和体系化建筑的构件设计，不仅要尽量减少型号（构件尺寸、构造、强度等），尽量扩大适应范围（适应不同建筑类型和不同结构部位），而且还应当力求使这些构件同时具有结构承重和建筑造型的两种不同的功能，国外称这种构件为"建筑-结构构件"。这种构件的造型设计既要符合力学原理，便于预制和安装，同时又要考虑到这些构件组合以后的比例、尺度、体形轮廓、阴影效果以及由此而形成的韵律感等，所以，建筑-结构构件的设计是使建筑师和结构工程师颇费心思的事情。在这方面，美国预应力混凝土学会在其研究成果《Architectural Precast Concrete》（中译本《预制混凝土墙板》）中所提供的综合性的经验是很有参考价值的。即使对于单独设计的民用与公共建筑来说，尽可能按照建筑-结构构件的思路去进行创作，把结构本身所具有的韵律、节奏等形式美同各种技术因素紧密地结合起来，也必然会使这些非标准建筑设计的艺术与技术水平向着现代化的方向迈进一大步，北京海洋局办公大楼就是很好的尝试。图 3-57是丹下健三主持设计的东京因缘文化幼儿园，该建筑物因其屋盖结构所造成的轮廓线和韵律感而出类拔萃。这里，屋盖是由预制预应力构件组成的，每两个构件对拼，断面形如蝴蝶。由于构件可长可短、可收可放（由一端向另一端外张），因此能适应扇形建筑平面，并可根据缓坡地形的特点分层布置。该建筑的另一个优点是，每层都直接利用构件的悬臂部分做大挑檐，不仅加强了水平向的节奏感，而且也大大简化了檐口部分的结构设计。在图 3-58、图 3-59 例中，柱子、托梁、楼板乃至窗栏墙均作为建筑-结构构件来设计，每种构件的造型都根据其受力特点而加以精心推敲，组装以后不仅使建筑物的外观别开生面，而且也打破了室内空间的"方盒子"的局限性，突出地表现出了建筑-结构构件所带来的韵律美和造型特点。

上述实例告诉我们，建筑师仅仅懂得有规律地排列结构构件是远远不够的，只有同时从力学、美学及施工工艺学的角度深入研究结构体系和结构构件的体形设计时，才能真正有效地发挥和利用结构本身所具有的韵律与节奏等形式美因素，取得简洁凝练的装饰艺术效果！

3. 结构的连续性与渐变性

结构的连续性是指结构构件各部分之间连接的整体性，而构件断面形状无突变的连续过渡，则是其渐变性。结构的连续性与渐变性是受自然界中力学作用的结果。

首先，结构的连续性和渐变性可以提高结构的整体刚度。一根高大的烟囱是从底部向顶端由粗逐渐变细的，因而看上去使人感到稳定。如果在中间的某一个地方突然变细，那么，在交接处结构的刚度就会发生急剧的变化，这样一来，烟囱在水平风力作用下就很容易在此薄弱处破坏。这种力学上的分析是同我们的直观感受相一致的。

此外，结构的连续性和渐变性有利于受力构件中弯矩的合理分配，从而提高其承载能力。例如，一般的简支梁与柱子的连接是比较"松动"的，如果把梁柱接头做成刚接的形式，那么水平构件中的弯矩就会大大减小（一部分弯矩可由垂直构件来承担），因此其结构断面也必相应减小。换言之，正是这种结构上的连续性，才使得门式刚架的造型较之于一般梁柱结构轻巧。

结构的连续性和渐变性还表现在构件几何体形的局部处理上。例如，上述门式刚架的两个"拐弯"处的内侧如果由角形改变成弧形，不仅造型较为自然柔和，而且可以使"力流"较顺畅地通过，不致出现应力集中的现象。

由于结构的连续性和渐变性往往与结构给人的稳定、轻巧、流畅等感受联系在一起，因而这也是现代建筑空间造型中可以充分利用和发挥的形式美的因素。

值得注意的是，在许多情况下，结构的连续性和渐变性往往可以造成或加强结构体形中的曲线美。这里，我们不妨回过头来再回味一下前面已经列举过的一些典型实例，如华盛顿杜勒斯航站楼、东京代代木体育中心、魁北隆海水治疗中心、耶鲁大学冰球馆等。从这些实例中，我们可以看出，结构的连续性和渐变性既可以体现于整个结构系统，也可以体现在结构整体中的某个局部；既可以反映在直线与直线、直线与曲线（或平面与平面、平面与曲面）的交接区间，又可以反映在曲线与曲线（或曲面与曲面）的交接区间。总之，如何发挥结构的连续性和渐变性在建筑造型艺术中的作用，这还是从合理组织结构传力系统来统一考虑。

4.结构的形式感与量感

形式感属于美学研究的范畴，它在建筑艺术中也是客观存在的。

形式感是指艺术领域中形式因素本身对于人的精神所产生的某种感染力。建筑中的各种形式因素，如线条、空间界面、空间体量、材料质地及其色彩等，在一定条件下都可以产生一定的形式感。金字塔的正三角形体给人以稳定、庄严的感觉，但如果倒过来则会使人感到危险和不安。垂直线条给人的感受是肃穆、高昂，而水平线条却恰恰相反——亲切而委婉。波形构件可以产生流动感、跳跃感；悬挑构件则可以产生灵巧感、腾越感，如此等等。

作为造型基础理论的"立体构成"，其中专门讲到了"量感"。这是指源于"物理量"的"心理量"，是"充满生命活力的形体所具有的生长和运动状态在人们头脑中的反映"——即被塑造的形体本身所具有的"对外力的抵抗感、自在的生长感和运动的可能性"（辛华泉：《立体构成》）。对建筑空间造型的结构而言，所谓"对外力的抵抗感"可理解为"力感"，而"运动的可能性"也就是上面提到的"流动感""跳跃感""腾越感"等。所以，立体构成中讲的"量感"，在建筑结构中也是客观存在的，只不过是特指的"形式感"而已。

从心理学来分析，上述形式感的产生是同人们对外界事物，特别是对自然界的联想分不开的。例如，水平线条会使人联想到平静的水面，一望无际的平原；而垂直线条则使人联想到向上生长的树木、挺立苍穹的高山等。基于同一原理，形式因素的运用还可以使人直观地对某一特定的事物产生美好的联想。例如，半圆曲线会使人联想到腾空而起的彩虹，两个半圆曲线的组合又会使人联想到展翅飞翔的海鸥。这样的例子不胜枚举。

结构的形式感可以通过"诱发因素"造成联想，使人们对建筑艺术的审美心理得以深化，从而更加增强其建筑艺术的表现力与感染力。

结构的形式感在视觉空间创造中的作用如图3-60所示。

（1）结构的形式感与建筑同自然环境的协调　如何使现代建筑的空间造型与自然环境协调、使建筑美与自然美相得益彰？我们借助于结构的形式感往往可以较好地解决这个问题。

赖特很善于把材料和结构的运用同自然生态联系起来。但在草原式住宅中利用屋顶、敞廊、阳台、雨棚等不同部位的结构所具有的水平伸展的特征，来达到"与地面接近"的创作意图。建在亚利桑那沙漠中的西塔里埃森建筑物背山临野，面临着与美国中西部草原完全不同的自然景色。这里，赖特应变的创作才华突出地表现在他对结构形式感的特殊敏

图 3-57　"建筑—结构构件"的运用（例一）
　　—— 丹下健三设计的东京因缘文化幼儿园

室内顶棚的轮廓线与立面一致

图 3-58　"建筑—结构构件"的运用（例二）
　　——德国杜塞尔多夫某办公楼兼住宅

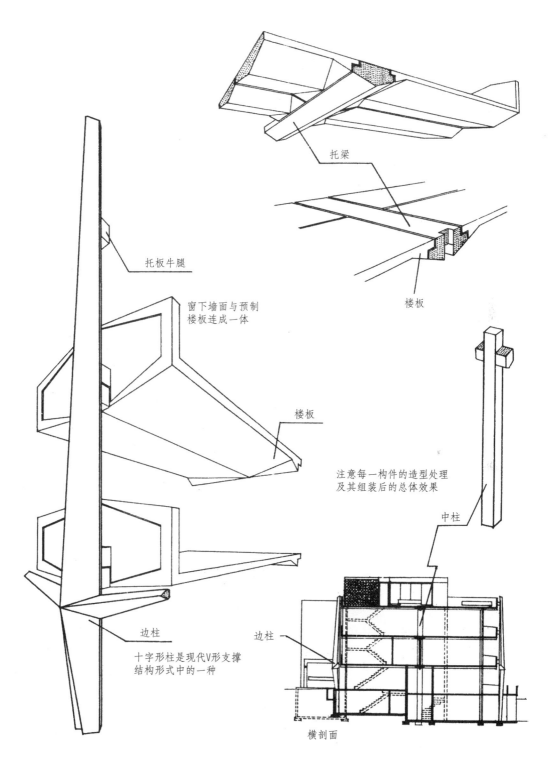

托梁

楼板

托板牛腿

窗下墙面与预制
楼板连成一体

楼板

注意每一构件的造型处理
及其组装后的总体效果

中柱

边柱

十字形柱是现代V形支撑
结构形式中的一种

边柱

横剖面

图 3-59　德国杜塞尔多夫某办公楼兼住宅
所采用的"建筑—结构构件"组装示意（参见图 3-58）

感力上。他采用了倾斜的红木门式刚架，并且见棱见角地裸露在外（这与干燥少雨、夏季奇热冬季温暖的气候条件相适应）。红木刚架表面不做细工处理，更显得粗犷有力。侧墙面用各种色彩、质地的粗石由混凝土黏结而成，同时也有意地做成倾斜的体形，这是一种古老的承重墙结构的造型处理手法。由于结构和材料所表达的这些建筑语言比采用垂直—水平的结构形式更能反映出当地山石的特征，因而使建筑与沙洲奇异的自然景色相匹配（图 3-61）。

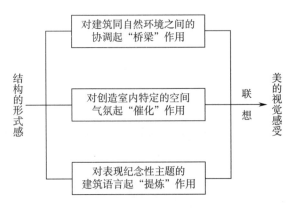

图 3-60　结构的形式感在视觉空间创造中的作用

一般来说，用现代结构技术手段来仿造某一特定形象是不足取的。但如果从现代环境建筑学的范畴来看，也是不可否认的例外情况。悉尼歌剧院坐落在班尼朗半岛港湾，是各国进港船只的必经之地，南面是政府大厦、植物园，西面则与长虹横贯的大拱桥相望。因此，地处四面八方观赏视线焦点上的该剧院，其空间造型——特别是"第五立面"（屋顶）就显得更为重要。正是从这一特定环境着眼，丹麦建筑师伍重在结构的形式感上大做文章。由钢筋混凝土肋骨拼接而成的两组壳体状屋顶确实给人们带来了丰富的联想：白帆、贝壳、莲花、浪花……尽管对这一建筑还存在着各种争议，但是，从它已成为世界上令人向往的游览胜地这一事实可以预言，它的审美价值也将像耗尽了巨大人力和物力资源的古代金字塔那样而载入现代建筑的史册（图 3-62）。

（2）结构的形式感与室内空间气氛的创造　现代建筑空间造型的艺术处理既要着眼于外部自然环境，又要服从于室内空间气氛的创造，在结构的形式感则如同催化剂一样，可以使建筑师所要创造的室内空间气氛更加强烈和感人（图 3-63 ～图 3-65）。

这里，最重要的一点就是要做到"合情合理"。"合情"是指结构的形式感要同建筑物的使用性质相和谐；"合理"则意味着结构设计有其逻辑性，不至于给施工带来重重困难。赖特虽然对结构的形式感十分敏锐，但他设计的约翰逊制蜡公司办公楼却有矫揉造作和玩弄结构之弊。宽敞的大厅布满了比例修长、上端连着圆碟形顶盖的支撑结构，顶盖之间用拉杆相连，并填以起散光作用的玻璃管。著名建筑评论家吉迪安（S. Giedion）在《空间、时间与建筑》一书中谈到，身临其境有一种恍若置身于水池底下游鱼戏水似的感觉。由结构形式因素所产生的这种精神作用似乎与办公楼的使用性质毫不相干，而且由于结构复杂也带来了不便施工和容易漏雨等实际问题。

（3）结构的形式感与纪念性主题的表现　建筑艺术中所要表现的纪念性主题是多种多样的，但不论怎样，首先都要通过一定意境的创造来体现纪念意图。在纪念性建筑中，结构的几何体形特征所具有的形式感可以造成一定的意境，如肃穆、庄严、永恒等，而在某些情况下，又可以通过直观的联想点明纪念性主题。从帕提农神庙到林肯纪念堂，其崇高神圣的纪念意味，都是通过周边整齐挺拔的列柱而得以加强的。现代结构技术的发展为纪念性主题的表现开辟了一个崭新的天地。

图 3-66 ～图 3-69 清楚地反映了现代纪念碑（塔）的创作趋向，即尽可能采用简洁的几何体形的结构，并充分地利用它所具有的鲜明的形式感来为表现纪念性主题服务。小沙里

图 3-61　赖特设计的西塔里埃森
——倾斜而表面粗糙的红木门式刚架所具有的形式感与当地的山石、沙洲景色相匹配

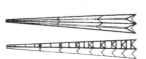

构成组合式"壳"的券形
肋构件的平面

组合壳构成的
"第五立面"

图 3-62　伍重设计的悉尼歌剧院
——其组合式"壳"所具有的形式感使人产生"白帆""浪花"等丰富的联想

131

图 3-63　意大利都灵劳动宫：每边长 160m 的正方形厅堂屋顶被划分成 16 块相互分离的方形板，它们各由一组以 20 根放射形悬臂薄壁钢梁与十字形钢筋混凝土柱组成的伞状结构支撑着。从馆内看上去，这些伞状结构很像一棵棵高大的棕榈树，使人觉得新鲜、有趣（参见图 4-21、图 5-15）

图 3-64　意大利罗马近郊俄雪亚疗养所餐厅：带放射状菱形肋的独柱伞壳，正如有人把它比作一朵大蘑菇那样，的确富有大自然联想的情趣

图 3-65　美国伊利诺伊州海军训练中心休息厅：跨度 17m 的胶合木刚架的造型与纹理十分醒目，加上深色木梁和白色顶棚的相互衬托，恰似一支古代木制战船，而这种联想却又是与该建筑物的使用性质相协调的

图 3-66 E. 沙里宁设计的圣路易市杰弗逊纪念碑

——抛物线拱结构几何体形

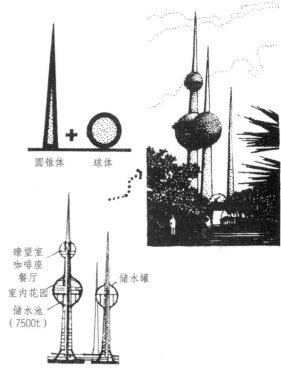

图 3-68 获得第一届阿卡·汗建筑奖的科威特市水塔

——圆锥体与球体相加的结构几何体形

图 3-67 M. 日夫科维奇设计的"1941 年被枪杀的中学生纪念碑"

——V 字形悬臂结构几何体形

图 3-69 埃及开罗无名英雄纪念碑

——四片倾斜墙面（对称）相加的结构体形

宁设计的圣路易市杰弗逊纪念碑（1959～1964）是一个坐落在三角基础上、高192m（630ft）的不锈钢抛物线拱。他的基本意图是运用这种横贯长空的彩虹一样的几何体形结构，创造一个像古代埃及金字塔那样的永恒形式，以使人们登高远眺，缅怀百年前先民由此出发拓荒西部的伟业。原南斯拉夫M·日夫科维奇设计的"1941年被枪杀的中学生纪念碑"为"V"形悬挑结构，刻有少年们浮雕头像的V形碑身以开阔的草地和天空为背景，恰似被伤害的飞鸟展翅掉落在大地上，寓意深刻而含蓄，取得了"此时无声胜有声"的艺术效果。获得第一届阿卡·汗建筑奖的科威特市水塔和埃及开罗无名英雄纪念碑，其几何形体也都是十分简单的"结构构件"的组合，但由于形式感的巧妙利用而使得表现纪念性主题的建筑语言极其精炼。

由此我们不难领悟到，即使对那些完全没有或很少有其内部空间的纪念性建筑来说，其结构思维也可以激发起我们在造型艺术创作方面的灵感和想象力。

（二）结构形式的特征与建筑形象的个性

通俗地讲，建筑形象的个性（individuality）就是指同一类型建筑反映在视觉空间上的差异特征，即可识别性。

建筑形象的个性是由建筑创作所依据的不同客观条件（自然条件、物质条件、技术条件、经济条件等）和主观条件（专业技能、创作思想、文化修养等）所带来的。正因为如此，所以说现代结构技术的发展并非就必然导致建筑形象的创造千篇一律和"冷酷无情"。奈维生前就曾赞美"钢、钢筋混凝土以及能使其合理利用的结构理论，是建筑师可以任意指挥的新乐器，他可以利用这些新乐器创作出远比过去曾有过的一切建筑更为丰富多彩的建筑交响乐来"。

在现代建筑的空间造型中，我们应当努力去发掘结构形式的特征与建筑形象个性之间的内在联系。无疑，这是我们克服建筑创作中模式化（即公式化）弊病的一条重要途径。

（1）从单体建筑的背景着眼，利用结构形式的特征来表现建筑形象的个性　像创作一幅画一样，你所着力刻画的主体总是脱离不开画面的背景的。利用结构形式的特征来表现建筑形象的个性，也必须与它的"背景"取得有机的联系。所谓建筑背景就是与你所设计的建筑物相衬映的周围景物，即环境。但建筑背景的层次是可以随着人们平视、仰视和俯视的不同情况而变化的。从主次关系上看，构成建筑背景的大体上有以下两种画面：

1）主要是以自然景物为建筑背景的画面。

2）主要是以建筑群体为建筑背景的画面。

人们的建筑审美经验表明，巧妙地摹想和利用结构形式的特征，努力使别开生面的建筑造型的艺术美与婀娜多姿的自然美相"匹配"，这是环境建筑设计获得成功的诀窍所在。悉尼歌剧院这个特殊的例子说明了这一点，而图3-70～图3-74几个普通的实例不是也同样令人信服么？从美学的角度来讲，环境建筑设计对结构思维提出的一个要求就是，遵循因地制宜的原则，使结构形式的基本特征同建筑背景中的自然景物相得益彰。试想，如果我们把图3-74中的圆形帐篷结构用在图3-70所示的观景台上，那将会产生什么样的视觉空间效果？同样，图3-74所示的那个坐落在弯曲的海滨公路之旁的餐厅，如果采用双曲抛物面壳，恐怕也难以与该环境及其地段取得协调。可见，即使是以大自然为背景，新结构形式的特征也并不是可以随意加以利用和发挥的。

图 3-70　日本佐世保城 yumihari 观景台
——以天空为底景，面向主景方向的双曲抛物面壳给人以"登高远望"的预示与期待

图 3-71　苏联黑海边索契城马戏院
——采用新结构的屋盖形式，同时考虑了环视和俯视的观赏效果

图 3-72　罗马尼亚
一游览地休息亭
——马鞍形薄壳的
尺度与小桥、溪流
等十分合宜

135

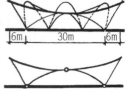

图 3-73　墨西哥霍契米尔柯餐厅
——组合式曲面壳已成为当地游览环境中的一个独特标志

图 3-74　日本高松至神户、大阪海滨公路餐厅设计竞赛获奖方案（斋藤英彦等）
——灵活多姿的帐篷结构不仅与地段相适应，而且具有海滨游乐场所的气氛和特色

自然风景区的新型建筑不仅应当给人以轻松、愉快的视觉感受，而且在可能条件下，还应当努力使结构形式的特征富于"科学美"的时代气息。墨西哥结构大师康德拉（F. Candela）在设计举世闻名的霍契米尔柯（Xochimilco）餐厅时就想到了，要通过壳体构件单元组合所形成的"壳谷"（gullies），以及壳面双向弯曲的几何形状来保证整个壳体的空间刚度，从而有意避免了在壳的周边附加各种形式的加劲构件的做法。从剖面示意可以看出，"壳谷"所起的结构作用恰似三铰拱。每一个壳体构件单元在波峰处均向外挑出6m，这样既加大了遮阴面积，又突出了该结构形式的基本特征，在水面倒影相映和树丛绿荫衬托之下，该餐厅建筑形象的个性更为鲜明突出，并成了墨西哥当地游览的一个独特标志。

　　在许多情况下，建筑师在"画面"上接触到的"背景"是建筑群体。

　　现代建筑的设计与施工正向着工业化和体系化的方向发展，因此大量性的工业建筑、居住建筑和一般民用建筑所具有的"规整划一、体形简洁"的共性越来越突出。正是在这样的人工建筑环境的背景下，我们更应当注意在城市建筑群的空间布局中，尽可能地利用少量的公共建筑的结构形式特征，来打破"方盒子"建筑群的单调感，并使得这些起着视觉调节作用的建筑物能很好地发挥其个性。例如，使具有新型屋盖结构形式的公共建筑与周围的高层建筑形成对比，并辅之以广场和绿化设计，这已成为现代城市规划中群体建筑艺术的典型手法（图3-75）。

　　此外，小品建筑，如汽车加油站、地下铁道站台出入口、报刊亭、水果摊、冷饮店、出租汽车站、陈列室、露天演奏舞台等，其结构形式的特征也很值得注意。当物质技术条件许可时，宜多采用一些新结构形式。这样，不仅可以使它们本身的艺术造型丰富多彩，而且也可以像活跃的音符一样，为城市建筑交响乐章增添生气与活力（图3-76）。

　　（2）从单体建筑的整体着眼，利用结构形式的特征来表现建筑形象的个性　在现代物质技术条件下，符合建筑功能和建筑经济要求的结构方案往往不只限于一两种。因此，在一些情况下，本着经济有效的原则（这也是相对的），去探求和确定更有利于表现建筑性格、突出建筑个性的结构形式是无可非议的。沙里宁在设计耶鲁大学冰球馆时，从结构思维一开始就想到要"取得形状别致的效果"，他把对结构形式特征的摹想同建筑形象个性的艺术表现紧密地结合起来了。建筑师在酝酿结构方案的时候，就要预见到建筑物的空间造型艺术效果。这里，应注意以下基本要点：

　　1）要从结构的传力系统、传力方式来分析和摹想结构形式的基本特征。

　　2）要注意这些结构形式的基本特征是出现在建筑物整体的哪一个部位，如屋盖部分、屋身部分或基座部分等。

　　3）要从建筑物整体的空间造型艺术效果，恰到好处地反映处于建筑物不同部位的结构形式特征。

　　现在，越来越多的眼光敏锐的建筑师注意到了，不仅不同的结构系统会给建筑空间造型带来不同的艺术面貌，而且即使是在同一类型的结构系统中，由于力学方面的考虑，其结构形式特征的变化，以及由此而衍生出来的建筑空间造型方面的差异也是层出不穷的。以大空间建筑的新型屋盖结构而言，有利于抗震的悬索结构（该系统在日本运用较广，然而日本建筑师和结构工程师并不是简单地去套用现成的一些悬索结构）形式，是在创作实践中不断地进行新的探索，特别是着力于在索网的张拉方式及其传力系统上做文章，并因

137

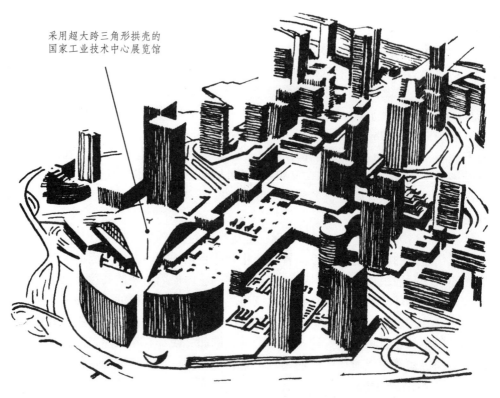

采用超大跨三角形拱壳的
国家工业技术中心展览馆

图 3-75 法国巴黎台芳斯国家工业技术中心展览馆（C·N·I·T）

——以高层建筑群为其"背景"，充分显示出它在巴黎德芳斯区空间构图中的重要作用。该展览馆采用了每边跨长218m、高48m的三角形平面装配式壳。尽管它的空间利用不足，但仍以其结构形状的显著特征而引人注目

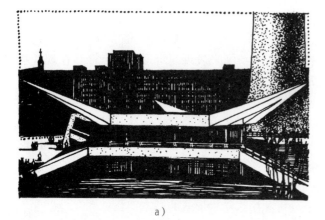

a）

b）

图 3-76 采用新结构形式的城市建筑小品举例

a）德国柏林电视塔附近的展览厅

b）美国科罗拉多州一百货公司入口大厅

势利导地把结构方案上的这些特点同建筑空间造型的加工、艺术处理和谐地联系在一起，而这恰恰是获得建筑形象个性表现的重要源泉所在。例如，武基雄在设计吉川市民会馆时，并没有简单地沿周边布置索网的承重结构，而是充分考虑了正方形平面的特点，在四角设置了四片三角形支撑墙体，借此来平衡索网拉力，起抗倾覆作用。与受拉状况相一致，索网四边的主索呈自然曲线，颇似传统建筑檐口的造型特征。这里，结构形式的特征，不仅仅表现在屋盖部分，而且也直接影响到屋身部分。从各个方向看上去，三角形支撑墙体犹如端庄的"门柱"，使得这座别致的会馆富有浓厚的纪念意味（图 3-77）。前面已提到的东京代代木体育中心主馆和副馆的强烈个性，更是同它们独特的悬索静力平衡方式分不开的（图 3-78）。

高层或超高层建筑虽然在屋盖部分不可能有什么引人注目的变化，但它们的垂直承重结构的形式特征，同样可以赋予建筑形象以不同的个性表现，芝加哥的 60 层玛利娜圆塔公寓和 110 层西尔斯塔楼（Sears Tower）就是很有创造性的例子。有"城市中的小城市"之称的玛利娜圆塔公寓采用了有利于建筑施工的最稳定的筒形结构。圆塔四周挺细的支柱与直径为 10.5m 的钢筋混凝土中心筒呼应，塔身下部约四分之一的部分与上面各层分开，组织成不同的韵律：下部停车场为坡度很缓的圆形斜面的重叠，而 20 层以上的住房则以连续布置的圆弧形阳台像花瓣似的向四周展开。在这具有不同建筑功能的两个部分的体量交接处，是一段露出中心圆筒和四周支柱的透空层，这一"休止音符"的运用，大大活跃了双塔在竖向构图上的节奏感，把结构形式的基本特征表露得淋漓尽致，而圆塔形象个性的艺术表现也因此而得到加强（图 3-79）。超高层的西尔斯塔楼从有利于提高建筑物的整体刚度和稳定性出发，在正方形平面上用了 9 个细方柱体，构成了一个向上呈不对称收束的高塔整体。每个细方柱体单元的平面尺寸为 22.9m×22.9m，这些细方柱体单元分别在五十层、六十六层和九十层的地方停顿下来，最后剩下两个方柱体上升至 443.5m 的高度。因此，从各个角度看上去都很挺拔利索、错落有致（图 3-80）。应当说，西尔斯塔楼设计在建筑艺术方面是密切结合结构形式的基本特征，打破了一般高层和超高层建筑体量构图概念的大胆创举。

富有独创性的建筑形象的个性表现，乃是建筑师潜心研究了结构形式为视觉空间艺术造型所提供的各种可能性的结果。从传统的建筑构图概念来看，一些结构形式中的合理构件往往是"多余"而令人"讨厌"的。其实不然，在许多情况下，这些容易被"抹杀"的结构构件正是加强建筑形象个性表现的有利因素，问题在于建筑构图手法的运用是否有灵活性和独创性。美国明尼阿波利斯银行大楼（图 3-81）的艺术造型之所以比一般悬挂式结构楼房给人以更加深刻的印象，一个重要的原因就是，建筑师结合该结构传力系统中的"悬链线"，对悬挂部分的墙面和楼面做了别开生面的精心处理。巨型钢桁架下的"悬链线"与密排拉杆共同受力，将 10 层楼板的荷载传至矩形平面两端的支座上。本来这条"悬链线"在立面构图上是起"破坏"作用的，但由于设计者因势利导，采取了以"悬链线"为界，使楼板和玻璃墙面分别外延和内缩至工字钢拉杆装修柱的里、外两侧，反而造成了十分醒目而又有趣的图案效果。特别是加层之后，上下两部分在构图上仍相呼应，合为一体，更见其匠心不凡。

（3）从单体建筑的局部着眼，利用结构形式的特征来表现建筑形象的个性　当规整的结构线网或结构形式使得建筑物的空间造型难于在整体上求得变化时，宜采取以"整体的不变"衬托"局部的变"这种手法，来增强建筑形象的可识别性。这里，我们可以把"不变的整体"看作是"背景"，而"变化的局部"则是由此"背景"相衬的"小建筑"，二者

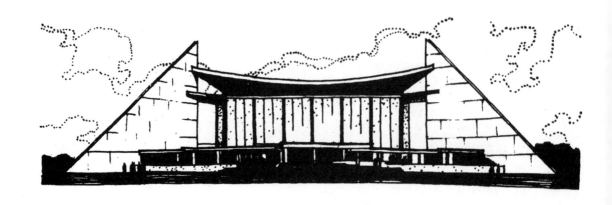

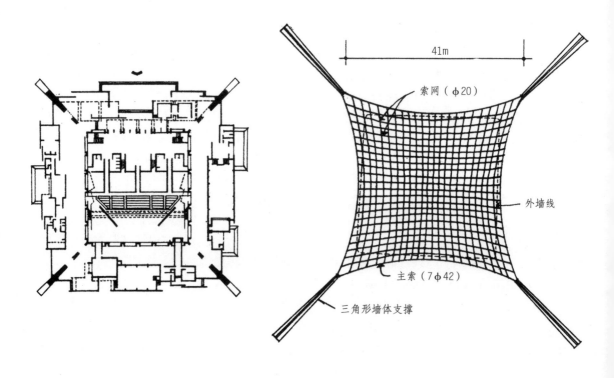

图 3-77 悬索结构的静力
平衡方式与建筑形象个性的
艺术表现
——日本武基雄设计的吉川
市民会馆

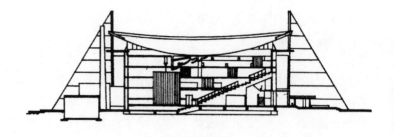

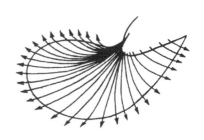

副馆索网及其静力平衡系统

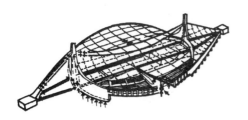

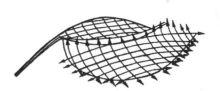

主馆索网及其静力平衡系统

图 3-78　东京代代木体育中心主馆和副馆的个性创造及其独特的悬索静力平衡系统
（参见图 0-11、图 3-4、图 3-13、图 3-14）

141

图 3-79　圆形筒体结构的形式特征与建筑形象个性的艺术表现
——芝加哥玛利娜圆塔公寓（参见图 2-86a）

图 3-80 方形束筒体结构的形式特征与建筑形象个性的艺术表现
——芝加哥西尔斯塔楼（参见图 2-81）

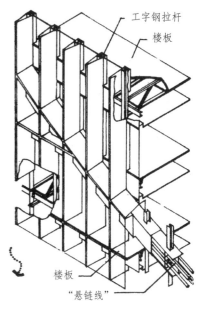

工字钢拉杆

楼板

楼板

"悬链线"

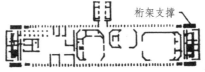

桁架支撑

巨型桁架

在巨型桁架上加建6层之后的造型处理

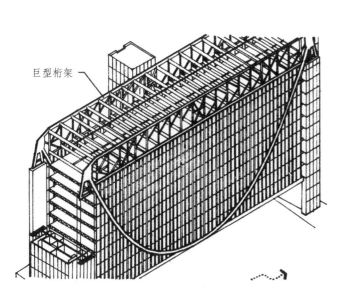

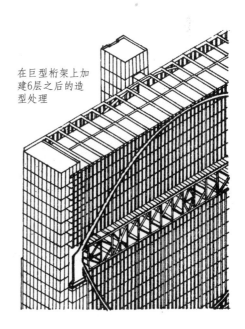

图 3-81 悬挂结构的形式特征与建筑形象个性的艺术表现
——美国明尼阿波利斯银行大楼

143

相辅相成。许多现代建筑实例都是将新结构形式画龙点睛地用于主体建筑的出入口处（如雨篷、门廊），或脱开主体的某个附属部分（如较大的公共厅室等）。这样局部突出结构形式特征的空间构图，可以使得简洁规矩的建筑整体在人们的审美心理上，造成"似相识又不曾相识"的独特艺术效果，如图 3-82 ~ 图 3-84 所示几例。

有趣的是，从艺术心理学的角度来看，一些自身具有一定体形特征的结构构件可以像"符号"一样，起到传递"美学信息"的作用。斗拱是我国古代木构建筑的象征，半圆拱和尖券则分别是古罗马建筑和哥特建筑的突出标志。梁、柱、券、拱、穹隆……这些不同的结构构件都可以构成不同的"符号系统"。值得注意的是，在建筑物的局部将某种结构构件作为"符号"来加以利用，不单会加深人们对建筑物的视觉印象，而且还能在相当大的程度上体现建筑师所力求创造的某种建筑风格。例如，在建筑物的重点部位或某些局部强烈地显示出梁架构件的粗犷体形，这是同日本许多现代建筑的个性表现与风格创造分不开的。日本建筑界后起之秀矶崎新设计的获奖作品——大分县图书馆就是一个鲜明的例子（图 3-85）：承受"Ⅱ"形屋面板的一排箱形梁悬挑在外，既显示其结构功能，又使人在审美中感受到传统构架技术的长足发展。这一视觉符号给人传递着这样的信息：这是日本的现代建筑！我们还可以看到，一些著名建筑师在自己的不同作品中，常常重复地运用一种具有一定形式特征的结构构件，作为建筑形象个性表现的艺术母题。路易斯·康和雅马萨奇就是经常运用这种创作手法的代表人物。路易斯·康乐于运用砖石材料，对砖拱有一种特殊的亲近感；而雅马萨奇则很推崇哥特建筑，对尖券十分欣赏。这样，传统建筑中的这些"拱"和"尖券"便构成了他们许多作品可识别的造型标记，成为传递他们各自不同艺术风格信息的固有"符号"，如图 3-86、图 3-87 所示两例。不过，雅马萨奇对于尖券的运用多流于装饰，有很大的局限性，纽约世界贸易中心就是一个典型的例子。就建筑创作手法的高明和有效而论，恐怕还是那些使结构技术与建筑艺术紧密结合在一起的"符号系统"，才更富于时代感，更代表着现代建筑的发展方向吧。

以上从不同方面、不同角度分析了如何利用结构形式的特征来表现建筑形象的个性问题。当然，建筑形象的个性表现还广泛地涉及使用价值与经济价值的创造问题。然而，上述分析在一定程度上也说明了，那些能打破雷同的视觉印象、富有空间造型艺术表现特点的成功实例，往往是以结构为本、巧于构思使然。

（三）结构的技巧性与结构外露的艺术处理

不论是在古代、近代，还是在现代建筑中，都有许多结构的技巧性与建筑的艺术性结合得很好的例子。事实上，使人们对结构的精巧构思和高超技艺有所了解，有所赞赏，从而更加增强建筑艺术的表现力与感染力，这已成为现代建筑审美中举足轻重的问题。布洛伊尔在解释"为什么我们喜欢表现结构"时说得好："每个人都对去了解是什么东西在使一件事物起作用而感兴趣，都对事物的内在逻辑感兴趣……""凡是有可能而又能使人觉得很自然时，那就应该表现结构。"（M.Brouer：《Sun and Shadow》）

人们主要是通过对结构外露部分（室外或室内）的观赏，来领悟结构思维及其营造技艺、获得美的艺术感受的。这里，对结构外露部分的艺术加工与艺术处理，也必须要有一个明确的艺术意图——视觉空间的创造应当造成一种什么样的气氛，显示一种什么样的性格，给人们一种什么样的感受等；同时，也要体现重点处理与一般有别的原则。根据建筑物的使用性质，结合结构形式、结构用材以及结构部位的不同情况，可以采取灵活多样的

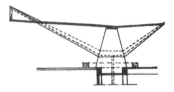

图 3-82　入口新结构雨篷的造型处理（例一）
——巴黎联合国教科文组织（UNESCO）办公楼

图 3-83　入口新结构雨篷的造型处理（例二）
——墨西哥 Juarcy 竞技场

图 3-84　入口新结构门廊的造型处理
——美国得克萨斯州加兰德工程技术中心

图 3-85　建筑造型中采用的结构符号系统（例一）
——矶崎新在大分县图书馆设计中采用的粗犷有力的箱形梁结构部件

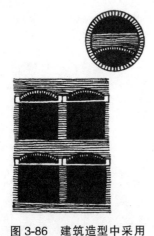

图 3-86　建筑造型中采用
的结构符号系统（例二）
——路易斯·康在阿默达
贝德行政大学校舍设计中
采用的清水砖拱与预制梁
相组合的结构构件

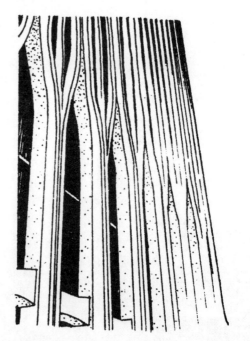

图 3-87　建筑造型中采用的结构符号系统（例三）
——雅马萨奇在纽约世界贸易中心大厦设计中采
用的铝合金尖券组合结构部件

146

艺术处理手法。

1. 对比手法的运用

为了突出结构的轮廓线以及结构形式的基本特征，可以广泛地采取虚实、明暗、粗细、轻重以及色彩等对比手法。

新型屋盖，如筒壳、折板等，其外露的端部往往为人们所注目，因此是应予重点处理的地方。国外常在薄壳或折板端头的下部采用玻璃墙面，横隔板或加肋构件布置在其端头的上方，从而使壳面或板面与玻璃直接相交（图3-88～图3-90）。这样，可以强烈地衬托出新结构的轻巧与优美，同时也颇耐人寻味：为什么玻璃能承受钢筋混凝土屋盖？来自屋盖的荷载是怎样传递的？为了加强这种虚实对比效果，还可以有意地加厚薄壳或折板边缘，如布加勒斯特航站大楼等。

各结构部件的交接处常常是造型艺术处理画龙点睛之处。密斯喜欢将梁柱接头做成"点"式，即梁不是直接放在柱子上，而是通过断面很小的高强材料与柱头相连，在此造成强烈的粗细对比，使人产生柱头上部构件"浮起"的感觉。这样处理可以使来自上面的荷载能沿着柱子的中轴线传递，从力学观点来看，比梁柱直接相连更符合结构计算时的假设条件。这种结构造型手法已为现代建筑所广泛采用，图3-91是用于大跨度平板网架结构的一例。美国S.O.M.建筑事务所擅长运用十字形柱组成的预制"格子墙"结构，在构件竖向交接的节点处，也具有形体呈"点"状收束的特征（图3-92、图3-93）。著名的比利时布鲁塞尔兰姆勃尔脱银行设计，在确定构件细部处理时，考虑了一个重要问题：如何能使十字形柱既与楼板、又彼此相互连接？即如何做一个能承受力矩的节点？如图3-93所示，十字形柱构件上下端采用了铰链，它具有两重意义：一是简化了计算分析，大大减少了结构上的超静定次数；二是使在两个铰链间的柱子构件便于预制和安装。可见，这种新颖的结构造型细部，也是有其技术上的科学根据的。

色彩对比在钢结构和木结构的艺术处理中尤为重要，如何结合防锈、防腐的功能要求，施以何种涂料和色彩，这是值得很好斟酌的。例如，采用悬挂式钢屋盖结构的美国斯克山谷奥运会滑冰场，就是以"色彩装饰"而取胜的。该建筑物的内部及外部，分别施用了金黄、深绿、印第安红和煤黑这些不同色彩，在山谷中与白雪形成了鲜明的对比。其中，室内的钢屋面板喷以绿色塑胶，而支撑屋盖的钢柱则采用了印第安红。日本佐贺县罐头厂厂房内的十字交叉钢管桁架，也大胆地涂以白色油漆，在屋面顶棚的对比下，显得轻快而没有压抑感，特别是与十字形天窗的自然采光相结合，使得室内视觉空间格外豁朗。由此可见，那种不分具体情况，把外露的钢（或木）结构统统施以灰色、墨绿色的常用做法，乃是一种人为的框框。

2. 装饰手法的运用

装饰手法用于公共及民用建筑中结构的重要部位或画龙点睛的地方，可以采用雕刻、绘画及其他饰面装饰，要注意运用得巧妙、自然，并体现出一定的艺术特色。

前面曾提到墨西哥人类学博物馆在庭院空间组合中运用悬挂式屋盖结构的例子。该屋盖结构的独柱必须具有较大的横断面，以保证悬挂式屋盖结构的刚度和稳定性。设计者抓住了这一特点，因势利导地在粗大的柱身上，做满了具有墨西哥古代文化艺术风采的浮雕，使得这根位置显要的巨柱不仅具有支撑悬挂式屋盖的结构功能，而且它本身就很自然地成了该博物馆中的一件引人入胜的艺术展品（图3-94）。华盛顿旷野湖畔周末旅馆餐厅

图 3-88　美国一木材公司办公用房胶合板木屋盖悬挑端的造型处理

图 3-89　布加勒斯特航站楼筒壳屋盖悬挑端的造型处理

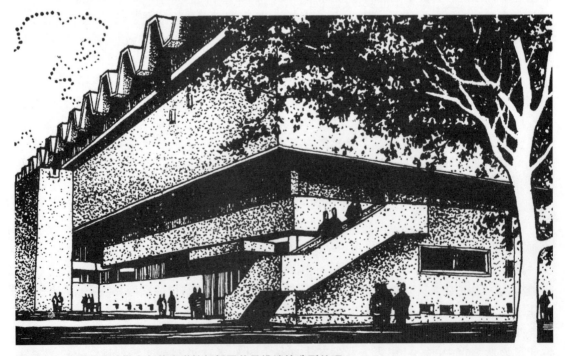

图 3-90　苏联列宁格勒少年体育学校折板屋盖悬挑端的造型处理

图 3-91　纽约肯尼迪机场一航站楼平板网架与支柱的交接处理（贝聿铭设计）

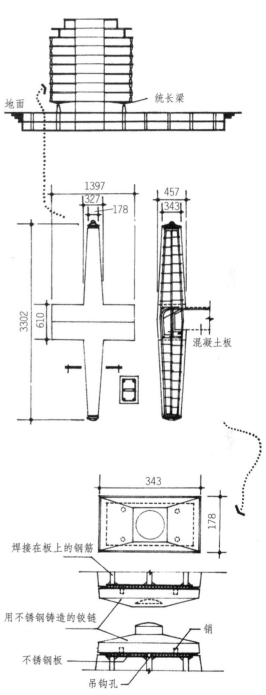

地面　　　　　　　　　统长梁

1397
327
178

457
343

3302
610

混凝土板

343
178

焊接在板上的钢筋

用不锈钢铸造的铰链　　销

不锈钢板

吊钩孔

图 3-92　堪萨斯市汉考克大楼十字形柱构件的交接处理（S.O.M 建筑事务所）

图 3-93　布鲁塞尔兰姆勒脱银行大楼的剖面及十字形柱构件设计（S.O.M 建筑事务所）

149

图 3-94　墨西哥人类学博物馆悬挂式屋盖结构的独柱造型及其浮雕装饰（参见图 3-33)

也是一个成功的例子。餐厅室内空间的中部是一根造型独特的巨柱，并围绕此柱安排了单梁旋转楼梯。显然，巨柱位于交通中心，成为室内最引人注目的结构部件。设计者结合柱头悬挑装饰构件的造型处理，在柱身上模仿印第安民族的图腾，用丰富的色彩绘满了各种有趣的图案，既突出了此巨柱的结构作用，又使它成了这座旅馆最有特色的标志之一（图3-95）。上述两例也说明了，在某些具体情况下，运用雕刻或绘画手段来装饰外露结构中的重要观赏部位，不仅可以避免像古典建筑那样到处复用繁琐装饰，而且又能使现代建筑的造型艺术在画龙点睛的地方，仍可反映出鲜明的民族风格或地方特色。

外露结构的艺术处理应避免过多的装饰线脚，特别是满贴饰面材料时，结构体形更宜简洁，以便于饰面划分和装修施工。广州白云宾馆二层大餐厅的中部顶棚，为打破一般吊顶做法而有意采用了整齐排列的密肋小梁。梁的处理除断面向下略收3cm而外，没有做任何线脚或花饰。餐厅中两排矩形平面的柱子，都是上下一致地用两面较大的白色大理石来夹衬另外两面福州脱胎漆板的。这样，饰面材料没有异形处理，接缝整洁，施工方便，而装修后的柱子也显得挺拔、清爽，富于整体感。

当室内外露的屋面结构具有独特的图案效果时，往往可以结合功能方面的考虑，采取类似于"衬托"或"点缀"的手法，使装饰物与露明结构相得益彰。上海文化广场观众厅在靠近整个三向网架的下弦平面内，悬吊了260片正三角形"浮云"吸声板，每片"浮云"边长4.5m，与网架下弦杆之间离开40多cm，在提高了吸声效率的同时，又保留了网架下弦杆及其球节点所构成的图案。上海体育馆练习馆三个35m×35m的综合练习房，其网架全部做露明处理。配合照明设计，又在网架下均匀地吊挂了36块两米见方的湖绿色吸声灯具板，这也不失为一种简洁而经济的艺术处理手法。

3. 照明手法的运用

照明设计在现代建筑结构的艺术表现中，起着十分重要的作用。

运用照明手法，可以使建筑物在夜景中仍能生动地反映出结构的体形特征，使人们在夜晚可以方便地判别出一些重要的公共建筑，如航空港、车站、影剧院、商场等。从这一点来说，在新型屋盖结构的下部避免采用封闭实墙是比较有利的。值得注意的是，巧妙地利用结构形式的特征，可以增强建筑物在夜景中的艺术照明效果。美国华盛顿杜勒斯空港航站楼，前后两排斜柱自然弯曲的上端，都通过一个长形的孔洞与屋盖相连，这一细部设计反映出了结构连续和材料可塑的特点。如图3-96所示，设计者有意地将深罩照明灯具布置在檐口以上柱头的两侧壁，使光柱透过孔洞向下准确地投射在斜柱的两条边棱上，这种"见光不见灯"的特写式照明手法，既突出了斜柱上下的完整轮廓，又表现出了柱檐交接处结构设计的高超技巧，耐人寻味。

运用照明手法，还可以美化建筑物室内的外露结构。例如，反映着结构体形规律的灯光效果，可以增强这些结构部位所形成的韵律感与节奏感；通过灯具的适当组合或分布，可以使得直接形成空间顶界面的各种结构形式（如井字梁、平板网架、圆形悬索等），显得更加生动、别致。此外，室内重要部位的露明结构结合照明设计，还可以成为室内很好的中心装饰物。采用圆形悬索结构的北京工人体育馆，在中心环和上索的交接处，把顶棚做成圆弧形，而将外露的中心环设计成一个用24根吊杆悬挂在顶棚上的圆盘灯架。这样，在满足大空间照明要求的同时，使得人们能够清楚地看出外露中心环的结构作用，理解到它存在的必然性及其结构思维的技巧性（图3-97）。实践证明，这种密切结合功能要求的外露

图 3-95　华盛顿旷野湖畔周末旅馆餐厅屋盖结构的独柱造型及其绘画装饰

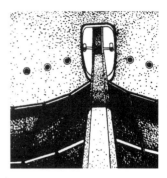

图 3-96 华盛顿杜勒斯国际机场航站楼与结构形式特征密切结合的照明设计
——位于屋檐上部柱顶的深罩灯将其灯光通过孔洞准确地投射在倾斜柱的两侧，以见光不见灯的手法突出了夜景中的新结构轮廓

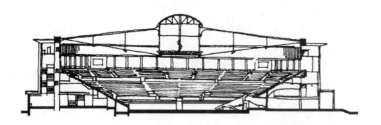

图 3-97　北京工人体育馆与结构形式特征密切结合的照
明设计（北京市建筑设计研究院设计）
——利用悬索中心环设计的圆盘灯架成了室内外露结构
的中心装饰物

结构的艺术处理手法，是经得起时间考验的。

（四）悬挑结构与现代建筑的艺术造型

随着新材料、新技术的出现和结构计算理论的不断完善，古老的悬挑结构原理在现代建筑的许多重要部位，如屋盖、楼板、楼座、楼梯、阳台、转角窗、雨篷以及塔台等，都得到了广泛而有效的运用，并对现代建筑的艺术造型产生了巨大的影响。

悬挑结构在现代建筑艺术造型中的重要作用表现在以下几个方面：

1）借助于悬挑结构，使现代建筑的体形塑造与自然景物有机地结合起来。在许多情况下，为了使建筑体形与溪流、瀑布、河谷、草地、悬岩、坡地等发生联系，协调地融为一体，悬挑结构的运用是必不可少的。从这一点也可以知道，结构思维与当今所强调的环境设计之间，也有一脉相通之处。

2）借助于悬挑结构，创造新颖的空间体量构图。这在高层建筑、大跨建筑，甚至一般建筑以及高塔等工程构筑物中，都得到了充分的体现，运用悬挑结构，既可以赋予建筑物以宁静感和亲切感，也可以造成其强烈的动势感。国外现代的一些建筑师和艺术家，还把悬挑结构大胆地运用于纪念碑设计，以表达其独特的构思和视觉空间的艺术效果。

3）借助于悬挑结构，使现代建筑取得强烈的虚实对比的造型艺术效果。由于框架或梁柱结构中水平承重构件的合理悬挑，能将建筑物的外围护结构从"承重墙"中解放出来，这就为灵活处理建筑立面上"虚"的部分的构图创造了极为有利的条件。如各种玻璃幕墙或加装饰的轻质幕墙的处理，不同建筑部位上转角玻璃窗或玻璃墙的处理，甚至带形玻璃窗或大片玻璃墙面本身的外轮廓线变化的处理等。

4）借助于悬挑结构，使现代建筑趋于简洁、平整的体形，能获得丰富多彩的阴影效果。不同建筑部位的结构悬挑，是造成强烈阴影效果的重要方法之一，而阴影在体形塑造中，不仅可以增强其立体感、韵律感、形式感以及装饰趣味，而且还可以借此来突出建筑构图中的重点所在，如主要出入口，主要立面上的主要区段等。

对于建筑师来说，通过悬挑结构的运用取得一定的造型艺术效果似乎并不困难。然而，同时要做到结构上合乎逻辑，可能就不那么得心应手了。所以，这里也必须通过结构思维，把建筑造型的艺术处理与悬挑结构原理的具体运用统一起来。

不管是使建筑物哪一个部位悬挑，我们都要注意悬挑结构的静力平衡方式及其弯矩分布的情况，以便确定比较合理的方案。譬如说，像一般钢筋混凝土檐口由梁边外挑的这种情况，其结构受力是最不利的：固定端弯矩值无法调整减少，梁本身还要受扭，而加于梁上的抗倾覆平衡力也很有限。在这种情况下，挑檐不可能较大，檐口也不宜较高。由此可知，外挑的阳台、廊道，以及悬挑较大的雨罩等，都要避免采取由受扭梁外挑的这种悬挑结构方式，而应当设法利用简支梁（板）或多跨连续梁（板）合理延伸的结构布置。当然，悬挑结构抗倾覆的静力平衡方式是多种多样的，而这种"力的平衡"与建筑空间造型的关系也十分微妙，所以只有当我们具有随机应变的能力时，悬挑结构的运用才能恰如其分，用得其所。

1. 楼盖的悬挑及其造型处理

采用框架结构的建筑物，二层以上的楼盖均适于沿周边或沿其相对两边向外悬挑。这样，一方面可以相应抵消一部分跨中弯矩，另一方面，框架中角柱的承载能力也能得到最充分的利用。图3-98说明了悬挑楼盖的受力状况与建筑造型中比例权衡之间的内在联系。

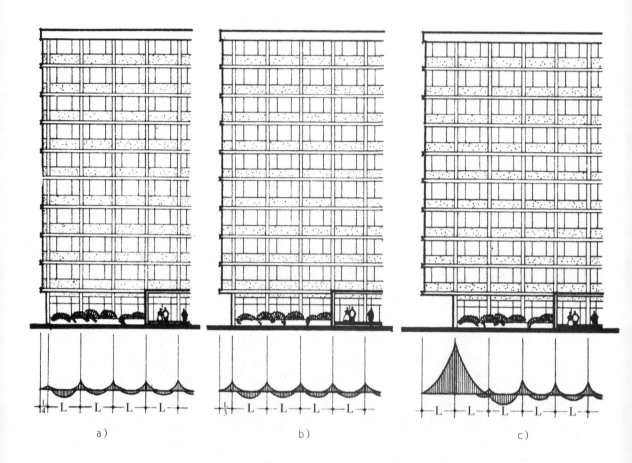

图 3-98　悬挑楼盖的受力状况与建筑造型中比例权衡之间的内在联系

a）悬挑距离太小，不能发挥悬挑结构受力性能的优越性，建筑比例欠佳

b）悬挑距离适宜，弯矩分布均匀，结构受力合理，建筑比例良好

c）悬挑距离过大，支撑端弯矩剧增，结构受力恶化，建筑比例失调

多层建筑中的楼盖逐层向上外挑时，其比例权衡也应当与力学分析结合起来。日本津山文化中心（图3-99），借鉴古代木构建筑中斗拱悬挑的结构方式，采用钢筋混凝土树杈形构件，造成了类似三重檐大屋顶的造型艺术效果，这也是日本现代建筑对东方风格的一种探求。结构分析简图表示了各层挑梁的长度比例和树杈形构件的布置，以及结构中总弯矩分配的相互关系。

2. 楼梯的悬挑及其造型处理

随着结构理论和计算手段的进步，现代建筑中室内外悬挑楼梯的运用已相当广泛。这些形式多样的悬挑楼梯，由于省去了平台的支撑构件，加之往往由连续的线与面构成，因而造型简洁、轻巧并富于动势。

影响悬挑楼梯造型艺术效果的两个重要因素是悬挑距离和楼梯坡度，而这两个因素又是相互制约的。悬挑距离过小，楼梯坡度则陡，虽然对悬挑结构受力较为有利，但造型欠佳，人上下楼梯也感到不适。悬挑距离过大，楼梯趋于平缓，尽管便利了交通，然而这将使悬挑结构受力状况恶化，同时在造型上也会产生不稳定感。如图3-100所示，一般来说，当层高小于4m，而楼梯悬挑距离 $L \approx H+\frac{B}{2}$ 时（H—层高，B—楼梯宽度），悬挑楼梯的总体轮廓线比较优美，结构也比较合理。同时，这样接近2：1的楼梯坡度对人来说也是适宜的。图3-101一例说明了，当层高较高时，为了缩短悬挑距离，同时又使楼梯的总体轮廓线仍能保持上述公式所反映的那种关系，设计者有意地抬高了悬挑楼梯的起步标高，使悬挑楼梯放置在一个高台上，从而相应缩短了垂直交通的距离，巧妙地解决了造型要求与结构要求之间的矛盾。

3. 转角窗梁的悬挑及其造型处理

在墙面转角处不设置承重构件，使玻璃窗或玻璃墙面自然转折，可以突破传统建筑中转角坚实敦厚的构图概念，造成另一番新颖别致的造型艺术效果。

为了取消转角处的承重支柱，必须在相互垂直的墙面上部分别布置水平挑梁。在均布荷载作用下，向两端对称悬挑的简支梁，当悬挑距离接近支点间距（跨度）的1/3时，可以使支座处弯矩与跨中最大弯矩接近（即水平悬挑梁处于最有利的受力状况），从而能相应减小其结构断面。这一原理，对于我们灵活解决转角窗或玻璃转角墙面设计中的具体问题，是十分有用的。例如，已知悬挑梁支座间的距离，确定向两端延伸的玻璃面的宽度（即水平构件悬挑的合理长度），根据预先确定的转角玻璃面的宽度，反过来确定悬挑梁支座的合理间距和位置；按照所提供的悬挑梁支座的合理间距，整体地去处理大面积的虚实构图关系等。

在多层或高层的塔式建筑中，转角窗梁的悬挑，结合框架和楼板结构体系一考虑，可以取得很好的效果。路易斯·康设计的理查医药研究大楼就是一个突出的实例。塔楼单元转角处的悬挑梁处理，如实地反映了结构体系的特点和弯矩分布的规律，在清水墙面和玻璃窗的衬托下，这些转角悬挑构件成了这座著名建筑物上十分别致的视觉符号，即使是在塔楼的入口设计中也加以重复运用（图3-102）。

4. 雨罩的悬挑及其造型处理

主要出入口处的雨罩，在建筑功能和建筑艺术方面，都起着重要的作用，而要做到结构合理、造型优美，也是要煞费心机的。

无支柱悬挑雨罩，如果从"压梁"——即受扭梁一侧外挑，则必须保证梁上有足够高

图 3-99 日本津山文化中心水平双向悬挑结构
方式及其结构分析简图（采用树杈形预制钢筋
混凝土构件）

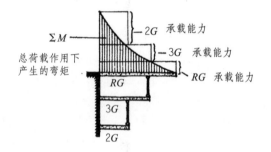

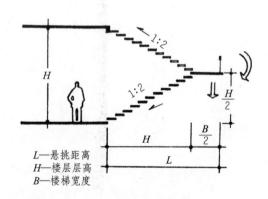

图 3-100 综合考虑结构与造型因素、
悬挑楼梯尺寸之间的协调关系

图 3-101　广州矿泉客舍悬挑楼梯的巧妙构思

a）若只取楼梯坡度平缓，则悬挑距离过大，结构受力恶化，造型上也会给
　　人以不稳定感

b）若减小悬挑距离，则楼梯坡度变陡，走起来累，看上去也不舒展

c）设计者有意抬高了悬挑楼梯的起步标高，而高起部分又恰好构成了架空
　　底层的小舞台，从而达到了结构与造型的完美统一

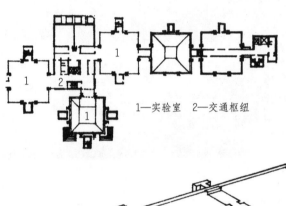

1—实验室 2—交通枢纽

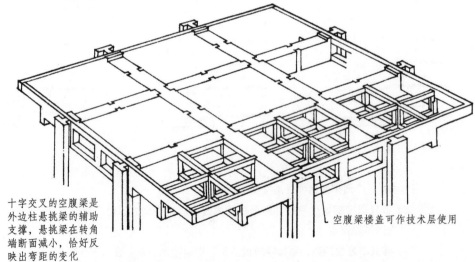

十字交叉的空腹梁是
外边柱悬挑梁的辅助
支撑，悬挑梁在转角
端断面减小，恰好反
映出弯距的变化

空腹梁楼盖可作技术层使用

图 3-102 美国理查医药研究大楼所采用的悬挑结构及其转角造型处理（路易斯·康设计）

160

度的实墙来施加抗倾覆力，悬挑越大，则要求实墙越高。这样，就将使建筑立面构图受到很大制约，而且雨罩悬挑的距离也十分有限。如果能结合剖面设计，改进无支柱悬挑雨罩抗倾覆的静力平衡方式，例如，或使水平梁从厅室的夹层部分向室外延伸，或使悬挑雨罩的固定端由起拉杆作用的柱子连至基础，或在轻质悬挑雨罩的上部另加斜向拉杆等，则可有效地相应加大无柱悬挑雨罩的进深尺寸。

有柱悬挑雨罩，无论是从结构受力分析，还是从建筑比例权衡来讲，由支柱向前悬挑的部分均不宜过小。

悬挑雨罩厚度（即边沿高度）的造型要求，也往往使结构设计为难。在许多情况下，较厚的雨罩挑檐是比较合宜的，但从结构计算来讲，则要考虑最不利的受力情况，即要按出水口被堵塞后，雨罩上满积雨水或冰冻时的荷载条件来进行计算。因而，雨罩边缘上翻的高度越小，对结构设计就越有利。根据这一原理，现代建筑悬挑雨罩的造型处理可以采用一些新的设计手法。例如，使雨罩前沿向上做较高的翻卷（曲线形或直线形），而雨罩的两侧则仍保持较小的厚度，如南京五台山体育馆、鄂城电影院等。在钢筋混凝土雨罩周边都加高的情况下（如500mm以上），则可以将出水孔设计成簸箕式泄水口，或在出水管的正上方，另开一个有装饰趣味的大圆形溢水口等。这些具体手法都可以相应减小悬挑雨罩的最不利计算荷载，而同时也丰富了现代建筑中悬挑雨罩的造型艺术处理。

5. 塔台的悬挑及其造型处理

塔台作为高塔（如水塔、电视塔、望塔等）顶端所安排的一个主要使用空间，乃是塔身造型的"画龙点睛"之处，也正是高塔建筑个性得以表现的地方。

塔台的悬挑应有利于竖向荷载的传递和塔身的稳定，所以较大的塔台底面一般都尽可能避免和塔身垂直相交，而其平面和空间布置也多以中心对称关系来考虑较为有利。具体地说，塔台悬挑的结构思维可借鉴以下几种常见的形式：

锥形悬挑塔台——塔台底部呈斜向向上张开，构成各种富于变化的倒圆锥或倒棱锥体形（图3-103）。

球形悬挑塔台——具有较大容积的使用空间，而与塔身的交接仍能大体保持斜面过渡的关系（图3-104）。

带斜撑的悬挑塔台——斜撑式柱子可以分担一部分来自塔台的荷载，同时也使得塔身的造型得以变化（图3-105）。

平面旋转的悬挑塔台——使塔台平面在塔身平面上做相应旋转布置，可以构成丰富的多层塔台的空间轮廓，同时也有利于设置塔台的悬挑构件（图3-106）。

总之，塔台的悬挑方式变化很多，但我们在设计实践中，往往不愿意多动脑筋，其结果自然是结构单一、造型贫乏而无个性，这是应当引起注意的。

（五）V形支撑结构与现代建筑的艺术造型

V形支撑能改进结构的工作性能、增强结构的刚度和稳定性，在不同情况下，其形式又可以有各种灵活的变化。因此，这一类得到广泛运用的V形支撑结构，也像悬挑结构一样，已成为现代建筑中体现"摩登"造型特征的极其活跃的构图元素。

曾引起国内外建筑界议论纷纷的所谓"鸡腿"，就是V形支撑结构中最典型的一种形式。然而，在不同情况下，V形支撑结构的体形收束具有不同的立面和剖面特征，从而反映出比"鸡腿"更加多变的体形轮廓。因此，我们只有根据它在结构整体中所处的不同部

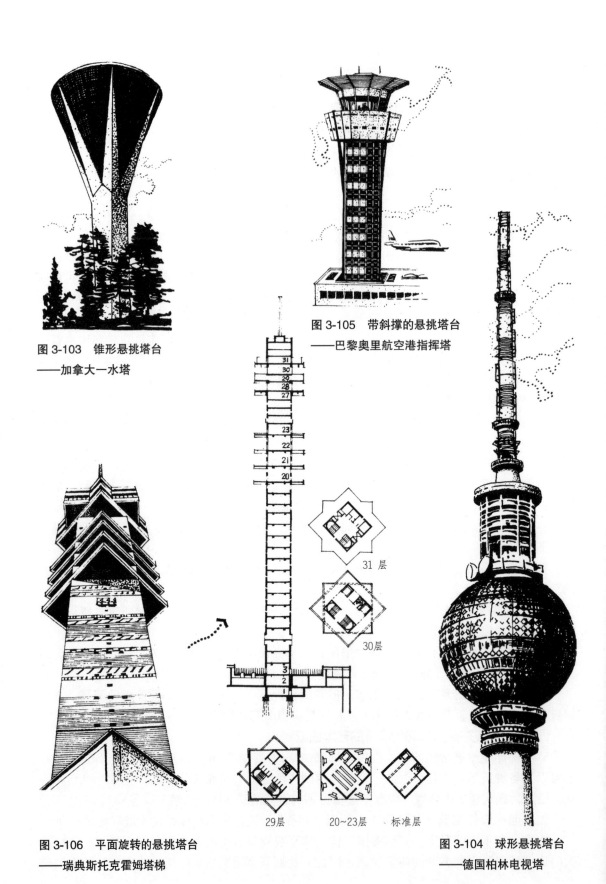

图 3-103　锥形悬挑塔台
——加拿大一水塔

图 3-105　带斜撑的悬挑塔台
——巴黎奥里航空港指挥塔

31 层

30 层

29层　　　20~23层　　标准层

图 3-106　平面旋转的悬挑塔台
——瑞典斯托克霍姆塔梯

图 3-104　球形悬挑塔台
——德国柏林电视塔

162

位，所起的不同作用，进行结构受力简图的具体分析，才能把确定 V 形支撑的合理结构形式与现代建筑的体形塑造很好地结合起来。

从力学原理来看，我们可以把形式繁多的 V 形支撑结构大体上分为两大类，即起刚架作用的 V 形支撑结构和起独立支柱作用的 V 形支撑结构。

1. 起刚架作用的 V 形支撑结构及其造型处理

竖向支撑与具有足够强度的水平构件刚性连接，恰好可以起刚架结构的传力作用。由于刚接处（即刚架的拐点处）弯矩最大，支点处弯矩为零，故这种 V 形支撑的体形由上向下逐渐收束。

在高层或多层建筑中，以刚架形式出现的 V 形支撑，可以起抗侧力结构的作用，同时又可以使底层获得较大的自由空间。德国建筑师柯特·西格尔（Curt Siegel）在其专著《现代建筑的结构与造型》一书中提供了一些引人入胜的工程实例。如果我们有意识地加以串联和比较的话，我们就会看出所谓"鸡腿"结构的演变与发展并非是怪诞之谈。

最著名的"鸡腿"实例要算是勒·柯布西耶设计的马赛公寓了。如图 3-107 所示，建筑物的竖向荷载一部分直接接地，另一部分则是通过纵向大梁传递至底层的 V 形支撑的。由于来自建筑物的荷载很大，很难将刚架的支点处设计成真正的双铰形式，所以 V 形支撑的基部仍采用了较大的断面，但结构的整个体形仍反映了风荷载作用下弯矩分布的情况。为了便于布置竖向设备管道，支腿断面的内侧预留了凹槽。勒·柯布西耶对"鸡腿"结构的想象力在他设计的西柏林公寓中得到了进一步发挥。

西柏林公寓底层刚架的造型是按空间受力的基本原理来考虑的（图 3-108）。这里，V 形支撑与起水平构件作用的楼板刚接，构成了外张支腿与内收支腿相间布置的刚架。从结构受力分析简图可以看出，在竖向荷载所产生的偏心弯矩的作用下，内收支腿的刚架和外张支腿的刚架中分别产生了"相拉"和"相推"的不同趋向；同时，在水平风力作用下，内收支腿与外张支腿的受力状况也恰恰相反。这样，便形成了一个奇特的空间受力的刚架系统，该支撑结构的造形变化，也正是建立在改进其结构受力性能这一基础上的。

除高层或多层建筑外，在其他类型的建筑中，V 形支撑也可以以刚架结构的形式出现。运用得巧不巧，合理不合理，关键在于与 V 形支撑刚接的水平构件如何安排，所构成的刚架是否能起到增强结构刚度和稳定性的作用。例如，图 3-109 是意大利米兰附近的一个加油站，悬挑的薄壳以其自身的横隔板作为有足够强度的水平构件而与 V 形支撑刚接。由于水平构件的断面较高，所以没有必要同时采用两个 V 形支柱来减小水平构件中的应力，而是将其中的一个设计成了上下铰接的垂直支柱。这样，所构成的半刚架（Half Rigid Frame）不仅可以很好地抵抗水平风力，同时，在造型上也显得更加活泼轻巧。该波形屋面之所以能起"薄壳"的空间受力作用，是由于设置了反上布置的横隔板的缘故。将此横隔板作为水平构件与 V 形支撑刚接，从而自然地构成了半刚架，这的确是想得很巧妙的。

2. 起独立支柱作用的 V 形支撑结构及其造型处理

作为独立支柱的 V 形支撑结构，除"V"字形柱以外，在不同情况下，它可以因地制宜地演变成"Y"形柱、"X"形柱、"T"形柱、梭形柱、十字形柱、三叉形柱、树杈形柱等。

这里的技巧就在于，如何结合具体的不同情况，使起独立支柱作用的 V 形支撑，同其他结构部件构成一个和谐的建筑整体，使人看上去不觉得蹩脚或俗气，并力求体现其独创性。瑞士比尔士菲顿水电站主厂房（图 3-110）虽是 20 世纪 50 年代的作品，但它在结构

163

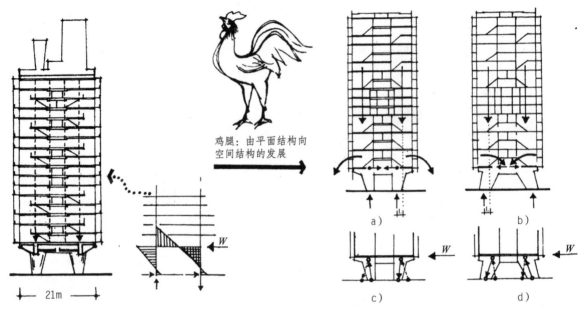

图 3-107　作为平面受力系统的"鸡腿"结构
——勒·柯布西耶设计的法国马赛公寓
底层支座形式统一，造型粗壮的鸡腿其实就是
带有两侧悬臂的刚架支柱

鸡腿：由平面结构向
空间结构的发展

图 3-108　作为空间受力系统的"鸡腿"结构
——勒·柯布西耶设计的西柏林公寓
在垂直荷载及风荷载作用下，内收刚架和外张
刚架受力状况恰恰相反，从而起到了空间刚架
结构的传力作用

图 3-109　V 形支撑与薄壳屋盖的水平刚性构件巧妙结合
——意大利米兰附近的加油站

思维和造型处理方面的匠心，却是经得起时间考验的。与折板对应布置的"Y"形柱，在折板边缘的凹谷处形成了一系列强劲的固定支点。加之这些支撑又与贯通厂房两侧的吊车梁相连，这样便保证了折板屋盖的整体刚度和稳定性。正因为如此，折板屋盖的边缘处理得十分干净利落，既无横隔板，又无加劲构件。可以设想，如果折板檐口采用一般的构造做法，并支撑于垂直支柱上的话，那么整个厂房的造型就会因"老相识"而大为逊色了。巴西新都总统府邸的柱廊（图 3-111），其前后两面 22 根造型特殊的列柱，可以看成是由梭形柱演变而来的。向上、下两端收束的柱子，在下部约为柱高 1/7 处彼此相连，而列柱的下部轮廓则恰似连续布置的三铰拱，在水池的映照下，形成了海市蜃楼的视觉艺术效果。图 3-112 所示电视塔设计，将上端塔台一侧悬挑部分下面的 V 形斜撑，作为梭形柱向上的自然延伸，既体现了结构的连续性与逻辑性，又增添了现代建筑造型的新鲜感。

　　V 形支撑结构向着形式多样化的方向发展，这乃是结构的传力功能和建筑的使用功能要求所致。例如，前面已经提到的，在国外一些多层或高层建筑中，采用十字形柱作为"建筑——结构构件"，并以铰接的方式相连，使其造型具有向接头处明显"收束"的特征。这样不仅大大减少了结构上的超静定次数，而且也便于这种柱子构件的预制和安装。又例如，图 3-113、图 3-114 所示两例，支撑结构的构思则多半与创造合用空间有关。三叉形支柱构件可以构成圆形的"格子外墙"，有利于加强呈环形布置的病房的通风、采光和日照，并最大地缩短了医院日常治疗、护理的服务距离（医疗及护士站设在圆形塔楼的中央）。树杈形柱的最大优点，是可以减少支柱而尽可能地扩大使用空间。布洛伊尔设计的圣约翰大教堂附属图书馆（藏书 20 万册，开架阅览），在 62.2m × 37.8m 的阅览室大空间中，仅仅设置了两根钢筋混凝土树杈形柱，柱子的上部对称地向四方分出八根支杆，每根支杆向上收束，并与屋盖板相连。对于这种结构思维方面的大胆创造，国外评论说："布氏结构的表现委实令人惊讶！"

　　V 形支撑结构的运用，已成为现代建筑艺术造型中非常"时髦"的趋向，这就要求我们要善于去鉴别那些形式主义的东西。像图 3-115 一例就是明显违背结构力学原理的：既然 V 形柱的体形向下变粗，那么它的底部本应当与基础刚接，但设计者却反其道而行之，将沉重的钢筋混凝土 V 形柱完全坐落在纤细的支点上；此外，廊道平顶很薄，也不可能与V 形柱共同起"刚架"作用。图 3-116 ～ 图 3-118 所示诸例，也都是单纯地追求支柱的造型变化而没有多少结构方面的道理。

　　借助于弯矩图形分析，我们可以判断 V 形支撑结构的体形设计是否合理。如图 3-119 所示，V 字形柱的跨间（即上端支点间距）很大，而且下端加宽——由一般的一个支点变成了两个支点。弯矩分布图告诉我们，V 形柱上端两个支点处弯矩为零，其结构断面可以尽量减小，而下端两个支点处弯矩几乎是水平连续梁跨中弯矩的三倍半，其结构断面必须大大加强。显然，从图上看，该 V 字形柱的体形设计并没有反映出它自身的受力特点。

　　总而言之，不论起刚架作用的 V 形支撑结构也好，还是起独立支柱作用的 V 形支撑结构也好，它们不仅在现代建筑工程中起着十分重要的功能作用（包括传力功能和使用功能），而且也赋予了现代建筑的艺术造型以新的特征。只要我们在设计实践中，真正掌握了结构的基本力学原理，并善于做到举一反三、触类旁通，那么我们就能在有效地解决结构传力问题的同时，获得较大的灵活处理建筑艺术造型问题的自由度。过去，我们不做具体的科学分析，把合理的 V 形支撑结构当成所谓奇形怪状的"鸡腿"来批判，甚至扣上"结

图 3-110　起独立支柱作用的 V 形支撑（例一）
——瑞士比尔士菲顿水电站主厂房

柱廊外檐剖面示意

图 3-111　起独立支柱作用的 V 形支撑（例二）
——巴西新都总统府邸的柱廊

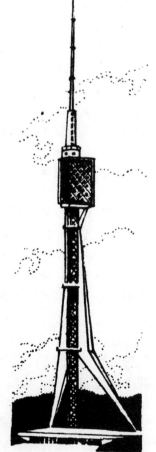

图 3-112　起独立支柱作用的 V 形
支撑（例三）
——苏联阿尔玛·阿德电视塔设计
方案（塔高 350m）

图 3-113　起独立支柱作用的 V 形支撑（例四）
——国外圆塔式新型医疗建筑设计方案

树叉形支柱直接
承托密肋屋面板

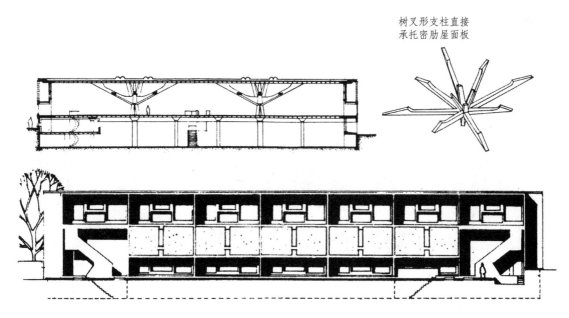

图 3-114　起独立支柱作用的 V 形支撑（例五）
——布洛伊尔设计的圣约翰大教堂附属图书馆

图 3-115　毫无力学意义的支撑结构形式（例一）
——白尼第克庭修道院长廊不合理的V形支撑结构

图 3-116　毫无力学意义的支撑结构形式（例二）
——罗马尼亚萨娜体育馆门廊向中间收束的支撑结构

图 3-117　毫无力学意义的支撑结构形式（例三）
——巴西一所学校沿圆形平面布置的三角形支撑结构

168

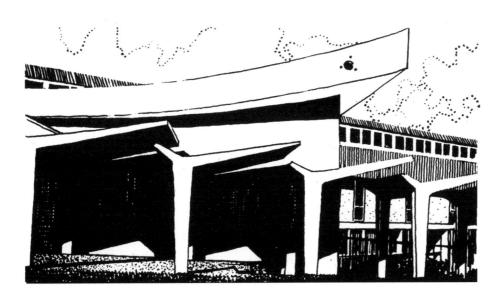

图 3-118 毫无力学意义的支撑结构形式（例四）

——科洛姆贝斯青年之家廊道：每一个雨篷构件为保持稳定

必须加大基础，而柱子向下收束的体形是与此矛盾的

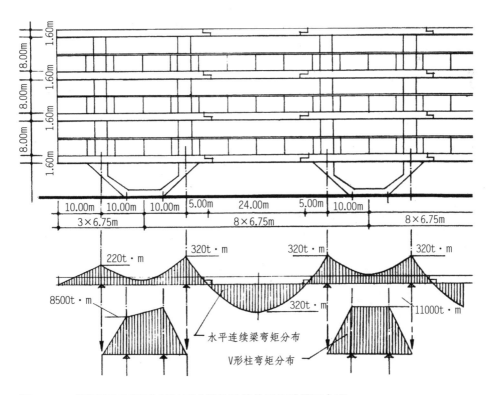

图 3-119 运用弯矩图形分析 V 形支撑结构的体形设计是否合理

构主义"（这个词的由来及其真正含义也都有待澄清）这顶帽子来吓唬人，这些都是十分幼稚的。当然，也必须指出，违背结构的基本原理和力学规律去随意生造所谓的"摩登支柱"，这也只是徒有形式（很可能还是十分蹩脚的形式）而已！

（六）高技术结构与现代建筑的艺术造型

被称之为高技派（High Tech）风格的建筑作品，除了大量采用新型设备和新型建材之外，还往往在结构系统及其部件形式的设计与运用方面别出心裁，给人以直露的有意模糊建筑艺术与建筑技术之间区别的鲜明印象。就高技派而言，高技术结构的运用，使得这一类建筑作品的艺术表现，往往具有以下这样一些基本特征：

1）使建筑形象具有过目难忘的标识性或标志性。N. 福斯特（Norman Foster）设计的香港汇丰银行大厦（1985 年建成），从外到里都坦露出纵横交错的钢骨架结构系统，由于结构方式和结构处理的特殊性，这就使得它已成为全球最具个性化建筑特征的银行之一（图 3-120）。

2）使主体承重结构与暴露在外的设备、管道等浑然一体，并分别施以艳丽的色彩，使这些色彩在区别不同使用性质的同时，又起到了强化视觉艺术效果的作用。R. 罗杰斯（Richard Rogers）设计的巴黎蓬皮杜文化中心便是典型的一例（图 3-121），在这里，"文化工厂"的语义表达已不言而喻。

3）摒弃附加的任何建筑装饰，而在结构构件的组合形式与结构部件的节点处理上，尽情发挥设计上的想象力与创造力。我们只要稍稍浏览一下 C. 戴维斯（Colin Davies）写的《高技建筑》（High Tech Architecture）一书中的丰富图例，便可对其设计宗旨与设计手法领略一二了（参见图 6-22）。

应当指出，高技术结构的运用并不只限于高技派风格范围，而当高技术结构的运用与高技派风格联系在一起时，如果无视建筑作品所处的具体环境，无视城市设计所应遵循的美学指导思想，那么一般来说，都会产生为大多数人不愿看到的负面影响。R·罗杰斯在伦敦金融区设计的劳埃德保险公司大厦（1978 年设计，1986 年建成），就因与周围历史上保存下来的建筑太不和谐而受到许多人批评（图 3-122）。此外，为形式而形式地去用高技术结构，反而会明显地增加建筑造价，违背经济有效的设计原则。

在概略而比较系统地研讨了结构思维与视觉空间的创造这一课题之后，我们可以引申出以下几点基本见解：

1）尽管在国外和国内建筑学界，人们谈论结构技术与建筑艺术之间的关系由来已久，但一般多着眼于它们之间的直观联系，因而往往局限在结构系统及其形式对建筑造型的影响这个范围内。无论从理论，还是从实践来说，这都是很不够的，并将直接束缚建筑设计才能和艺术技巧的充分发挥。

2）现代建筑技术与艺术的发展，要求我们不仅要具有微观的和具象的思维能力，而且还必须善于从宏观的和抽象的角度去思考问题。因此，在现代建筑的结构思维中，只有从如何围合空间、支配空间和修饰空间这三个基本方面，去潜心挖掘结构与视觉空间之间的那些直观的与非直观的全部内在联系时，我们才能抓住要领、广开思路，使建筑创作的技术水平与艺术水平达到一个新的高度。

3）结构有其科学美的内容和形式，视觉空间则具有艺术美的内容和形式。在结构思维和视觉空间的创造中，使结构科学美的内容尽可能具有视觉空间艺术美的形式，同时又使

图 3-120　高技派结构技术的运用与建筑表现（例一）　图 3-121　高技派结构技术的运用与建筑表现（例二）

——N. 福斯特设计的香港汇丰银行大厦（1985 年建成）　——R. 罗杰斯设计的巴黎蓬皮杜文化中心（1977 年建成）

图 3-122　高技派结构技术的运用与建筑表现（例三）

——R. 罗杰斯设计的伦敦劳埃德保险公司大厦（1986 年建成）

视觉空间艺术美的形式尽可能具有结构科学美的内容，这是达到结构技术与建筑艺术相互统一的基本途径。

4）结构技术的发展，必然带来视觉空间形象的"演变"。这种演变就是革新，这是绝对的；而不变即继承，则是相对的。因此，在运用结构来创造视觉空间时，既要讲章法，又不唯其章法，贵在合宜得体。这一诀窍的重点还是在"不唯章法"上，现代建筑中那些富有创新精神而启发人们向前看的成功之作，无不循此而达！

5）从总体来看，现代结构技术的发展，在为有效地解决建筑功能与建筑经济问题奠定了坚实基础的同时，也为现代建筑视觉空间的创造，提供了更大的灵活性和自由度。那种认为强调结构技术就必然导致建筑艺术千篇一律、冷酷无情的观点，实是一种偏见。任何时候我们都不应该忘记，科学美与艺术美的统一，这乃是当今和未来主流派的建筑精神所在。在我们的建筑设计实践中，随着才干和经验的增长，必将越来越深刻地体会到，只有有效地掌握了结构技术，才能对建筑艺术有一番真功夫的创造，而也只有本质地认识了建筑艺术，才能对结构技术有一手高超的运用！

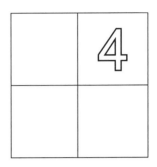

4

建筑结构思维与经济价值的创造

要点提示：

　　影响结构技术经济指标的因素是多方面的，因而结构方案的经济性是相对于一定的具体条件而言的。在确定和完善结构方案的过程中，建筑师和结构工程师都应当十分关注以下各个设计环节：在建筑平面布局中，很好地推敲结构线网的合理布置；在建筑剖面设计中，妥善地考虑结构传力的全过程；在组织结构的传力系统时，注意结构部件的灵活组合，并在受力特点不同的结构部位采用不同的建筑材料；在确定结构部件的形式时，要掌握结构的经济尺寸范围及其合理的几何形状。此外，还应当深入去考虑结构方案在施工中可能遇到的麻烦问题。

4 建筑结构思维与经济价值的创造

结构就是建筑物中尚未修饰的物质材料，而建筑师则正是建筑物的营造家。不懂得结构的内在含意，盲目地去运用结构，这是浅薄无知的，必然会导致毫无道理可言的形式主义，从而造成本来是可以避免的那些浪费。

——H.W. 罗森迟尔：《结构的确定》

无论是工业建筑、居住建筑，还是其他的民用及公共建筑，都需要耗费巨大的人力、物力和财力。这样，便产生了建筑和经济的多种联系。正确地认识和处理建筑和经济之间的联系，就能有效地把建筑生产的资源应用到全社会的利益上去。包含着结构思维的任何建筑方案，在充分满足了力学、功能与美学方面的要求之后，还仅仅是一个"理想中的计划"，能否得以实现，还要受到经济条件的"裁决"。再好的构思，再好的方案，若不能为经济条件所接纳，那也只能是纸上谈兵，付之东流。

在通常情况下，一般建筑用于结构工程的费用，要占全部造价的 40% 乃至 50% 以上，居各项专业工程费用（建筑、暖通、给水排水、电气等）的首位。据统计，在我国的大量性民用建筑中，结构工程占建筑造价的 55% ~ 65%。可见，结构技术经济指标是分析与评价建筑设计与创作的一个重要依据。

影响结构技术经济指标的因素是多方面的，如技术手段、计算理论、结构造型及其受力状况等，都会对材料消耗、结构断面或结构自重产生影响（图 4-1 ~ 图 4-3）。对结构运用的评价也不可能脱离一定的具体条件，实际上并没有一种在任何条件下都绝对经济有效的结构。某一种结构形式在这些条件下是可取的，但在另一些条件下就可能不怎么合理，甚至就完全失去经济有效的意义了。

结构工程的经济效果如何，在很大程度上要取决于结构工程师的理论水平与设计水平。然而，也必须看到，从开始进行结构构思时起，到确定和完善结构方案的整个建筑设计过程，建筑师都可以而且也应当充分发挥自己的主观能动性和创造性。这主要表现在以下几个方面：

在建筑平面布局中，应当很好地推敲结构线网的合理布置。

在建筑剖面设计中，应当妥善地考虑结构传力的全过程。

在组织结构的传力系统时，应当注意结构部件的灵活组合，并在受力特点不同的结构部位，采用不同的建筑材料。

在确定所采用的结构部件形式时，要掌握结构的经济尺寸范围及其合理的几何形状；

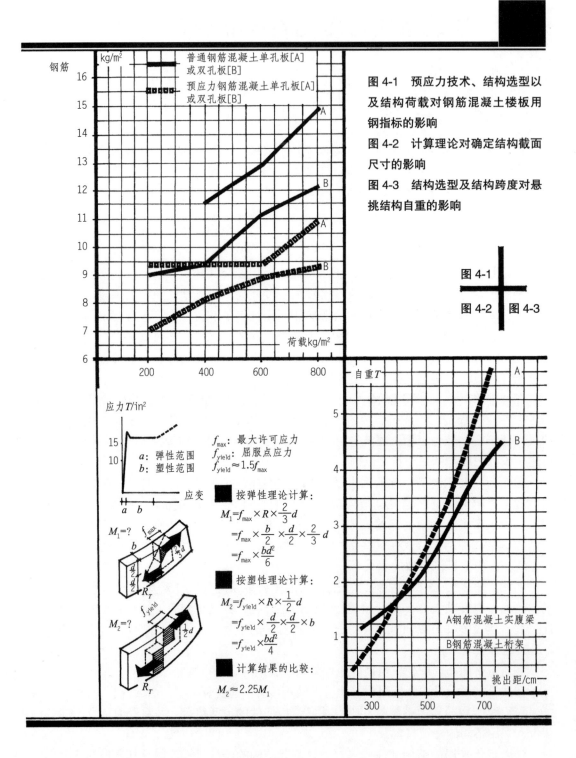

钢筋 | kg/m²

普通钢筋混凝土单孔板[A]
或双孔板[B]

预应力钢筋混凝土单孔板[A]
或双孔板[B]

荷载kg/m²

图 4-1　预应力技术、结构选型以
及结构荷载对钢筋混凝土楼板用
钢指标的影响

图 4-2　计算理论对确定结构截面
尺寸的影响

图 4-3　结构选型及结构跨度对悬
挑结构自重的影响

图 4-1

图 4-2　图 4-3

应力 T/in^2

f_{max}：最大许可应力
f_{yield}：屈服点应力
$f_{yield} \approx 1.5 f_{max}$

a：弹性范围
b：塑性范围

应变

a　b

$M_1 = ?$

■ 按弹性理论计算：

$$M_1 = f_{max} \times R \times \frac{2}{3} d$$
$$= f_{max} \times \frac{b}{2} \times \frac{d}{2} \times \frac{2}{3} d$$
$$= f_{max} \times \frac{bd^2}{6}$$

$M_2 = ?$

■ 按塑性理论计算：

$$M_2 = f_{yield} \times R \times \frac{1}{2} d$$
$$= f_{yield} \times \frac{d}{2} \times \frac{d}{2} \times b$$
$$= f_{yield} \times \frac{bd^2}{4}$$

■ 计算结果的比较：

$$M_2 \approx 2.25 M_1$$

自重T

挑出距/cm

A钢筋混凝土实腹梁

B钢筋混凝土桁架

当结构构思展现出一定的优越性时，更应当深入去考虑该结构方案在施工中可能遇到的麻烦问题，并寻求具体实施的最好办法。

一、结构线网的布置与建筑平面布局

任何建筑物的结构传力路线，都可以相应地反映在建筑平面纵横交错的"承重"轴线上，这就是"结构线网"。要经济有效地组织结构的传力路线，就必须合理地布置结构线网，这样才能提高结构的工作效能，充分发挥和利用材料的力学特性与承载能力。因此，建筑平面布局不仅要满足建筑功能要求，而且还应当反映出结构线网的合理布置。

在很大程度上，结构线网的布置反映了建筑物各部分结构构件在三度空间中相互联结的构成关系。所以，一位训练有素的建筑师，总是会本能地将图纸上的结构线网，同时同空间概念和经济概念紧密地结合在一起来进行思考。

结构线网的布置与经济因素有着多种多样的联系，如材料力学性能发挥的情况，结构构件标准化、定型化的程度，结构施工所需工期的长短等，都与结构线网布置的格局与尺寸直接相关。对这些方面是否有所用心，都将明显地影响到结构工程的经济效果。仅以农村单层住宅为例，各种不同的柱网布局及其尺寸，就会直接影响到钢筋混凝土构架的材料消耗和单方造价，图 4-4 是作者根据有关单位研究成果而绘制的图表，从中我们便不难找出一些设计规律来。

在建筑设计中，我们大量遇到的是，在砖石——钢筋混凝土混合结构和钢筋混凝土框架结构中，如何确定水平承重结构的跨度问题，也即在建筑平面布局中，要不要加柱子和如何加柱子的问题。

不少人由于形成了"跨度越小越经济"的错误概念，因此，每当水平承重结构——梁板的跨度有所增大时，便想到要加柱子。其实，这并不完全符合结构传力中的客观规律。应当说，在一定的荷载作用下，在一定的跨度范围内，不加柱子反而会更加经济一些，以下国内两个工程实例便很好地说明了这一点。

工程实例之一是某热交换室（图 4-5）。设计者为了减小梁的跨度，在热交换室的中间加了两根 25cm×25cm 的钢筋混凝土柱子。这样，不仅不经济，而且也有碍于房间的使用。在改进方案中，取消了柱子，只布置了三根 9m 跨的大梁，与原方案相比，节约钢筋24.2%，节约混凝土 10.2%，节约造价 16.1%。

工程实例之二是某剧场楼座挑台（图 4-6）。设计者为了减小主梁跨度而布置了一对八字梁。实际上，这样并没有收到应有的经济效果。在改进方案中，取消了八字梁，使得结构受力明确，传力简捷，结果反而节约钢筋 27.5%，节约混凝土 21.0%，只是挑台结构的挠度稍有一点增大而已（但并不影响楼座下部的视线设计）。

由此可见，简洁地布置结构线网，由于能充分发挥和利用材料的受力特性和承载能力，因而往往可以取得较好的技术经济指标。一般来说，在荷载不大的单层或多层民用建筑中，钢筋混凝土梁的经济跨度可以达到 8m。个别情况下，结合建筑平面的合理布局，也可以考虑扩大到 10m 左右。图 4-7 所示北京首都剧场舞台和图 4-8 所示北京农展馆某休息厅，原来设计中所布置的柱子就是因为结构上不够合理，同时又破坏了使用空间的完整性，经过再三研究之后，在施工建造的过程中取消的。

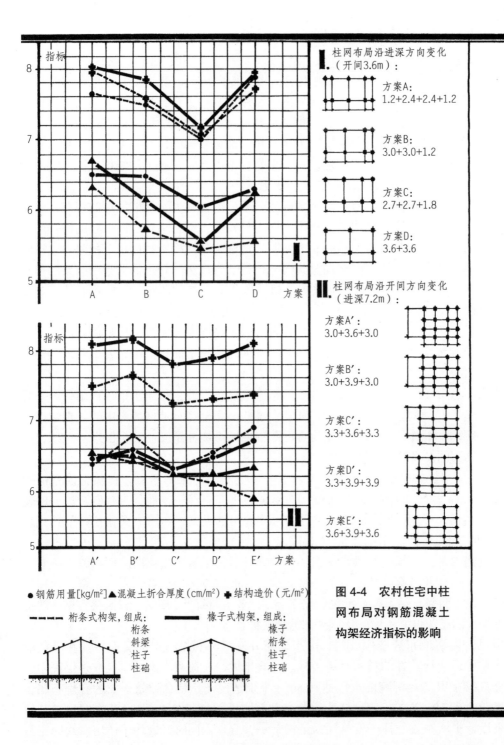

● 钢筋用量[kg/m²]　▲混凝土折合厚度(cm/m²)　✚ 结构造价(元/m²)

----- 桁条式构架,组成:
桁条
斜梁
柱子
柱础

—— 椽子式构架,组成:
椽子
桁条
柱子
柱础

I. 柱网布局沿进深方向变化
（开间3.6m）：

方案A:
1.2+2.4+2.4+1.2

方案B:
3.0+3.0+1.2

方案C:
2.7+2.7+1.8

方案D:
3.6+3.6

II. 柱网布局沿开间方向变化
（进深7.2m）：

方案A′:
3.0+3.6+3.0

方案B′:
3.0+3.9+3.0

方案C′:
3.3+3.6+3.3

方案D′:
3.3+3.9+3.9

方案E′:
3.6+3.9+3.6

图 4-4　农村住宅中柱
网布局对钢筋混凝土
构架经济指标的影响

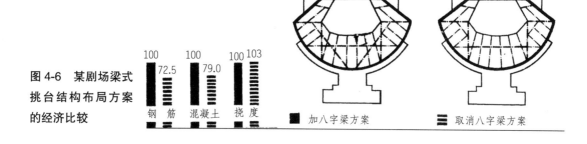

图 4-5 某热交换
室梁柱结构布局
方案的经济比较

造价 钢筋 混凝土

■ 加支柱方案　☰ 取消支柱方案

图 4-6 某剧场梁式
挑台结构布局方案
的经济比较

钢筋 混凝土 挠度

■ 加八字梁方案　☰ 取消八字梁方案

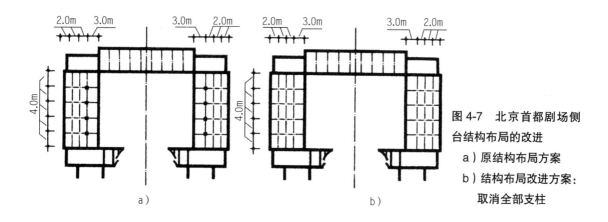

a) b)

图 4-7 北京首都剧场侧
台结构布局的改进

a) 原结构布局方案

b) 结构布局改进方案：
取消全部支柱

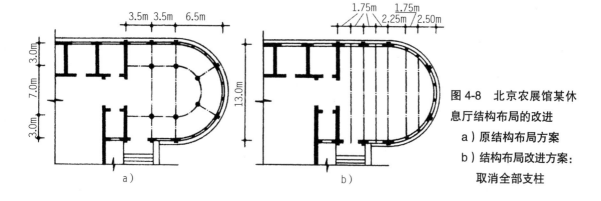

a) b)

图 4-8 北京农展馆某休
息厅结构布局的改进

a) 原结构布局方案

b) 结构布局改进方案：
取消全部支柱

从力学观点来看，在民用和公共建筑的平面布局中，应当尽量使柱网按开间等跨和进深等距（或近于等距）来布置，因为这样可以相应减小边跨柱距，可以充分利用连续梁的受力特点以减小结构中的弯矩，可以使各跨梁截面趋于一致而提高结构的整体刚度等（图4-9）。这样，柱网布置就必须和建筑物使用空间的划分与组合巧妙地结合起来。例如，图4-10a是北京民族饭店高层装配式框架结构的柱网布置形式，虽然在开间方向的尺寸是相同的，但在进深方向，两边跨的尺寸却比中间跨大两倍多。原设计之所以这样布置，主要是考虑到加大中间跨后，会使走道板下的水平通风道结构层加厚而影响走道的净空。对该结构工程的分析和总结说明，如果采用进深方向近于等距的柱网布置形式（图4-10b），则要经济合理得多。在改进方案中，可以减小两边跨梁的断面面积；其基础（地基梁）用料也可相应节约；各跨梁断面的尺寸趋于一致，结构的整体刚度大大提高；梁构件的长短相近，重量均匀，便于施工吊装；此外，加大中间跨后，也有利于一层大厅的平面布置。从标准层平面来看，中间两排柱子向两边跨推移后，又恰好可以将柱子组织在辅助的使用空间（卫生间或储藏间）之中。至于原来设计中所顾虑的通风道问题，则完全可以另行研究解决。

在许多情况下，柱网在建筑物进深的方向上，可以布置为柱距相等的两跨。这样，不仅结构上简洁、合理，而且建筑平面布局也有较大的灵活性（参见图3-26～图3-28）。

如果使柱网在开间方向与进深方向的尺寸取得统一，那么，在结构技术经济效果方面就会显示出更大的优越性。国外普遍认为，现代工业企业的通用性厂房以采用方形柱网最理想，除了可以减少柱子和构件尺寸类型，便于工业化施工以外，还能为生产线和起重机设备沿两个互相垂直的方向布置创造有利条件。国外在民用和公共建筑中，也有采用方形柱网的趋向（图4-11、图4-12），并取得了较好的经济效果。

应当指出，厅室中柱子过密或柱间尺寸变化太多，甚至出现假梁假柱的现象，如图4-13、图4-14所示诸例，这多半都是受传统建筑构图概念的束缚所至。其结果必然会造成许多工料的浪费而与现代结构技术的发展格格不入。

现代建筑中的合用空间与视觉空间的创造是灵活多变的，而结构线网又应趋于规矩、简洁方能取得良好的技术经济效果。这的确是一个十分突出的矛盾。解决这个矛盾也要因时因地制宜。在某些情况下，从综合权衡来考虑，采用比较复杂的结构线网来满足空间创造的要求，这也是无可非议的。然而，一般来说，力图寻求以最少的结构构件类型去适应空间创造的需要，也即以"重复"求"变化"，这乃是现代建筑结构思维的一个基本原则。体现这一指导思想的、具有最明显趋向的思路，就是结构构成方式的"体系化"与"单元化"。

20世纪60年代以后，在国外建筑工业化的实践过程中，逐渐形成了"建筑体系"的新概念：建筑物的构配件生产和该建筑物的施工方法是作为一个完整的系统来考虑的，并且具有组织内部空间和变化造型处理的灵活性。其中，有的体系已将结构构件简化到再也不能简化的程度。例如，在美、英等国采用了双T板或单T板体系来建造厂房、银行、学校等不同类型的建筑物。由于结构线网的方整、简洁，使得这些建筑物的墙面、楼板以及屋盖，都能采用双T板或单T板来进行组合。

"单元化"结构构成方式的特点，是将结构单元的构件标准化、定型化，然后再重复地加以运用，以适应建筑平面布局与空间变化的需要（图4-15、图4-16）。这种结构单元，既可以并联重复，也可以间隔重复。

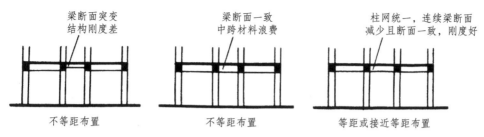

图 4-9　高层建筑柱网布置对水平承重结构的影响（图示底层横剖面）

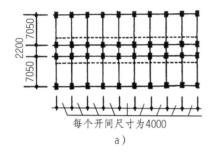

每个开间尺寸为4000

a）

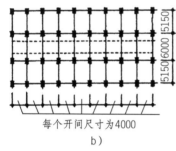

每个开间尺寸为4000

b）

图 4-10　北京民族饭店高层装配式
框架结构柱网布局

　a）采用方案

　b）改进方案

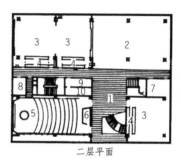

二层平面

图 4-11　日本东京日产汽车技工学
校采用的方形柱网布局（共 3 层）

1—大厅	2—陈列室
3—教室	4—前室
5—阶梯教室	6—放映室
7—教员室	8—厕所
9—仓库	10—机械室

技术经济指标比校（工作面积接近，层高均为3.6m）

指标	对比标准	6m×6m 柱网建筑方案
建筑面积 /m²	1600	1310
工作面保升 /m²	7900	7850
房屋体积 /m³	37910	32950
房屋体积 / 工作面积	4.8	4.2

注：对比标准——柱网在开间方向为 6m，在进深方向为 7m+3m+7m

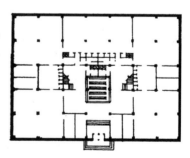

图 4-12　苏联编制的 6m×6m 方
形柱网设计院大楼平面及其技术
经济指标的比较

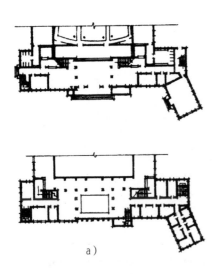

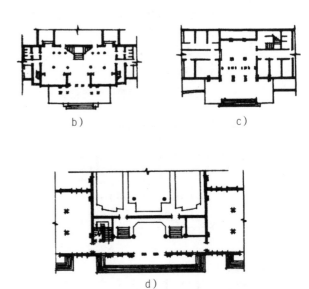

图 4-13　公共建筑门厅柱子布置过多过密举例

　a）合肥市安徽人民剧场

　b）哈尔滨市友谊宫剧场

　c）杭州市一机部工会疗养院

　d）长春市第一拖拉机厂俱乐部

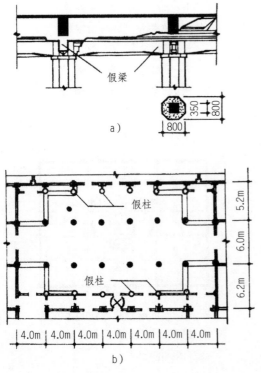

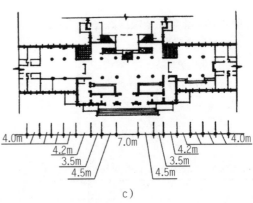

图 4-14　现代结构技术的运用受传统建筑构图概念束缚的公共建筑实例

　a）北京首都剧场休息厅的假梁装饰

　b）北京前门饭店门厅的假柱装饰

　c）北京新侨饭店门厅柱网开间尺寸变化太多

方形结构单元剖面

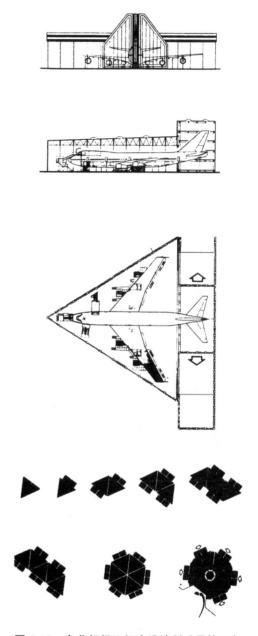

图 4-15 耶路撒冷国立艺术博物馆利用方形结构单元进行组合，可以适应地形变化和分期建设的要求，大大简化了设计，便利了施工，经济效益可想而知（该方形结构单元是自由穿插重复使用的）

图 4-16 台北机场飞机库设计所采用的三角形结构单元，具有体积紧凑、空间组合极其灵活的优越性，此外，也有利于结构构件定型化和系列化生产

二、结构传力的全过程与建筑剖面设计

建筑物的自重及其各种荷载都是由上部向下部，由顶部向基础来传递的。因此，建筑剖面设计既要很好地考虑建筑物使用空间的大小、形状及其相互关系，同时还必须从建筑物的整体来分析结构传力的全过程，避免在结构的某一部位，或者各结构部位相互交接的地方，出现传力"迂回受阻"的不利情况。

在多层或高层建筑的剖面设计中，要注意不要由于大厅室空间的布置不当，或顶层建筑体形的处理欠妥而使竖向承重结构上下错位，否则便会导致结构传力系统的复杂化，例如要出现承受很大集中荷载和很大弯矩的"托柱梁"（如图1-6分析所示）等。

在大空间建筑（其中也包括大跨度建筑）的剖面设计中，除了应确定合理的屋盖结构形式外，很重要的一点就是，还要特别注意新型屋盖结构与其支撑结构之间的连接关系。

因屋盖结构笨重而造成的"肥梁、胖柱、深基础"的情况是大家所熟悉的。然而，还应当看到，即使屋盖结构部分是轻巧而经济的，但如果忽视了与支撑结构部分相互交接的关系，使得屋盖结构部分传来的内力在此迂回受阻，那么也同样会大大降低整个结构工程的技术经济效果。

这里不妨分析一下这样一个典型的工程实例。北京218厂采用了56个12m×15m的双曲扁壳。扁壳按7m×8m联方排列。为了解决厂房的通风、采光和排水问题，在每个薄壳之间采用了3m宽的井字形天沟板，并在薄壳的四边边梁上开设天窗（图4-17）。由于四个相邻薄壳的支点彼此相距各3m，而在建筑物的使用要求上又不允许出现4根独立的柱子，因此，只得加大柱子断面，采用一根带有3.5m×3.5m柱帽头的支柱，来同时支撑四个相邻薄壳的四个支点。这样，不仅屋盖的荷载要通过很大的柱帽头才能传递到支柱上，而且这种柱子在薄壳屋盖的施工过程中，还将承受很大的偏心压力（即弯矩）。这些因素对该结构工程的技术经济效果带来了极为不利的影响。从图4-17经济分析的结果可以看出，尽管双曲扁壳本身因具有合理的结构形式，且较之预应力钢筋混凝土拱形屋架及大型屋面板系统，可节约钢材26%，降低造价11%，但是就薄壳的支撑结构——柱子而言，却由于传力曲折、受力复杂而使其用钢量增加了三倍、造价增加了一倍（同样与上述对比标准中的柱子经济指标相比）。这样一来，薄壳屋盖部分所节约的钢筋、降低的造价不但全部为柱子部分相应指标的增加值所抵消，而且整个结构工程与对比标准比较起来，用钢量反而增加了21%，造价也增加了7%。

该工程支撑结构形式不合理，这与厂房的剖面设计有直接关系。可以设想，如果不采用井字形天沟板来划分屋盖，而是改为按一字形来布置天沟板（即在厂房另一个方向上的剖面设计中，使双曲扁壳彼此相连），这样既可以解决通风、采光和排水问题，又可以大大简化薄壳屋盖的支撑结构设计。国外虽然也有使双曲扁壳按井字形天沟呈联方排列的实例，但是其支柱是设计成刚架式独立支撑的形式（图4-18）。由于这些支柱与保证壳体刚度的拱形构件连成一体，因而传力直接，并且便于壳体按单个顺序施工，不会出现"站立不稳、失去平衡"所带来的附加弯矩问题。

在国外现代建筑中，也有不少对结构传力途径考虑不当的工程实例，如在第二部分谈到的德国柏林议会厅便是很典型的一个（参见图2-66）。设计者为了追求屋盖周边呈自由悬挑的造型效果，故意采用了一对仅有两个共同支点的巨型斜券，来作为悬索屋盖的支撑结

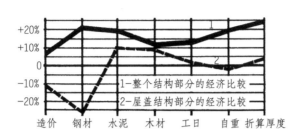

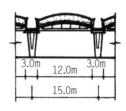

对比标准：18m预应力钢筋
混凝土拱架、12m托架梁、
大型屋面板，柱网12m×
18m，采用天窗

图 4-17　北京 218 厂双曲扁壳屋盖经济效果分析

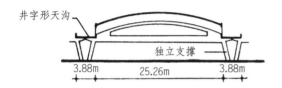

图 4-18　英国威尔士橡胶厂双曲扁壳屋盖
联方排列的支撑结构形式（该结构形式比
北京 218 厂屋盖的支撑结构合理）

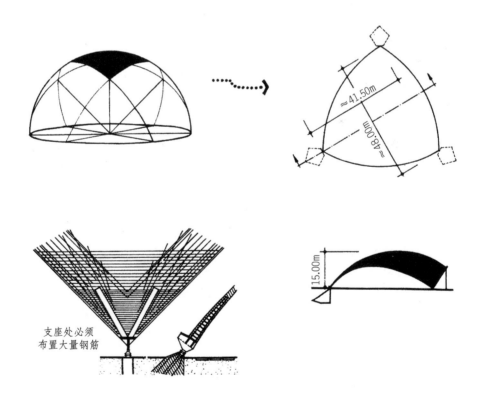

图 4-19　美国麻省理工学院礼堂 1/8 球面
壳仅设三个支点，支座处应力集中，受力
复杂，支撑结构形式极不合理

185

构。由于屋盖极易倾覆，设计者只好采取一个很笨拙的办法：在厅堂周边的外墙位置上加设了一道十分复杂而又笨重的钢筋混凝土圈梁，使之与巨型斜券的起点处刚接。显然，由屋盖斜券传来的内力，必然会在此交接处迂回受阻，对结构受力十分不利。该圈梁呈空间曲线变化，厚度为0.4m，宽度自上而下逐渐增加，最高点处宽度为2.5m，最低点处宽度竟达6m。又由于圈梁的变形会使支撑屋盖的斜券在其平面内产生一个约为圈梁变形四倍大小的位移，所以还必须对此圈梁加筋加固。该结构工程不仅浪费了大量的材料，同时也给施工带来了很大的麻烦。美国麻省理工学院礼堂采用的1/8球面壳（图4-19），其支撑结构是否合理，也有人提出疑问。由于整个壳体的重量及其承受的外部荷载，都集中在三个截面极小的支座上，结构中"力流"的通路又少又窄，因而使得支座附近的壳面处于复杂的受力状态，造成支座处钢筋大量集中，结构的厚度也随之加大。

从以上国内外建筑实例分析中，我们可以得到的启发是：结构工程是否能取得比较好的技术经济效果，不能孤立地去看某一部分的结构形式如何，而应当从建筑物的整体来分析结构传力的全过程，其中，要特别注意使上部结构与下部结构相互交接处传力通达而不受阻，路线简捷而不迂回。这一点，对于我们在结构思维中处理好大跨新型屋盖结构与其支撑结构之间的关系，是格外重要的。

三、结构传力系统的组织与不同结构部位的用材

各种结构系统、结构形式乃至结构部件，在荷载作用下，其内力的传递都是通过一定的建筑材料实现的。因此，在组织结构的传力系统时，只有因地制宜，做到广用其材、材尽其用，才能取得更好的技术经济效果。

建筑师必须熟悉用于结构工程的各种建筑材料。随着建筑生产和科学技术的发展，可用于结构工程的建筑材料越来越多。然而，从表4-1分析中可以看出：当前以及今后相当长的一个时期内，用途最多最广的还是钢筋混凝土和钢材。

每一种材料都有它各自的长处和短处，因此，在结构工程中，要根据不同材料的物理特性和力学性能而加以合理利用，使之能相互取长补短，以达到经济有效的目的。所以说，注意灵活地、因势利导地组织结构传力系统，并在受力特点不同的部位，采用不同的结构形式和不同的承重材料，这也是现代建筑结构思维中，涉及经济价值创造的一条基本思路。

常见的材料结构组合方式有以下几种。

（一）受压构件与受拉构件的材料结构组合

着眼点是充分利用混凝土的受压性能和钢材的受拉性能。在空间结构系统中，人们已探索使薄壳与悬索进行组合（也称悬挂式薄壳）。图2-17所示德国法兰克福飞机库，便是一个著名的典型实例。我国在20世纪60年代初建成的某拖拉机配件厂齿轮车间装配式伞形悬挂屋盖，也是一次大胆的尝试。如图4-20所示，该结构组合的特点是，利用伞形结构边缘的板肋来支撑天窗框及中间板，并利用板肋直接作为伞的压杆。通过悬索和壳板的组合，实现了结构思维的一个基本意图：屋盖荷重可以通过悬索直接受拉，和壳板边肋受压（无弯矩作用）而传递给垂直立柱。这里，壳板根据其受力特点采用了钢丝网水泥，板厚仅1.5cm，沿边肋局部加厚至2.5cm。壳面铺设了两层钢丝网，网间另夹一层$\phi3@200$双向细钢筋网。与12m×12m方形柱网相呼应，每四块壳板组成一伞，并用12根钢索拉结在中心

柱的柱头上。整个屋盖结构系统组合轻巧，受力明确，技术经济指标很好。

表 4-1　现代建筑中各种承重材料的运用情况（包括自承重结构材料）

建筑材料 ＼ 结构部位	基础部分					垂直及水平承重结构部分										屋盖结构部分									
结构形成	条形基础	独立基础	浮筏基础	桩基础	薄壳基础	承重墙	柱子	梁	桁架	拱券	刚架	框架	盒子	筒体体系	悬挂体系	梁板	桁架屋面板	拱顶	折板	薄壳	网架	悬索	帐篷结构	充气结构	混成结构
木材						⊖	●	●	●		⊕									⊕	⊕				
胶合木																				⊕					
砖石	●	●				●	●			●										●	⊕				
钢筋混凝土	●	●	●	●	●	⊕	●	●	●	●	●	●	⊕	●	●	●	●	●	●	●	●	⊕	●		⊕
预应力混凝土								●	●	●	⊕	⊖	○			○	●	●	●	⊖	●	⊕		⊕		○
钢丝网水泥																				⊕	⊕				
钢材							●	●	●		●	●		●	●						●	●	●		⊕
高强钢缆															●							●	●		⊕
不锈钢薄片																			○	○					
铝合金													●									●			
塑料薄膜																								●	
涂层织物①																								●	
金属薄片②																							○		
硬质塑料③													○	○											
人造纤维															○									○	

●——已广泛采用。

⊖——个别采用。

⊕——一般采用。

○——尚在探索。

①塑料薄膜包括聚氯乙烯、聚乙烯、聚丙烯、聚氟乙烯或合成橡胶等。

②涂层织物有涂聚氯乙烯、聚酯、聚胺酯的玻璃纤维或合成纤维织物。

③金属薄片可由铝、铬、镍钢等制成。

（二）受压构件与受弯构件的材料结构组合

这一类材料结构组合方式是多种多样的。在平面结构系统中，受压构件和受弯构件的组合，同样可以较好地解决大空间建筑中的结构传力问题。例如，国内某体育比赛馆工程

图 4-20 受压构件与受拉构件的材料—结构组合举例
——国内某拖拉机厂齿轮车间装配式伞形悬挂屋盖

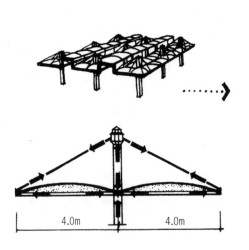

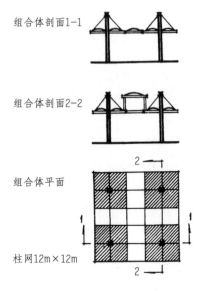

组合体剖面1-1

组合体剖面2-2

组合体平面

柱网12m×12m

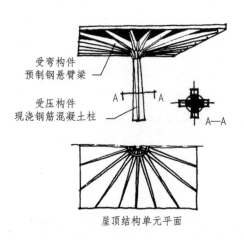

受弯构件
预制钢悬臂梁

受压构件
现浇钢筋混凝土柱

A—A

屋顶结构单元平面

图 4-21 受压构件与受弯构件的材料—结构组合举例
——意大利都灵劳动宫结构单元（参见图 3-63、图 5-15）

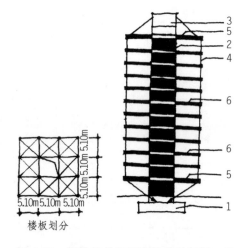

5.10m 5.10m 5.10m

5.10m 5.10m 5.10m

楼板划分

图 4-22 受拉构件与受弯构件的材料—结构组合（例一）
——波兰伏罗兹拉夫市实验性住宅塔式悬挂结构
1—基础
2—中央竖井
3—顶端
4—拉索（受拉构件）
5—厚楼板（受弯构件）
6—薄楼板（受弯构件）

188

设计，观众看台部分采用了钢筋混凝土悬臂梁结构，而在此悬臂梁上，再放置轻钢屋架拱组。这样，承重材料的利用恰到好处，体现了"上轻下重"的原则，不仅跨中没有过大的弯矩产生（屋架呈拱形，而且钢制拱架也很轻），同时，两侧悬臂梁结构又争取到了看台部分的使用空间，屋架跨度也因此而由47m减小到37m（两侧悬臂梁各挑出5m）。这样，就为该结构工程取得良好的技术经济指标创造了有利的条件。

奈维在都灵劳动宫的设计中，特别注意到了钢制构件便于成型加工而不需模板的特点。他用20根放射形悬臂梁，与巨型柱组成伞状结构，以此来支撑方形单元的屋面板（图4-21）。巨型柱是钢筋混凝土（现场浇筑）的，放射形悬臂梁则采用了薄壁钢预制装配的做法。这样的组合，既真实地反映了结构构成的力学原理，又巧妙地避免了柱顶部分复杂的模板工程。

（三）受拉构件与受弯构件的材料结构组合

在现代民用与工业建筑中，一种引人注目的悬挂结构体系，是受拉的钢索与主要承受弯矩作用的钢筋混凝土水平构件的组合（这与前面谈到的悬挂式薄壳结构体系不同）。国外建筑实践的经验表明，这种材料结构组合可以节约钢材，减少基础工程量，并能扩大有效使用面积。此外，对抗震也十分有利。由于可以用钢索代替房屋整个周边受压外墙来传递荷载，因此结构自重大大降低。例如，波兰伏罗兹拉夫市的实验性悬挂塔式住宅（图4-22），其结构自重按建筑物体积计只有236kg/m³，而用钢量也仅为3.8kg/m³。据分析，用这种材料结构组合的方式来建造100m以上的超高层建筑，也同样可以取得良好的技术经济指标。

在大空间建筑中，为了减轻屋盖自重，被悬挂的受弯构件可以采用钢梁系统。意大利曼图亚市造纸厂近250m长的屋盖，是用通过塔架顶端的钢缆，将其四根纵向钢梁悬挂起来构成的。在纵向钢梁之间，每隔10m布置斜交的次梁。由于平衡钢缆拉力的塔架要承受很大的侧向弯矩，所以从它的受力和成型考虑，两座50m高的塔架用钢筋混凝土浇筑，这也恰到好处。美国斯克山谷奥运会冰球场屋盖，是受拉构件与受弯构件组合的一种独特形式（图4-23）。无论是从建筑物的使用空间来看，还是从结构受力来分析，把钢索拉起的受弯钢梁做倾斜布置是十分合理和巧妙的。

以上归纳和分析的几种比较典型的材料结构组合方式，只能看作是启发我们去思考和探求其他新型组合方式的一些线索。实际上，这方面的设计思路也是灵活多变的。例如，在国外高层和超高层建筑设计中，往往结合平面、空间布局的具体情况，在抗侧力核心部分（即由电梯井、楼梯间、设备管道竖井等组成的筒体部分）采用钢筋混凝土，而在其他梁柱框架部分采用钢材。这是因为，水平荷载可以完全由核心部分承担，框架则仅仅传递竖向荷载，因而在梁柱断面可以减小的这种情况下，用钢框架代替钢筋混凝土框架，不仅能减轻结构自重，同时也有利于快速施工。又如，在国外大跨度建筑设计中，充气屋盖与各种支撑构架的组合也很好地体现了经济有效的原则，它不仅解决了大跨度屋盖复杂的设计与施工问题，而且还使得大跨度建筑的屋顶有灵活"开放"的可能，这就为人们充分享受室外阳光、空气和景色创造了极其优越的条件（图4-24、图4-25）。

随着各种新材料的出现，一些新型结构的组合形式还有待于我们去探索，而这种探索将为在未来建筑的发展中，广泛而有效地运用像塑料薄膜、硬质塑料、金属薄片、人造纤维等轻质高强材料开辟崭新的天地。

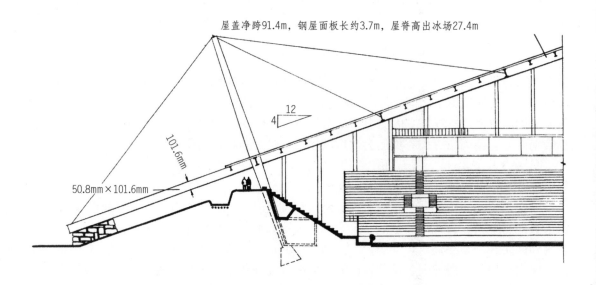

屋盖净跨91.4m，钢屋面板长约3.7m，屋脊高出冰场27.4m

12
4

101.6mm

50.8mm×101.6mm

图 4-23　受拉构件与受弯构件的材料—结构组合（例二）
——美国斯克山谷奥运会冰球场悬挂式屋盖

190

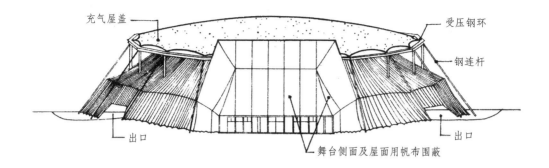

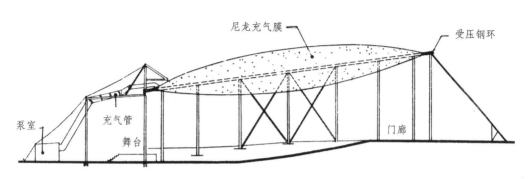

图 4-24 充气屋盖与支撑构架的材料—结构组合（例一）
——美国波士顿艺术中心剧场

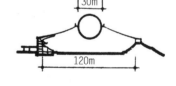

图 4-25 充气屋盖与支撑构架的材料—结构
组合（例二）
——苏联建筑师提出的"飞艇"悬浮屋盖体
育场（天气好时，整个屋盖可以敞开，成为
露天体育场）

四、结构的经济尺寸范围与结构的合理几何形状

不论是平面结构系统，还是空间结构系统，每一种结构形式所能取得的技术经济效果，在很大程度上都要取决于它工作时的受力状况。结构受力状况恶化，就意味着材料消耗的增加。而当结构受力比较合理时，一方面可以节约材料，另一方面也能使所用材料的力学特性和承载能力得以充分发挥和利用。所以说，正如第1章指出的那样，在组织结构的传力系统时，应力求使结构承受直接应力，尽量避免出现受弯或受扭等不利情况。

然而，当结构的传力系统基本确定之后，每一种结构形式的受力状况还随着它的几何尺寸和几何形状变化而变化。换而言之，在所确定的结构传力系统中，每一种结构形式只有当它具有一定的几何尺寸和几何形状时，它才具有比较合理的工作性能，才能取得较好的经济效果。例如，一般来说，当钢筋混凝土梁的跨度在4m以下时，梁跨中弯矩不大，由于这时梁截面主要是由刚度来决定的，因而钢筋混凝土的承载能力只利用了一部分；当梁的跨度超过8m时，由于弯矩和结构自重急剧增加，通常就要改变梁的矩形断面形状；但薄腹梁的合理跨度一般也只能达到12m，跨度再加大时，就要考虑采用其他结构形式了。可见，在同样的荷载条件下，梁的经济合理性要取决于它的跨度和断面，即梁的几何尺寸和几何形状。空间结构系统也是如此。如平板型网架结构，虽然它可以覆盖大跨和超大跨建筑，也可以结合柱网布置构成大面积屋盖，然而，它的跨度也不宜超过125m，柱网也不宜小于12m×12m。否则，在经济上也将失去其优越性（国外文献记载，15 ~ 20m和120 ~ 160m分别是合理柱网和合理跨度范围）。从几何形状来看，以正方形平面为最好（此时平板网架受力最合理），甚至当边长比例变化为1：1.1的时候，最大弯矩值也要增加20%，而当边长为1：1.25时，平板型网架结构就不够经济了。

结构的经济尺寸范围和结构的合理几何形状是两个很重要的概念，它们与建筑平面及建筑剖面设计的关系甚为密切。可以说，对每一种结构形式的经济尺寸范围及其合理几何形状掌握得越多，我们在结构构思和建筑设计中的"自由度"也就越大。若不然，我们在各种结构形式的具体运用中，就仍不免带有很大的盲目性。

片面强调或孤立考虑建筑方面的要求，往往便会忽视结构的经济尺寸范围，甚至完全破坏结构的合理几何形状，上海某光学玻璃厂熔炉车间便是一个典型的例子。该厂房屋盖采用了筒壳结构。为了解决车间内部的自然采光和通风问题，筒壳呈单波高低跨布置，并在高跨的两侧边梁下开设开窗（图4-26）。这样一来，使得每个筒壳都处于单独工作的状态，完全失去了多波连续布置时的合理受力性能。此外，由于壳体的边梁数量增加了一倍，因而整个屋盖结构（包括壳体及边梁）的经济指标与一般钢筋混凝土屋架、屋面板（带天窗）相比并不优越，水泥用量和所费工日反而显著增加。如果我们将筒壳改为连续3波来布置，分析表明，它的用材指标（钢、水泥）、所需工日以及造价等，都要比筒壳呈单波高低跨布置时降低许多。

作者在1965年曾对国内45项见诸文献的钢筋混凝土薄壳结构工程做过经济指标的分析和比较，其中，约有50%的工程项目并没有因采用新结构而获得经济效益（图4-27）。当然，原因是多方面的。但这也清楚地说明了，从理论上来讲是经济的结构形式，在工程实践中可能并不经济。这正如罗森迟尔在"结构原理与建筑师"一文中曾指出的那样，"建筑师要能够判别'结构天生的经济性'与只是暂时省些费用的经济性的差别。"例如，从

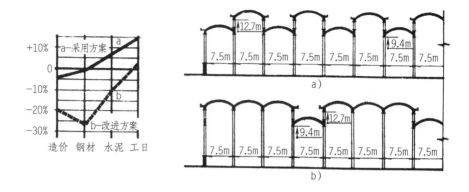

图 4-26　上海某光学玻璃厂圆柱形薄壳经济指标的分析与比较

对比标准为 24m 多腹杆屋架，柱距为 6m，大型屋面板，采用天窗

a）采用方案

b）改进方案

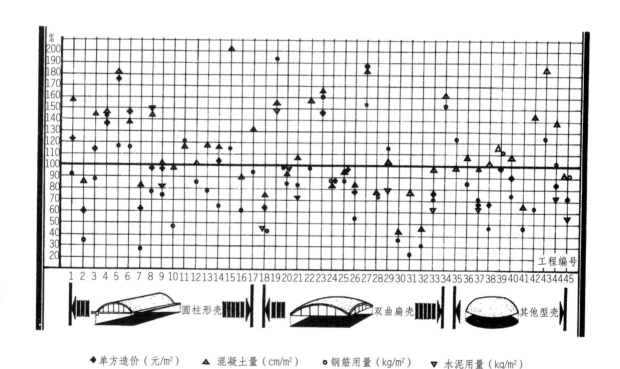

图 4-27　国内 45 项钢筋混凝土薄壳结构工程经济指标的比较（作者统计于 1965 年并绘制）

表中百分比数据是根据华北、西北、华东、中南、新疆各设计院统计资料计算而得，包括预制和现浇两类
薄壳。对比标准为 12m×18m 柱网的预制大型屋面板，其指标是：造价 21.93 元 /m²，钢筋 16.40kg/m²，
混凝土 0.111cm/m²，水泥 48.76kg/m²

力学观点来看，薄壳、悬索等是"天生经济的"，但有时往往由于建筑技术、施工方法不理想，或材料来源不充足又会变得不经济。认识到这一点，将有助于使我们在结构的运用中，更好地从物质技术条件的客观实际出发。但是，即使如此，也不能否定结构"天生的经济性"的重要意义。结构的合理几何尺寸与几何形状，总是和结构的这种"天生的经济性"紧密联系在一起的，对此若掉以轻心，那么从一开始提出的结构方案，就很可能是"天生的不经济的"。上面对图4-26所示圆柱形筒壳运用的分析，便是一个很好的例证。

五、结构方案的创造性与结构工程的具体实施

结构方案的创造性，既可以表现在整个结构传力系统的重大革新上，也可以体现于某一结构部位新结构形式的合理运用中。但不论怎样，任何一个好的结构构思，都要经过结构工程施工的检验。在结构思维的过程中，只有周密地考虑到结构施工时可能遇到的麻烦问题，才能把结构方案的创造性与其具体实施的现实性很好地统一起来。因此，这就要求我们尽可能多地熟悉和了解涉及结构工程具体实施、并对确定结构方案有重大影响的有关施工技术问题，其中要特别注意的是，结构施工中的吊装工程与模架工程（即模板、脚手架工程）。

在一定程度上，建筑物的平面和空间布局及其结构方案，往往取决于结构施工的起重设备与吊装方式，尤其是高层建筑和大跨度建筑更是如此。图4-28所示说明，北京16层装配式公寓建筑的平面形式和柱网布置是与60t·m自升塔式起重机的机械性能相适应的，建筑平面及其柱网在起重机最大回转半径和最大起重量以内，做到了合理布局，又兼顾了建筑体量构图所要求的造型变化。显然，与该公寓比较，图4-29所示日本高层住宅的设计手法则具有不同的特征，平面形状和结构线网非常规整和简单。这主要是出于这种考虑：柱与墙均为滑动模板现浇施工，而预制混凝土楼板则采用比较小型的起重设备——甚至只采用简单的卷扬机，就可以进行吊装。这个例子也很好地说明了，结构方案的特点和创造性，还可以同时也应当从施工技术方面去寻求和探索。

由于模板费用可以高达结构造价的35%~60%，因此，预制装配的施工方法，往往是我们优先考虑的。然而，也应当看到，由于现代建筑生产的多样性与复杂性，"预制"不可能完全取代"现浇"。在实践中，人们已经创造了各种减少模板用量的先进施工方法，其中最突出的便是"滑模"和"升板"。"升板"法不仅适应于框架结构体系，而且已在高层悬挂结构体系中也得以运用（图4-30）。"滑模"法施工在核心结构体系的高层建筑中具有独特的优越性——刚性井筒既是垂直交通、竖向管道的"通路"，又是抵抗水平荷载的"主心骨"，同时，也是滑升模板的"导轨"。图3-79所举芝加哥60层玛利娜圆塔公寓，它的圆柱体式的"核心"便是按滑模施工的（图4-31）。这不仅节省了模板，加快了进度，同时也为筒体周圈柱子与楼板的施工，创造了便利的条件。

对于大跨度建筑来说，预制装配虽然可以节约模板，提高工效，但如何吊装则往往是实施中的一个难题。因此，预制装配的大跨度结构方案，必须密切结合吊装工程同时考虑。由于结构形式不同，有的可以在地面拼装，然后总体提升就位安放，如平板型网架。有的则需要在设计标高上进行拼装，如装配式薄壳。此时，若在设计中就考虑到先组装骨架，再吊装骨架上的组合构件的话，那么就会大大降低施工的难度（图4-32）一般来说，

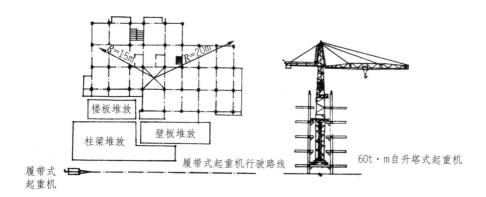

图 4-28　北京永安里 16 层公寓平面布置及其施工方案

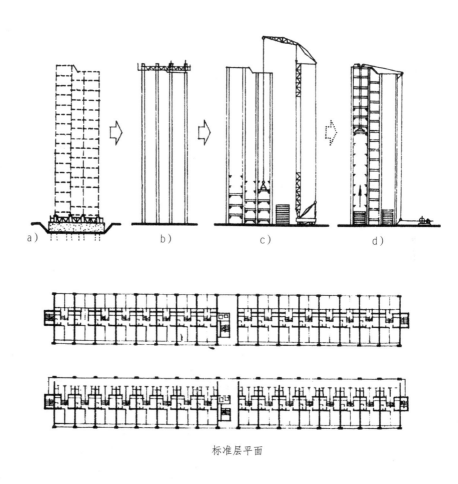

标准层平面

图 4-29　日本 Y 形高层住宅施工方法及其平面布局特点

　　a）打桩工程混凝土基础工程，滑动模板，主体安装

　　b）采用滑动模板施工法将墙柱及混凝土工程浇筑完毕

　　c）用汽车式起重机将预制混凝土楼板由下层向上层一块块吊起

　　d）也可以用卷扬机吊装预制混凝土楼板，从上向下安放

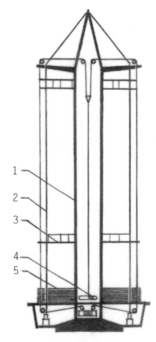

图 4-30 高层悬挂结构体系的升板
法施工示意
　　1—承重核心
　　2—悬挂用钢索
　　3—提升中的楼板
　　4—卷扬机绞盘
　　5—待提升预制楼板

图 4-31 芝加哥 60 层玛利娜高
层公寓核心筒体滑模施工场景
（参见图 3-79）

图 4-32 装配式薄壳施工：先组装
穹顶肋骨，然后吊装薄壳构件

197

地面拼装总体提升的经济效果要好，但这需要较多的起重设备和一定的施工经验。例如，上海体育馆的比赛馆，由 9000 多根钢管和 938 个钢球组成的圆形平板网架，便是由 12 台 10t 电动卷扬机协同 6 根 50m 高的独脚扒杆以及 12 付起重滑轮组同时整体提升、空中旋转就位安放的，该屋盖吊装前后只用了两个半小时。当新型屋盖结构构件需在设计标高上拼装时，脚手架的设置是一个棘手的问题。在许多情况下，尽管结构形式本身具有 "天生的经济性"，但往往由于吊装中的模架消耗而损害了经济效果，同济大学礼堂兼饭厅所采用的 40m 净跨装配整体式钢筋混凝土联方网架结构即是一例。该结构施工过程中的关键问题是网片的拼装。据分析，网片拼装时采用的满堂鹰架使木材损耗量占整个工程的 75%，并且延长了工期。即使改用活动鹰架后可以减少木材损耗，但仍会延误更多的工期，和一般平面结构或装配式壳体施工相比，也无显著的优越性（图 4-33）。如果运用得好，活动模架还是具有不可忽视的优越性的，如图 4-34 一例。

跨度越大，结构施工的吊装问题和模架问题就越突出。在超大跨建筑中，国外已提出利用气垫提升金属屋面薄板的方案，这就预示着超大跨建筑的结构思维也必然要在施工技术方面有所突破。

应当强调指出，有意识地注意避免复杂庞大的模架工程，这是现代建筑结构思维的一个重要出发点，也是进行结构技术革新的一条基本思路。为此，去探求更加有利的新结构体系和新结构形式，无疑将具有很大的经济意义和实用意义。但是，与此同时，我们也不能忽视平面结构系统便于制作、便于吊装的优越性。在平面结构系统的运用中，只要巧于构思、善于组合，不仅可以省去大量的模架工程，为取得良好的经济效果创造有利条件，而且还能像奈维设计的都灵劳动宫（参见图 3-63、图 5-15）那样，创造出适应快速施工的现代建筑的新形式来。

为了使结构方案的创造性与其具体实施的现实性统一起来，我们必须了解结构施工程序及其全过程。这是因为，在设计图纸上，往往不容易发现结构施工中可能出现的麻烦问题，而只有通过对结构施工程序的设想和分析，才能使结构方案不断深入和完善。我们不能把结构思维简单地理解为 "摹想" 而只是在图纸上做文章。前面分析的北京 218 厂联方排列双曲扁壳屋盖结构一例（图 4-17），正是由于忽视了施工中结构的不平衡问题，才使得设计者对双曲扁壳的排列组合与支柱的传力方式，做出了错误的判断和选择。

由此可见，如何考虑结构方案的具体实施，这会对结构工程的技术经济指标产生不容忽视的影响，因而也就在很大程度上，直接关系到结构思维的思路发展和结构方案的最后抉择。一个富有创造性的结构方案，只有通过对结构施工程序及其全过程的周密考虑，才有变为现实和获得成功的可能。我们可以看到，甚至就是国外一些大胆设想的结构方案，也往往是基于对其施工程序分析的基础之上而提出来的（图 4-35 ~ 图 4-37）。

奈维说得好，"必须鼓励青年建筑师们得到实际施工的知识；年轻的建筑师们应该有一个下意识的信念：无论他们在纸上画出什么样的线条、形状或者体积，也无论他们见到纸上画着什么样的线条、形状或者体积，只有当实现它们的条件完全满足的时候，它们才能作为一种建筑的现实存在。"（《建筑的艺术与技术》）毫无疑问，熟悉和关注现代建筑施工技术的发展，必将进一步打开我们的眼界，充实和活跃我们在结构思维中的思路，并将为现代建筑的设计与创作带来更多、更大的技术经济效益。

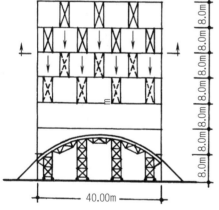

活动鹰架分段推进示意（建议采用的改进施工方法）

满堂鹰架与活动鹰架施工方法的经济比较

脚手形式\指标	木材损耗 / (m³/m²)		施工期 / 天	
满堂鹰架	0.0327	100%	62	55%
活动鹰架	0.0136	41%	112	100%

图 4-33　同济大学礼堂 40m 跨拱形网架屋盖结构网片安装采用满堂鹰架施工方法

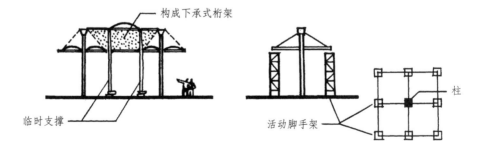

图 4-34　国内某拖拉机配件厂齿轮车间装配式伞形悬挂屋盖采用活动脚手架加临时支撑的施工方法

199

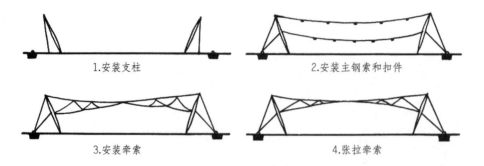

1.安装支柱

2.安装主钢索和扣件

3.安装牵索

4.张拉牵索

图 4-35　单向悬索结构施工程序示意

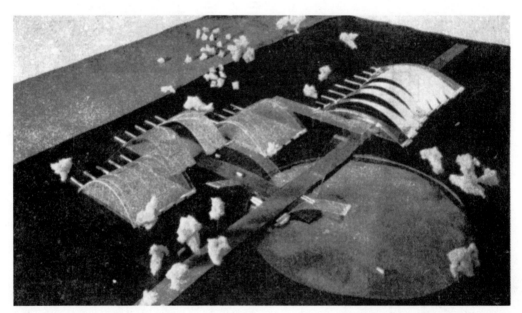

利用材料的弹性在现场成型施工

图 4-36　日本某博览会陈列馆设计竞赛最优奖方案充分体现了结构施工简便的特点（江口征男等设计）

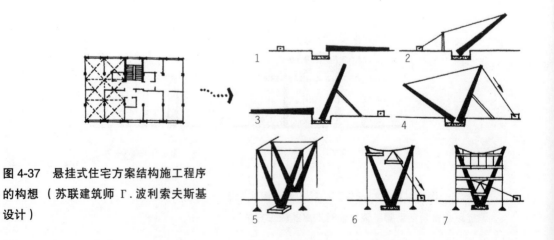

图 4-37　悬挂式住宅方案结构施工程序的构想（苏联建筑师 Γ.波利索夫斯基设计）

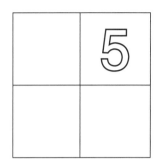

建筑结构
思维的想
象力与意
图表达

要点提示：

　　结构思维所涉及的各方面内容的错综复杂性，以及它所具有的三维乃至多维空间的思维特点，都要求我们具有丰富的想象力，并掌握结构思维意图表达的各种手段。结构思维的想象力主要是指来自日常生活的诱发联想和对创新事物的科学设想。结构思维的意图表达，往往是建筑方案构思表达中的核心内容之一。图纸表达（包括草图表达）和模型表达，既是我们培养、训练结构思维想象力必不可少的基本手段，也是我们在建筑方案设计中对外展示建筑创意、增强其内涵表达效果的重要途径与方法——在这方面，我们还缺乏应有的热情和关注。

5 建筑结构思维的想象力与意图表达

在探索与畅想中，应有效地去实现建筑技术方面所承担的任务……

——F.奥托：《悬索屋盖》

以上各章的论述与分析，概括地展示了现代建筑结构思维的原理、思路，以及与之相关的创作技巧。这些方面的内容是相互渗透、相互制约的。结构思维的这种错综复杂性，恰好从一个侧面，反映出了现代建筑设计与创作的深度及其难度。

由于结构实体处在一定的空间之中，而它本身又创造着另一个空间，所以结构思维总是脱离不开对空间的认识的。"作为一种三维的生物，我们觉得很容易理解线和面的几何性质，这是因为我们能'从外面'观察它们。但是，对三维空间的几何性质，就不那么容易了，因为我们是这个空间的一部分。"（G.盖莫夫："从一到无穷大"）

不论是结构思维所涉及的各方面内容的错综复杂性，还是它所具有的三维空间的思维特点，都要求我们必须培养丰富的想象力，并掌握表达结构思维意图的各种手段。

一、结构思维的想象力

在现代建筑的结构思维过程中，逻辑思维与形象思维是频繁地交替进行的，而想象力则可以使它们插上翅膀，使设计者从闭塞、迟钝、僵化的思想境地中解脱出来。

心理学认为，想象也是一种认识活动，并往往带有极明显的间接性和概括性的特点。这里，想象又分为再造想象和创造想象。前者是指根据语言表达或符号描绘而在头脑中形成的有关事物形象的认识活动。而创造想象则是不依赖现成的描述而独立地创造出新形象的认识活动。在现代建筑的结构思维及其设计实践中，创造想象起着极为重要的作用。

结构思维的想象力可以在由此及彼的诱发联想和由近及远的科学设想中得到充分的发挥与表现。

（一）结构思维的诱发联想

首先，生活中的各种现象，特别是体现了构造学和力学原理的日常现象，往往能给我们以宝贵的启示。诸如，由自行车车轮构想到圆形悬索屋盖，由天上的气球构想到能自由启闭的"浮动屋顶"，由"不倒翁"构想到新型的抗震小屋，由技巧运动员的集体造型表演构想到各种结构的静力平衡系统，等等。在这些联想中，我们可以培养一种对结构的"直觉"能力。如图5-1所示一例，我们从跷跷板或起重机的联想中，便很快可以理解该大跨悬臂结构的力学原理以及它在设计构思方面的妙处所在。

能使我们产生联想的诱发因素也来自自然界。观察和研究自然界生物的结构特性，并将获得的理论知识用来改造现有的或创造崭新的建筑结构，这就是新兴学科——工程仿生学。自然界中的生物体，时时处处都要受到各种自然力的作用，因而在它们长期的进化过程中，形成了适合生存环境的种种形态。生物体要保持自身的形态，就需要有一定的强度、刚度和稳定性，而这些恰恰是与建筑结构的要求相一致的，如图0-25和图1-10所示两例，便是根据工程仿生学原理而设计的。工程仿生学的形成和发展，必将给我们以更多的启示。

（二）结构思维的科学设想

结构思维的科学设想是为了更好地满足建筑功能要求，更好地提高结构的工作效能而提出来的。它的着眼点不在近期的现实性，而在远期的可能性。它的实施在技术上还存在着很大的困难，然而，这种设想却是建立在一定的科学依据上的。它高于现实，但又比遥远的幻想要接近于现实。

现代建筑结构思维的科学设想对于我们开阔眼界，突破陈旧建筑观念的束缚，培养勇于探索的创新精神，传播未来建筑的信息等，都具有重要意义。可以说，如果没有对未来建筑结构构思的大胆设想，就不可能提出空间结构城市的新理论、新观点。现在，国外越来越重视科学设想（甚至是科学幻想）的结构构思方案了（图5-2~图5-4），这是值得深思的。列宁曾说过，幻想是"极其可贵的品质"，他指出："有人认为，只有诗人才需要幻想，这是没有理由的，这是愚蠢的偏见，甚至在数学上也是需要幻想的，甚至没有它就不可能发明微积分。"一个世纪过去了，但像儒勒·凡尔纳的许多科学幻想小说，至今读起来仍对我们很有启发。他提出的用炮弹把人送上月球的大胆幻想，对今天宇航事业的发展来说，恰恰起到了先行的启蒙作用。要开拓人类未来的建筑事业，我们也需要有许多像儒勒·凡尔纳这样极富想象力的工程师和建筑师！

二、结构思维的意图表达

在现代建筑的设计与创作中，我们必须善于通过图纸（包括草图）和模型来表达结构思维的基本意图。

（一）结构思维的各种草图表达

借助于草图，我们可以捕捉和记录闪现在大脑"荧光屏"上的各种构思图像。这种草图侧重于表现结构传力系统的组织以及结构与建筑之间的关系。

最初的，即原始的结构思维意图，可以徒手用软铅笔、塑料笔或钢笔勾画，以便能在最短的时间内抓住主要问题，取得方案思考上的进展。这一环节极其重要，但用于徒手画草图的时间却不一定太多，主要还是画规矩草图，即用三角板、丁字尺等工具画的草图（图5-5）。这是因为，结构思维的深入或结构方案的比较，都要建立在准确的结构几何形体及其尺寸的基础上。

在考虑结构问题时，除画平面草图、剖面草图和细部草图外，还常常通过画一些"小"而"草"的简单透视图来表现结构形式的构成及其空间造型特征，如图5-6~图5-9所示几例，虽然原作都不大，但形象却鲜明、生动，是原始构思的真实记录。

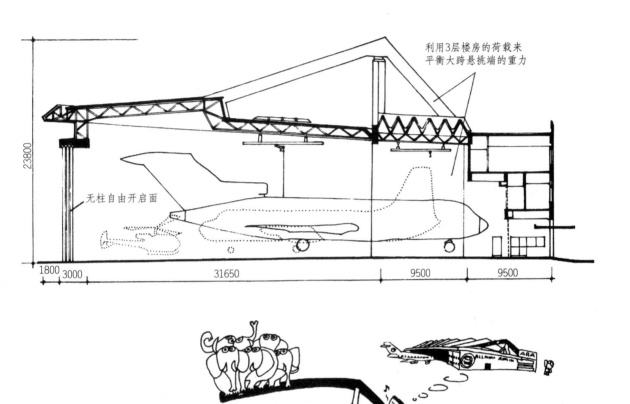

图 5-1　通过联想培养结构判断的直觉能力
——日本大阪全日空飞机库结构恰似起重机的力学原理

a）

图 5-2　结构思维的科学设想（例一）

a）这是由树形结构居住建筑组成的未来城市，即空间城市。树干为垂直交通枢纽，水平树枝上吊挂着圆形居住单元，人们在这样的楼房里生活，可以充分享受阳光、新鲜空气和大自然景色

b）

图 5-2　结构思维的科学设想（例一）（续）

b）上面一幅图所描绘的空间城市构想，其树形建筑的"基座"，就是集垂直交通、空中车站、公共服务设施和空中花园为一体的"高层建筑"。在这一幅图里，还表现了树枝上圆形居住单元体正沿着一组垂直钢索滑升的场景

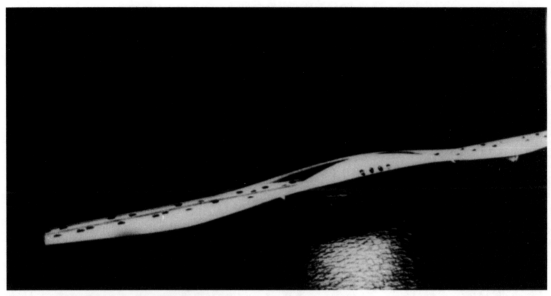

图 5-3　结构思维的科学设想（例二）

——未来的卷叶形壳体桥梁设计（以其向上、下翻卷的体形来增强桥身的刚度和承载能力）

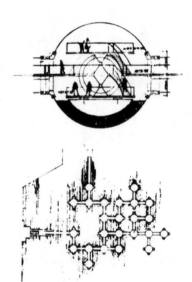

图 5-4　结构思维的科学设想（例三）

——"玻璃的未来"博览会展馆设计竞赛佳作奖方案
（以玻璃钢球体漂浮结构形成水上建筑群，日本早稻
田大学学生秋山甚四郎等）

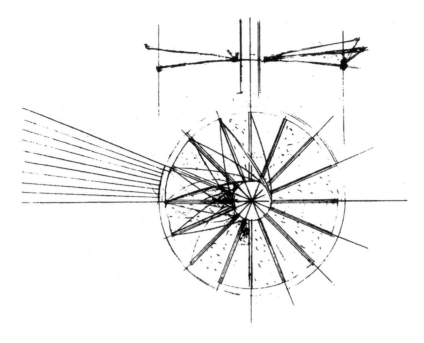

图 5-5　奈维在设计罗马大体育宫时画的结构思维草图

——上图表示穹顶中央部分的构件组合，下图表示穹顶支撑结构系统。在这些规矩草图中，间有徒手勾画的部分。草图上还附带写上了工程名称、绘制时间和作者签名，便于作为原始设计资料保存，这是一种很好的职业习惯

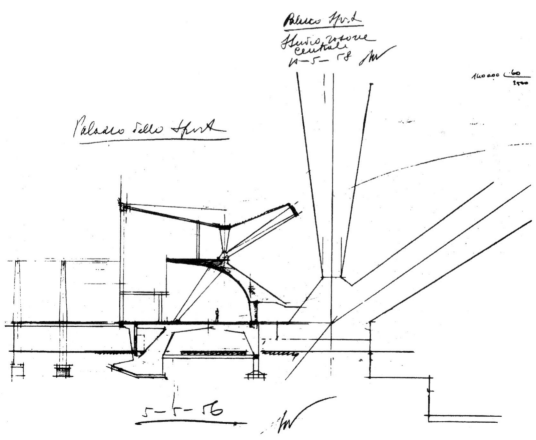

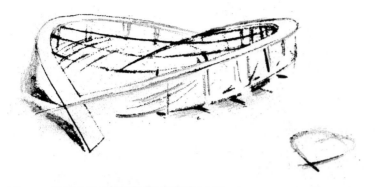

图 5-6　结构思维中结构形体透视草图（例一）
——M．诺维斯基画的美国雷里竞技馆索网的双券支撑草图

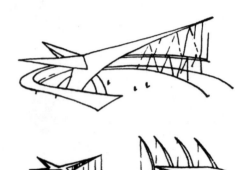

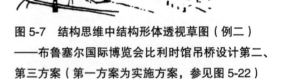

图 5-7　结构思维中结构形体透视草图（例二）
——布鲁塞尔国际博览会比利时馆吊桥设计第二、
第三方案（第一方案为实施方案，参见图 5-22）

图 5-8　结构思维中结构形体透视草图（例三）
——C.西格尔画的柏林议会厅支撑结构改进方案草图

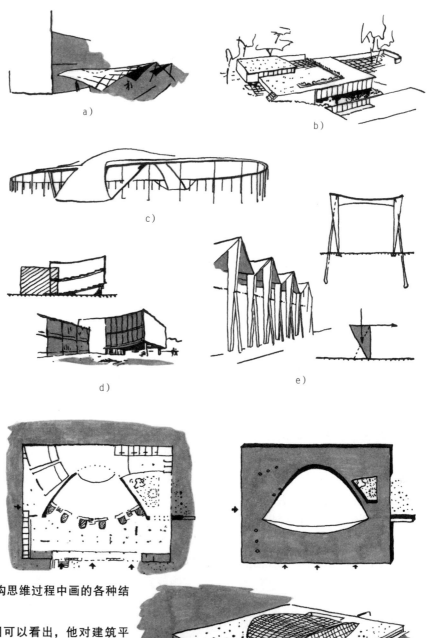

图 5-9 F.奥托在结构思维过程中画的各种结构形体关系草图

从奥托画的这些草图可以看出,他对建筑平面、建筑剖面以及建筑造型的思考,都是和结构的具体运用紧密联系在一起的

　a)一个旅馆入口处的遮阳篷

　b)交叉索平面悬挂屋盖住宅

　c)四壁全部开放的飞机库

　d)采用索梁网楼盖的讲堂

　e)采用波形索网的工业厂房

　f)音乐厅设计方案(曲线索网覆盖观众厅,平顶悬索覆盖低的部分)

（二）通过平面图表达结构思维的基本意图

结构构思很重要的一个原则就是，要使承重结构的平面布置在满足建筑功能、建筑艺术要求的同时，尽可能符合一定的几何关系和组合规律，以有利于改进、提高结构的工作性能，有利于优化结构设计。为此，我们往往可以在格网平面中来排列组合承重结构构件，这种格网可以根据结构构件的几何特征而确定为方形、矩形、三角形、六边形等，格网大小则可以以某个基本模数为单位，也可以以柱网尺寸为单位。用这样的表达方法，将会使结构布局的规律性与逻辑性一目了然地反映在图纸上。如图 5-10 所示一例，建筑师奥尔基亚等借助于方形格网，清晰地表达了他们所提出的"区划式结构"（Celluler construction）构思的基本意图。

（三）通过剖面图表达结构思维的基本意图

结构构思的许多内容要靠剖面图来表达，如结构系统各组成部分的形式及其相互联结、结构系统的静力平衡方式、结构覆盖空间的利用、结构体形所形成的空间界面的特点及其对建筑空间造型的影响等。总之，剖面图能从空间构成的一个侧面形象地反映出结构与建筑之间的相互关系。所以，在某些情况下，结构思维可以先从剖面草图着手，如前面第 3 章中所分析的日本东京都国际会馆（图 3-30）便是一个很好的例子。苏联著名建筑师波利索夫斯基对未来建筑的结构技术发展有许多独特的见解。他曾提出利用"重力"来"加固"结构的大胆设想，并根据这一原理做出了"倾斜式楼房"的设计方案。为了充分说明这种新型的结构静力平衡系统在力学方面的巧妙构思，他也是采用了简明的剖面图来表达的（图 5-11）。

（四）通过图解表达结构思维的基本意图

在正式的建筑方案设计图纸上，还可以通过醒目的图解系列来强调结构方案的特点，这样做可以进一步提高建筑设计方案竞选的可比性。图 5-12 所示的大型展览棚设计曾获日本国内设计竞赛最优作品奖，该方案利用弯曲的弹性构件的"复原力"来构成自然张紧的曲面索网，并借此覆盖展台大空间。为了有力地强调这一设计意图，作者用了很大的版面，特意画了利用弯曲弹性构件"复原力"的结构成型过程。类似这样的图解分析，既挖掘了图纸内容的深度，又突出了设计方案的特点，具有很大的吸引力和说服力。

（五）以表现结构为主的透视图画法

当结构方案确定之后，如有必要画室内或室外透视图时，可着重刻画建筑物的"骨骼"即结构骨架。为了在尺度与比例上力求准确，一般多用细线条的规矩画法。要注意的是，那些与结构骨架无关的部分（如门窗划分、装饰线脚、室内陈设等），均宜简化或省略，这样才能突出结构方案的特点和结构思维的基本意图，才能表现建筑造型中"线、面、体"构成关系的大效果。此外，以结构为主体的室内外透视图往往不需要加阴影，而被墙面等遮挡的结构部分，在透视图上仍可清晰地画出，从而使画面产生一种"透明感"，借此结构的逻辑性与严密性便可表露无遗了。当然，在具体画法上，还可以有各自不同的特点，如图 5-13 ～图 5-18 所示。

（六）以表现结构为主的模型制作

随着现代结构技术的发展，结构模型在建筑设计和建筑教学中的作用越来越重要了。通过制作结构模型，不仅可以直观地分析、研究新结构设计中的各种技术问题，而且也有助于建立与现代结构技术发展相适应的新的建筑空间及其造型概念。特别是一些新结构形

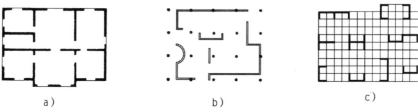

a)　　　　　　　　　　b)　　　　　　　　　　c)

区划式结构思维的基本意图分析：

　　a）承重墙结构：承重墙起隔断墙作用，二者合二为一，但空间划分不灵活

　　b）框架结构：柱子起承重作用，空间划分灵活，但墙体仅仅为隔断而设置

　　c）区划式结构：墙体既承重，又能灵活地隔断空间，兼具上述两种结构的优点

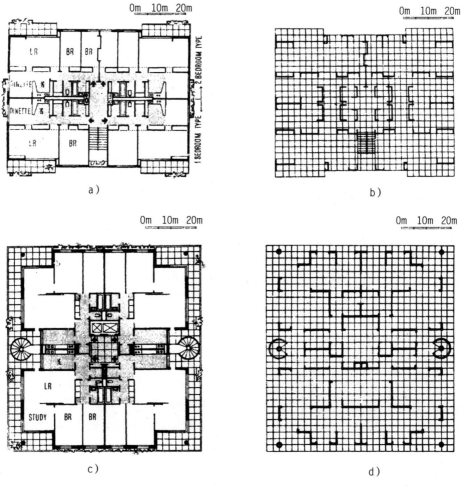

a)　　　　　　　　　　　　　　　　b)

c)　　　　　　　　　　　　　　　　d)

图5-10　通过平面图表达结构思维的基本意图

——区划式承重墙结构住宅设计（奥尔基亚等设计）

　　a）4层住宅标准层平面

　　b）4层区划式结构布局示意图

　　c）12层住宅标准层平面

　　d）12层区划式结构布局示意图

图 5-11　通过剖面图表达结构思维的基本意图
——倾斜式楼房设计（Γ.波利索夫斯基设计）

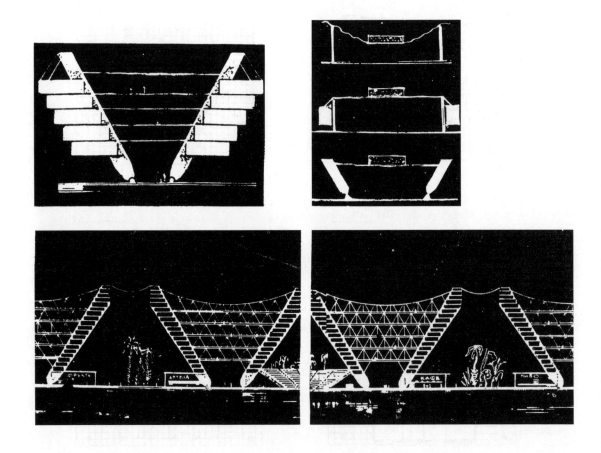

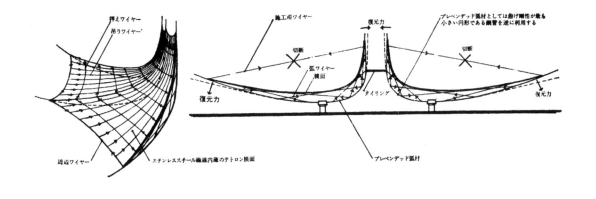

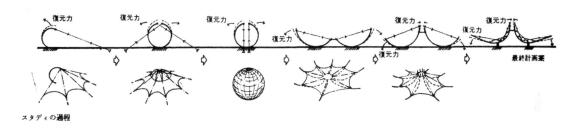

南立面

剖面图

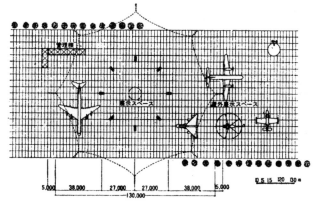

图 5-12　通过图解表达结构思维的基本意图
——大型展览棚设计，获日本国内设计竞赛
最优作品奖。作者用了很大的版面，以图解
的方式对该设计方案结构思维的基本特点做
了充分的说明，大大提高了该方案的可比性
与竞争性

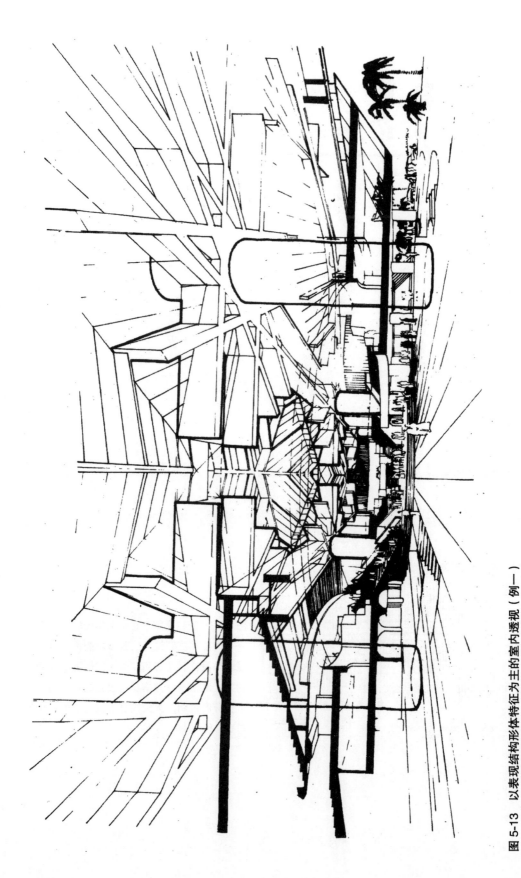

图 5-13　以表现结构形体特征为主的室内透视（例一）

——堪尼斯音乐厅兼会堂（M. 安德鲁特特设计，1978 年）。此图采用切剖的办法展示大厅，层次重叠而透明，粗大的柱子用徒手勾画，在纵横直线的衬托下显得生动有趣。柱顶交叉大梁的轮廓加重后更增添了画面的韵律感和进深感

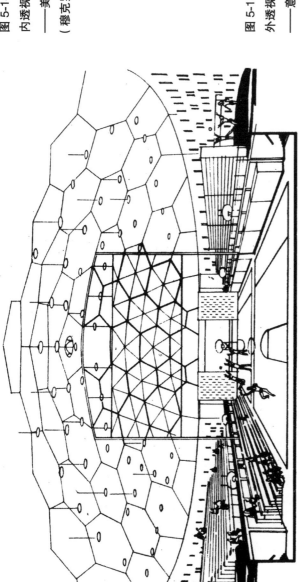

图 5-14 以表现结构形体特征为主的室内透视（例二）
——美国迈瑞兰得州西贝司达中学体育馆（穆克罗德、费拉设计）

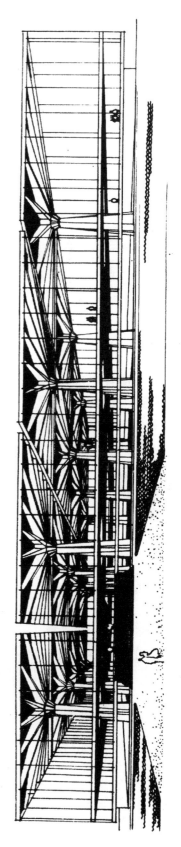

图 5-15 以表现结构形体特征为主的室外透视（例一）
——意大利都灵劳动宫（奈维设计），图中没有勾画任何装饰部件，充分表现了结构系统自身的美

图 5-16　以表现结构形体特征为主的室外透视（例二）
——采用 V 形支柱的悬挂式抗震住宅（Г.波利索夫斯基设计）

图 5-17　以表现结构形体特征为主的室外透视（例三）
——美国加利福尼亚 Daly 城一所采用折板的圆环形平面小学（ 塞姆皮设计 ）

图 5-18　以表现结构形体特征为主的安装场景透视

——1958 年布鲁塞尔国际博览会苏联展览馆结构方案的特点，充分表现在展览馆横剖面设计及其结构部件组合的静力平衡系统上（参见图 2-47），为此，建筑师特意画了从室内纵向看过去的一幅结构吊装透视草图，以强调该结构系统在施工方面的优越性。这种透视草图的表达形式比较少见，从这幅透视草图中，我们也可以感受到这座展览馆室内空间构成的基本特征。上图是展览馆主入口透视。

式由于体形复杂，往往使人不知从何处着手。但结构模型却能为迅速准确地进行几何体形分析、尺寸度量乃至结构中应力的模拟测定等，创造极为便利的条件。结构模型分析和试验便是奈维的基本设计手段，他首先凭借直觉（intuition）来构思结构方案，然后只做一些简单而必要的计算就反复进行模型试验，直到修改得满意为止。按一般的设计方法，悉尼歌剧院和纽约 TWA 航站候机厅就难以做出周密的图纸表达。像这样一些形体复杂的结构工程，也都是借助于模型制作，才得以完成施工设计的。

结构模型已成为现代建筑学直观教学的有效手段。密斯·凡德罗在美国伊里诺工学院任教时，就很重视这一点。挪威的克·诺伯·舒尔茨曾回忆道："学生进行作业就像职业的金属制造工那样，制作有细部的大比例尺结构骨架。一切都显得是从实际修建出发，而不是在画些'纸上建筑'。模型是主要的东西，而图纸只不过是供建筑工地上使用的工具罢了。"

制作结构模型的材料是多种多样的，诸如木材、石膏、泡沫塑料、胶泥、硬纸板、胶合板、有机玻璃、铝板、金属薄片、纤维织物、塑料薄膜、绳索、金属丝、尼龙线等。具体用材可根据结构类型和模型形式而定。

模型比例的确定，以能清晰地表现结构系统的各个组成部分，和便于手工精细制作为原则。结构模型一般有以下几种形式：

（1）实体模型 主要是表现结构的体形轮廓，接近于可见的建筑模型，但门窗划分、线脚装饰等均予从略，因而具有突出的结构造型特征，多用来推敲建筑空间体量构图（特别是局部采用了新结构的建筑群的空间体量构图）的总体艺术效果，如图 5-19 ~图 5-24 所示为不同类型的模型实例。

（2）骨架模型 只制作承重结构系统部分，借以反映结构的传力方式、结构构件的组合关系、结构骨架所形成的空间体量轮廓以及结构形式的基本造型特征等（图 5-25 ~图 5-28）。

（3）切剖模型 分水平切剖和竖向切剖两种制作方法。水平切剖模型可以充分体现结构系统的平面构成特点（图 5-29、图 5-30），制作简单。竖向切剖模型则能比较全面地反映结构与建筑内部空间及其外部造型的关系，制作时应恰当选择竖向切剖的位置，如果能与实体模型配合制作，则可以取得更好的直观分析效果，如图 5-31 所示一例。

（4）单元体模型 当结构系统采用结构单元体进行组合时，需要制作单元体模型（图 5-32 ~图 5-34）。这种模型的排列方式比较灵活，按结构单元体组合的设计要求，除完整地排列单元体模型之外，还可以采取"留空"的排列方式，这样既能节省模型制作的原料，同时又能给观者留以摹想建筑物空间体量的余地，取得更好的艺术表现效果。

图 5-34 所示一例还说明了，如果将结构模型巧妙地配上景物（视所处空间环境而定），拍成黑白或彩色照片，可以用来取代很费工时的建筑透视图，而且在生动性、逼真性艺术表现效果方面，配景模型照片甚至可以更胜一筹。

在现代建筑设计与创作中，当建筑空间及其形体十分复杂时，更需要借助于模型去研究结构的几何形状及其生成规律，图 5-35 所示的悉尼歌剧院的结构形体，便是设计者利用模型切块逐一进行研究的。

图 5-19　筒形结构实体模型
——纽约长岛旅馆设计，每层筒
形单元安排一套客房，共有 4 层

图 5-20　高层悬挂式结构实体模型
——南非约翰内斯堡标准银行大
厦，楼板分为三组悬挂，每组 9
层，各组顶层有井字形梁架作为悬
吊构件从中央承重井筒伸出

图 5-21　弹性张拉帐篷结构实体模型
——日本国内设计竞赛最优作品奖：大型展览棚设计（参见图 5-12）

图 5-22　混成结构实体模型
——布鲁塞尔国际博览会比利时馆箭形吊桥（参见图 2-59）

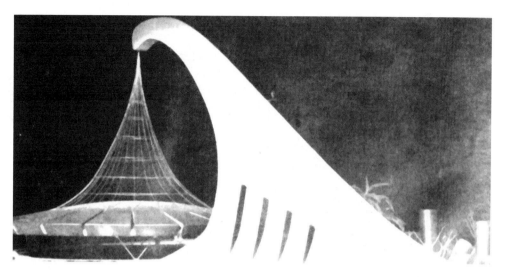

图 5-23　大跨悬挂结构实体模型
——1970 年大阪国际博览会澳大利亚馆全景电影厅（参见图 2-60）

图 5-24　充气结构实体模型
——1970 年大阪国际博览会日本富士馆

图 5-25　圆形悬索结构骨架模型
——1970 年大阪国际博览会日本汽车工业馆（前川国男、横山不学设计）

图 5-26　双曲抛物面组合式悬索结构骨架模型

——1958 年布鲁塞尔国际博览会法国馆（纪累等设计，参见图 2-65）

图 5-27　自由支撑帐篷结构骨架模型

——1967 年蒙特利尔国际博览会德国馆（F. 奥托设计，参见图 2-53）

图 5-28　其他各种新结构骨架模型举例

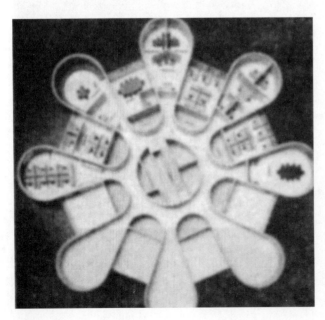

图 5-29　高层筒体结构切剖模型
——国外塔式办公楼设计。该水平切剖模型
布置了家具，由此可以看出结构几何体形与
建筑使用空间的相互关系

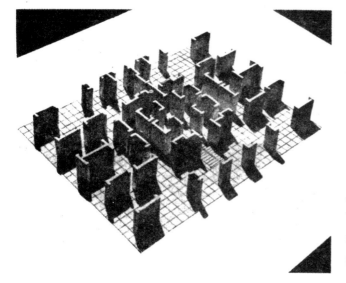

图 5-30　区划式承重墙结构切剖模型
——国外高层住宅设计。该水平切剖模型摆在有方格网的底盘上，既突出了结构布局的特点，又使模型具有尺度感（参见图 5-10）

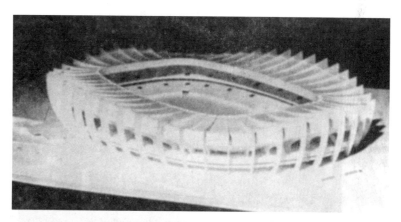

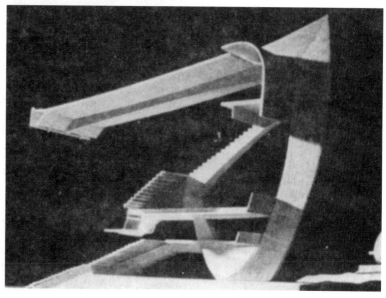

图 5-31　与实体模型相配合的竖向切剖模型
——巴黎普温斯公园体育场设计。从该切剖模型可以更清楚地分析看台结构的静力平衡系统

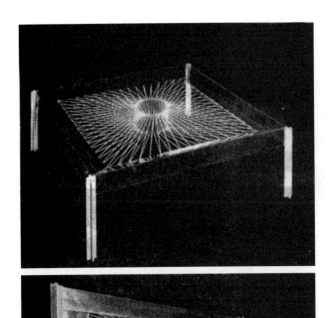

图 5-32　方形柱网悬索结构单元体模型
——德国—工业厂房设计采用此结构单元，按方形柱网连片组合

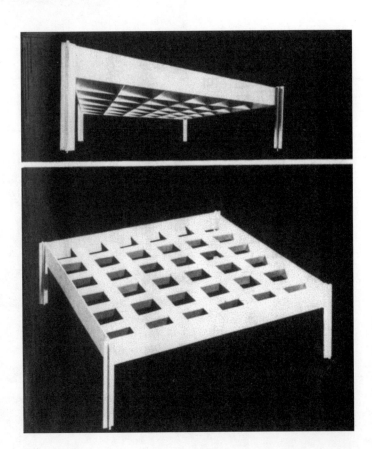

图 5-33　方形柱网井字梁结构单元体模型
——通过模型可以推敲梁高与层高的关系、格构造型的比例与尺度

228

图 5-34　多面体骨架结构单元体模型

——法国"金刚石"轻便住宅设计。模型表现了结构单元灵活组合的可能性，此外，还可以看出配景模型照片比一般透视图显得更加生动、逼真

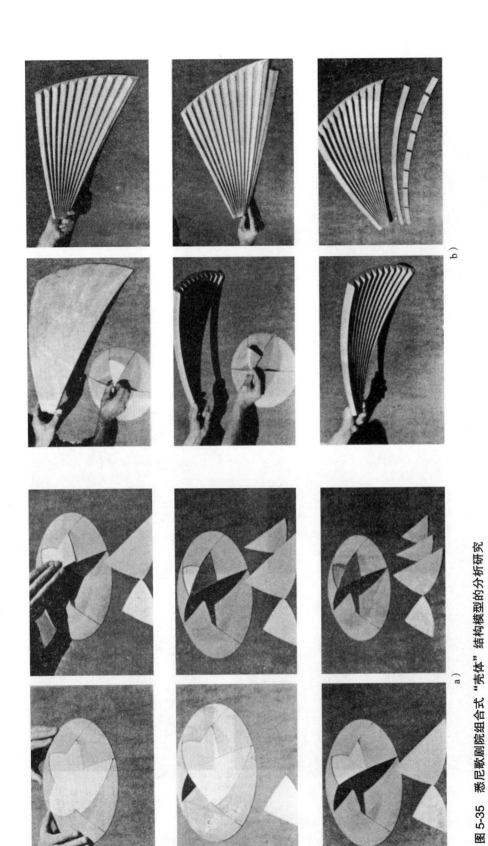

图 5-35　悉尼歌剧院组合式"壳体"结构模型的分析研究

a）对球面几何体模型进行切割分块研究

b）根据球面几何体分析制作相对应的肋形组合壳片

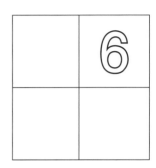

6

建筑结构运用中的建筑美学问题

要点提示:

结构思维的展开及其技巧的发挥,都离不开建筑美学思想的引导。现代主义建筑的形成和发展,不仅与功能主义分不开,而且也是与凸显结构作用的建筑思潮紧密相连的。我们既要继承和发扬后者所包含的那些进步、有益的理论思想,也应当克服和消除混杂其间的片面性、极端性所带来的负面影响。在回归建筑本体,把握好建筑艺术与建筑技术之间密切而又复杂关系的同时,还需要我们以与时俱进的发展眼光,去正确认识和处理创作实践中经常遇到的"'结构合理'与建筑形象的美""'表现结构'与建筑艺术表现""'虚假结构'与建筑艺术处理"等相互关联的各种现实问题。

6　建筑结构运用中的建筑美学问题

……技术逻辑净化所受到的影响及其道义上的力量被人们遗忘了，最终，便将艺术上的失败似是而非地嫁祸于技术之上，这正是我们今天所处的尴尬地位。

——C·西格尔：《现代建筑的结构与造型》

结构思维的展开及其技巧的发挥，都离不开正确的指导思想，这其中就包括了建筑美学思想。

作为建筑创作的物质技术手段，结构的运用不仅直接关系到建筑的安全使用和经济效益，而且也会对建筑空间及其实体的艺术创造产生很大的影响。因此，不管你主观愿望如何，结构的运用都会涉及建筑美学思想范畴，都要面对建筑审美中的一些实际问题。

20世纪50年代，国内曾出现过"结构主义"这一概念，我们对自己理解的结构主义理论观点也曾进行过分析和批判[一]。在国外的建筑理论文章或著作中，也常会见到"结构主义"这样的术语，但其内涵随其语境的不同而各有所指：一是指苏联的"构成主义"学派[二]；二是指源于哲学意义、后来又嫁接于建筑领域的结构主义[三]；其三，则是指建筑工程意义上的

[一]　刘秀峰，创造中国的社会主义的建筑新风格.《1984—1985中国建筑年鉴》，第24页至第33页。

[二]　是指苏联20世纪20年代，以金兹堡尔格（Гинзбург）为代表所宣扬的"构成主义"，它来自当时苏联具有国际影响的艺术运动。这一运动把三维立体的想象力首次运用于具有动态因素的、完全抽象的"构成"（1914~1920年）。之后，得到《左翼艺术战线》杂志中左派力量的支持，并成为这个时期苏联建筑学界中具有重大影响的派别（参见A·布洛克等主编.《枫丹娜现代思潮辞典》，中国社会科学院文献情报中心译.北京：社会科学文献出版社，1988）。

[三]　最初是指语言学中的结构主义，它是20世纪初，由索绪尔（Ferdinand de Saussure）提出的"语言规则和单词"这一模式发展而来的：语言规则决定了话语的结构，它乃是单词得以自我表达的系统。哲学领域中的结构主义则有了进一步的发展，它认为，"结构是一个包容着各种关系的总体，这些关系由可以变化的元素构成。元素的改变需依赖于整体结构，但可以保持自身的意义。元素的互换，不改变整体结构，而元素之间的关系的更改则会使结构系统发生变化；任何领域中问题的解决关键在于它们内部的组织关系，这种关系可用数学模式来描述。"正是这种结构主义哲学思想，后来成了国际建筑领域中新一代建筑师向功能主义发起挑战的锐利武器。他们从构成社会和形式的结构体系的分析研究出发，"把空间当作城市与建筑整体系统中的构成元素来考虑"，认为"形式不取决于功能而是由构成元素组织法则（即结构系统）"。建筑领域中的这种结构主义理论思想，对20世纪60年代后世界建筑实践打破功能主义的条条框框，起到了积极而又广泛的推动作用，特别是与研究形式构成规律的形态学的结合，为解决现代建筑实践中的许多新问题，开辟了一条崭新的途径（参见刘先觉主编，现代建筑理论——建筑结合人文科学自然科学与技术科学的新成就，第十四章：建筑形态学与结构主义.北京：中国建筑工业出版社，1999）。

结构主义[c]。就建筑工程意义上的结构主义而言，国内外的建筑学者也存在着不同的看法。上面提到的国内建筑界对"结构主义"的分析与批判就具有一定的代表性，而 1956 年来华访问的波兰建筑师学会代表团则认为，"向结构主义做斗争实质上是一个不正确的趋向"[c]。这里，我们可以将有关建筑工程意义上的结构主义歧见与争论放在一边，而只从现代建筑发展的进程，去分析和认识与结构运用紧密相关的建筑美学思想的演变，并从中总结出我们对结构运用中有关建筑美学问题的一些基本认知。

一、凸显结构作用的建筑思潮的兴起

欧洲文艺复兴之后，出现了建筑师与结构工程师的职称。当时，建筑师是由强调造型艺术的建筑艺术学院培养出来的，只管民用建筑设计。结构工程师则出自于以学习自然科学与技术为主的工程技术学院，仅仅从事于工业建筑之类的设计与施工。在当时，采用了大跨度新结构的火车站、展览馆因打破了传统建筑的构图概念，在学院派眼里都不能称之为建筑（Architecture）。在古典主义建筑思潮的熏陶下，建筑师逐渐脱离生产，脱离技术，走进了"象牙之塔"的建筑艺术死胡同。19 世纪以前，社会生产仍以手工业方式为主，这个问题尚不突出。但进入 19 世纪之后，当以大机器生产为基础的社会生产，以及社会生活对建筑提出更高要求的时候，由于无视物质技术手段，因循守旧地沿袭传统建筑的设计思想与设计手法而严重阻碍建筑发展的问题，便明显地暴露出来了。17 世纪以来，在古典主义思潮延续了二百年之后，对适应新形势的新物质技术手段运用的大胆探索，已成为历史的必然。

19 世纪 80 年代至 20 世纪 20 年代，呈现在欧美各国的新建筑运动是西方现代建筑的启蒙与发端，对新材料、新技术、新结构登上建筑创作的大雅之堂，起到了极大的推动作用。工程结构的变革，可以说是从 19 世纪初采用铁制承重构件开始的。最早出现的铸铁梁柱结构减少了结构面积，且利于建筑物的采光和防火。铁制梁架或拱架可以将屋盖荷载直接传递到几个集中的基础上，摆脱了传统砖石实体结构方法，为室内不同功能的平面布局和采光通风设计创造了良好条件。1851 年伦敦博览会展览馆"水晶宫"（Crystal Palace）在短短的六个月内建成，进一步揭示了铁制结构的巨大优越性（图 6-1、图 6-2）。到了 19 世纪末期，钢产量大幅度增长，结构中铁的运用逐渐为钢所代替。奠基于 1883 年的美国芝加哥学派首创了多层钢骨架结构，并用其来建造公寓、旅馆、办公楼。大跨度结构形式也应运而生，1889 年巴黎博览会机械馆的出现（同时出现的还有高达 328m 的埃菲尔铁塔），也像"水晶宫"一样，令人惊叹不已（图 6-3）。20 世纪初，现代建筑中最重要的材料——

---

[c] "结构主义"一词在国外建筑理论文章或著作中用得比较通俗的地方，还是就我们对建筑创作中结构这一物质技术手段的态度而言的。如果说，"功能主义"是因突出地强调"功能的合理性"，把功能视为创作的重要源泉而冠以此名的话，那么这里说的"结构主义"，也正是因为突出地强调"结构的合理性"，并把结构视为建筑艺术表现中的重要元素而成其一派的。就像从来没有建筑大师公然宣称自己是"功能主义者"一样，也从来没有建筑大师公然宣称自己是"结构主义者"。然而，作为现代建筑实践中的理论思想，功能主义和结构主义不仅表现在一个相当长时期的建筑言论中，而且也反映在一个相当活跃阶段的建筑创作活动中。

[c] "……这个口号被简单地和表面地加以理解，这导致设计的创作走向错误的道路，以致片面地强调建筑的造型，建筑形象中充满了虚假的、形式的、折中的装饰，并且使用了不合理不经济的结构。结果造成了这样的情况，即对结构和建筑材料领域中的技术上的进步不感兴趣，而只有在工业建筑中采用了新的可能性，然而即使在工业建筑中也弥漫着形式主义装饰的思想。"（《建筑学报》1956 年第 2 期）。

图 6-1　1851 年伦敦博览会
展览馆在全欧洲建筑设计竞
赛中，共收到了 233 个设
计方案。出人意料之外，由
园艺师巴克斯顿（Paxton）
提出的装配式骨架建筑方案
被采用了。他按照花房的结
构思维，利用 3300 根铁柱
和 2300 根铁梁来组成展览
馆的骨架，并于屋面和墙面
上覆盖玻璃。这座面积达
72000m^2 的"水晶宫"，竟
在短短的 6 个月内建成了

图 6-2　1851 年伦敦博览会"水晶宫"（Crystal Palace）内景

图6-3 1889年巴黎博览会机械馆室内景象,由工程师柯坦欣(Cottancin)设计的
该展览馆是用20榀大型钢制三铰拱构成的,建筑物全长420m、跨度达115m。三铰
拱架最大截面外边尺寸为0.75m×3.5m,而拱架在接触地面处的"铁脚"却急剧地
缩为一点,这与传统的梁柱结构中逐渐向上收分的支柱体形截然不同

钢筋混凝土首先在法国开始大量推广。法国建筑师柏勒（Perrat）兄弟和瑞士结构工程师马雅（R.Maillart）便是最早在民用建筑和桥梁建筑工程中成功运用钢筋混凝土结构的先驱。柏勒设计的巴黎富兰克林路25号公寓，探索与新结构形式相适应的建筑风格，使人耳目一新（图6-4）。马雅设计的桥梁既简洁优美，又与材料的力学性能、结构的受力特点相统一（图6-5）。1916年建成的跨度达97.5m的抛物线折板拱飞船库，也向人们展示了新结构技术的巨大潜力（图6-6）。

伴随新建筑运动在欧美各国的这些创新实践活动，自然而然就出现了与之相关的建筑言论与建筑学派。作为新建筑运动前期的一位旗手，奥地利建筑师、维也纳学院的华格纳（O.Wagner）教授，早在1895年写的《现代建筑》（《Modern Architecture》）一书中，就已预见到新的结构原理和新的建筑材料必将带来建筑式样的革新。他认为，"无论何种建筑宜以结构为本，以达艺术之造型"，"若无结构的知识与经验，则不得称建筑家"。"德意志工作联盟"是新建筑运动中明确提出建筑应该与现代工业生产相结合的建筑学派，这一基本理论观点在建筑艺术方面有很突出的表现，柏林通用电器公司透平车间（图6-7）便是该学派建筑大师贝伦斯（P.Behrens）正确处理建筑与结构关系的经典之作。1914年在科隆举办的展览会，可以说是该学派运用钢结构和玻璃等轻质隔断材料进行建筑艺术创新的一次大检阅，现代建筑中一些典型的艺术处理手法便是从那里起源的。1919至1928年期间由格罗皮乌斯（W.Gropius）领导的鲍豪斯（Bauhaus）学院，对设计中新技术、新工艺与新艺术观念的形成起到了不可磨灭的历史性作用，后来对结构技术情有独钟的布洛伊尔（M.Brouer）和密斯·凡德罗都曾在这里任教。作为承前启后的人物，密斯·凡德罗在强调结构在建筑中的地位与作用方面是最为尖锐的。他将结构的明晰性、逻辑性与极限性视为"结构合理"最充分的体现，也是建筑艺术中美的集中表现。他称"结构系统"是（建筑）"整体的主心骨"，并说："我们毫不含糊地提出明确的结构系统，因为我们需要一种规则的结构，以适应当前标准化的要求。"密斯·凡德罗始终认为，"建筑艺术与形式臆造毫无共同之处"，"建筑艺术形式是以其内在的结构逐渐成形确定下来的"[一]。密斯·凡德罗的言论自始至终都贯穿于他的创作实践中，他将钢结构的艺术表现力发挥到了极致（图6-8）。

进入20世纪中叶之后，随着新材料、新技术、新结构运用的日益推广，特别是运用各类大跨度空间薄壁结构的新建筑形象被众人传为美谈时，"结构美学"的讨论更加热烈，"表现结构"（Expressing Structure）的说法，常常出现在建筑师、结构工程师和学者们的言谈、文字之中。拉法特（A.A.Raffat）在《建筑中的钢筋混凝土》一书中指出："表现结构实际上就是表现一般的基本的真实情况，表现力的作用与反作用，表现结构的稳定性以及人克服地球引力的意图。"他甚至直截了当地说："再也没有比结构更值得表现的东西了，因为没有结构建筑物就造不起来。"[二]苏联建筑科学院编写的《建筑构图原理》一书，在评论著名结构工程师奈维、康德拉、托罗哈、萨尔瓦多里的设计特点时，也认为在他们的作品中，"都贯穿了这样一种意图，即要表现建筑物的静力学性能，要创造能具体体现因外力作用而引起的内力情况的建筑艺术形式。"在建筑师的行列中，对表现结构极为关注的，并

[一]　密斯·凡德罗的建筑思想.张似赞译，建筑师.第1期.北京：中国建筑工业出版社。

[二]　Aly Ahmed Raafat,Reinforced Concrete in Architecture.New York.1958。

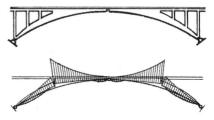

图 6-5　瑞士萨金纳——托贝尔（Salgina-Tobel）桥

设计者马雅（R.Maillart）自称为回避严密结构理论的"简单化者"，对"简化"的喜爱，使他的桥梁作品既优美，又符合结构的力学原理

图 6-4　巴黎富兰克林路 25 号公寓（1903 年）

这座 8 层楼高的公寓，它的钢筋混凝土骨架断面尺寸，完全是根据结构理论计算确定的，没有仿照古典柱式的比例、尺度，在骨架之外再包任何材料，从而以其清新的建筑形象而载入史册

图 6-6　巴黎近郊奥里的钢筋混凝土抛物线折板拱飞船库（1916 年）

飞船库跨度达 97.5m，折板拱高 59.43m，在每条折板拱构件之间开有天窗。这是最早在大跨度结构中，充分利用钢筋混凝土材料力学性能及其可塑性的大胆尝试

图 6-7　柏林通用电器公司透平车间（1909 年）
——车间主跨采用了钢制三铰刚架结构，边跨为单坡钢桁架。山墙顶部轮
廓线呈多边形，与结构一致。刚架与底座节点大胆暴露在外，建筑形象与
结构的轻巧、坚挺相协调，使工业厂房也同样富有表现力

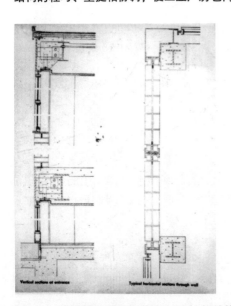

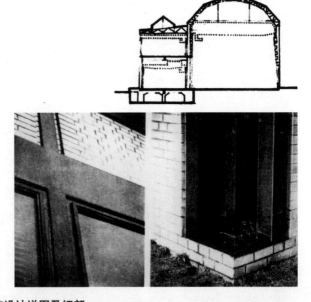

图 6-8　美国伊利诺理工学院（IIT）钢结构建筑设计详图及细部
——密斯·凡德罗在 IIT 新校园设计中，运用的建筑语言特征完全来自钢框架结构淋漓尽致的表现。左图
为典型的外檐剖面和外墙平面，右图为外墙处理（浅黄色砖与黑色钢框架形成对比）和建筑转角处理（整
个转角用黑色钢板饰面）

非只有密斯·凡德罗，布洛伊尔（M. Brouer）就曾说过，"只要有可能而又能使人觉得很自然时，那就应该表现结构。"[⊖]雅马萨奇也认为，"我们必须忠于结构的表现和忠于今日的结构技术。"[⊜]

令人回味的是，当建筑中违反结构逻辑的新奇形式出现时，就有著名人物站出来，借用结构主义的概念对其进行批判。奈维曾开诚布公地呼吁警惕来自"虚假的结构主义的危险"。请注意，奈维这话中的潜台词便是"有真实的结构主义存在"。正因为如此，奈维才进一步指出，这种虚假的结构主义"不是从结构和施工要求的自然体现中产生出来的，它是一种完全不符合力学要求的、主观臆造其形式的结构主义。换句话说，我所指的危险是来自那种从外形出发的结构，而不是来自力学本身的内部因素"。[⊜]有意思的是，当强调结构的这种思潮走向极端，如将"表现结构"变成要暴露一切结构部件时，也有学者站出来进行反驳。布洛伊尔就称这种"过分地显示结构"的做法，是"一种过了时的时髦"，是"结构标榜主义"（Structural exhibitionism）。[⊗]除此而外，还有其他方面的一些议论，下面我们还将进一步谈到，如"结构合理就一定美吗？""忠于结构是不是就一定要暴露结构？""在真实的结构上进行装饰有没有必要？""为了美观可不可以引入虚假结构？"等。这些言论及其理论观点，正是新建筑运动以来凸显结构作用的建筑思潮的生动写照。到了20世纪中叶，对工程结构的重视已不再是局限于个别建筑学派或建筑名流的狭隘范围里了。如何正确对待与运用新材料、新技术、新结构的问题，在许多国家建筑学界中，都已引起广泛的注意与浓厚的兴趣，国际建筑师协会第六次大会曾对这个专题进行过交流和讨论。我们可以看到，20世纪中叶每一次大型世界博览会都是一次现代结构技术成就的大检阅，如1958年布鲁塞尔博览会上的悬挑结构（图2-59、图2-60）、1967年蒙特利尔博览会上的穹隆网架结构（图0-12）、1970年大阪博览会上的充气结构（图6-9、图6-10）等。从中我们可以强烈地感受到结构运用中的理性和激情，感受到其中所涌动的建筑思潮。

二、现代主义建筑运动的重要组成部分

从以上简要的回顾中可以看到，凸显结构作用的建筑思潮始于新建筑运动，并伴随功能主义的发展而在20世纪60年代达到高潮。大量建造的需求、新材料新技术的运用、新结构体系的出现以及现代审美观念的变化，形成了产生这一建筑思潮的气候与土壤。从本质上讲，它是现代主义建筑运动的一个组成部分，而从理论上看，在凸显结构作用的建筑思潮中，则包含了许多进步、有益的思想。纵观这方面的建筑言论和创作实践，我们可以做出如下描述：

1）结构是建筑物的"骨骼"，它首先属于应用科学和应用技术，在这个前提下，它才是建筑艺术表现的物质手段。正如M·E·托罗哈说的那样："结构设计与科学技术有更密

⊖　M.Brouer, Sun and Shadow.London-New York-Toronto 1956。

⊜　吴焕加.雅马萨奇.北京：中国建筑工业出版社，1993。

⊜　奈维.建筑的艺术与技术.黄运升译.北京：中国建筑工业出版社，1981。

⊗　M.E.Torroja.Philosophy of Structures.1958。

图 6-9　1970 年日本大阪世界博览会会址鸟瞰

——如同各地举办的世界博览会一样，这里成了充分展示新材料、新技术、新结构的最佳场所，特别是发达国家所传递的建筑信息更是为世人瞩目……

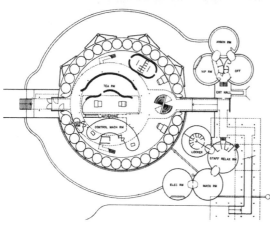

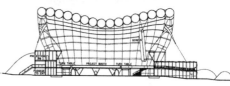

图 6-10 1970 年大阪博览会日本富士馆
——采用充气结构的展览馆虽为圆形平面，但
呈筒状组合的屋盖与墙体合二为一，充分利用
结构的柔性，出其不意地构成了极具动势和标
志性的展览馆形象。附属建筑的设计与主馆融
为一体，缓和了陌生形象对人们的视觉冲击，
这也是一种"人性化"设计思想的体现

切的关系，然而却也在很大程度上涉及艺术，关系到人们的感受、情趣、适应性，以及对合宜的结构造型的欣赏……"⊖

2）正确地运用结构，不仅是结构工程师的事，同时也是建筑师的事。因此，建筑师必须懂得材料的力学性能，掌握结构的力学规律。奈维提醒我们："我们可能犯的最大错误之一，就是以为建筑师在结构知识方面比结构工程师差一些也就行了。"⊜结构理论家罗森迟尔则一针见血地指出："不懂得结构的内在含义，盲目地去运用结构，这是浅薄无知的，必然会导致毫无道理的形式主义，从而造成本来是可以避免的那些浪费。"⊜

3）建筑形式与风格的创造，应当适应新材料、新技术与新结构的发展。牺牲结构的合理性，而去教条地搬用、模仿传统建筑形式，或是去追求时髦的新奇形式，都是违背建筑发展的客观规律的。早在 1924 年密斯·凡德罗就断言，"就连最优秀的艺术上的天才要这样做（是指在现代建筑中仍搬用过去的建筑形式——笔者注）也是注定要失败的。"⑩

4）应当充分利用和发挥结构本身所具有的形式美因素，而技能卓越的建筑师与工程师，总是善于使合理结构的"明晰性、逻辑性与极限性"（密斯语），在建筑的艺术表现中得到应有的体现。这样，就必然会有一个对结构进行艺术加工的问题。"结构形式一旦被选定，那么，对该结构的粗糙轮廓线，各部分的比例以及由力学计算所确定的可见厚度，艺术家往往总要多少加以提炼、处理。"⑯任何时候，对结构必要的艺术加工与艺术处理，都是建筑创作中不可缺少的一个重要环节。

5）反对矫揉造作，摒弃"虚假结构"，并使结构从繁琐的装饰中解脱出来，让建筑得以"净化"。大家所熟悉的密斯·凡德罗的名言"少即多"（less is more），便是与他对"结构之真实"的追求分不开的。

凸显结构作用的这一建筑思潮不仅对第一代、第二代建筑师的创作产生了深远的影响，就是在第三代建筑师的不少作品中，也自觉或不自觉地打下了它鲜明的印记。热衷于新建筑流派的旗手之一、被视为"新表现主义"代言人的艾诺·沙里宁（建筑界也习惯地称他为"小沙里宁"），他是反对密斯·凡德罗的创作理论和创作实践的。艾诺·沙里宁的作品因强调建筑体形的曲线、力量和动态，而与密斯·凡德罗的"玻璃盒子"绝然不同。然而尽管如此，他的优秀代表作品，如耶鲁大学滑冰馆（图 3-16）、华盛顿杜勒斯国际机场航站楼（图 3-12、图 6-11）等，仍然清晰地反映了他从工程意义上的结构主义理论思想中所汲取的丰富营养。艺术评论家爱兰曾总结艾诺·沙里宁提出的"建筑的六根支柱"（Six Pillars of Architecture），其中前两根"支柱"就是"尊重功能"（Respect of function）和"结构完善"（Structural integrity）。

在现代主义建筑发展进程中，强调和凸显结构作用的理论思想已深深地渗入了世界东方的日本。日本现代建筑的发展，就是从引进西方先进的结构技术和突破传统建筑形式的束缚开始的。起初，围绕着如何对待和运用结构的问题，日本建筑界也出现了偏激的言论。1914 年建筑学会大会上辰野金吾就抨击了艺术倾向，宣扬了结构论点；1915 年结构派的代

⊖、⑯　M.E.Torroja.Philosophy of Structures.1958。

⊜　奈维.建筑的艺术与技术.黄运升译.北京：中国建筑工业出版社，1981。

⊜　罗森迟尔.结构原理和建筑师.建筑译丛.1959.第15期。

⑩　密斯·凡德罗的建筑思想.张似赞译.建筑师.第1期.北京：中国建筑工业出版社。

图 6-11 华盛顿杜勒斯
国际机场航站楼
——艾诺·沙里宁虽与密
斯·凡德罗的设计思想
互不相容，但在他的这个
代表作中，对结构逻辑和
结构造型美的执着追求与
精心表现，可以说是与凸
显结构的设计理念一脉相
承、异曲同工的（参照图
3-12、图 3-96）

表野田俊彦甚至提出了"建筑非艺术"论，认为重要的是结构合理而不是美观。到了 20 世纪 20 年代初，身为"分离派"成员的佐野利器，既强调结构技术，又不否定建筑艺术，并力图把两者结合起来，提出了"力学美"的主张。他还从工程结构的角度做过移植大屋顶"帝冠"的努力，但未能起到什么作用。1936 年"日本建筑文化联盟"的成立，加快了建筑工业化与现代化的步伐。在探索的道路上，革新派和保守派曾多次进行思想交锋，结构技术的演进及其对建筑形式的影响所带来的"冲击力"，毕竟要大于因循守旧的"惯性力"。特别是 20 世纪 50 年代起，随着外资和新技术、新设备的引进，水泥、钢材以及施工机械等生产的飞速发展，这就使得日本现代建筑的创新不仅有西方建筑理论可供借鉴，而且在国内还提供了雄厚的物质技术基础。到了 20 世纪 60 年代，先进结构技术的运用，便在日本的工业建筑、民用建筑、特别是公共建筑的创作中，结出了丰硕成果，并涌现了一批开辟日本现代建筑创新之路的新老闯将。我们可以看到，前川国男设计的东京都纪念文化会馆（图 6-12）、丹下健三设计的东京代代木体育中心（图 0-11）、大谷幸夫设计的东京都国际会馆（图 6-13）等，尽管所创造的建筑形式与艺术风格各具特点，但他们在对待与运用结构的指导思想方面却是一脉相承的。事实上，大谷幸夫正是丹下健三的门徒，丹下健三则得到过前川国男的栽培，而前川国男又曾于 1929 年去巴黎，在勒·柯布西耶事务所学习和工作过。勒·柯布西耶曾把他的新建筑归结为五点，其中许多设计手法，如底层拓空、外墙开带形窗，以致后来创造的"鸡腿""大翻檐""方伞盖"等，都无不与结构技术的运用密切相关。由此可见，现代主义中凸显结构作用的理论思想影响到了几代人，甚至于直到已进入新世纪的今天，瑞士建筑师赫尔佐格在北京 2008 年奥运会体育场"鸟巢"的方案设计中，还特别把"结构形式与建筑艺术表现的统一"，当作其创意中最大的亮点来诠释。

由此我们便不难理解，在国际范围内，现代主义建筑的形成和发展，不仅是与功能主义分不开的，而且也是与凸显结构作用的建筑思潮紧密相连的。后者所包含的那些进步、有益的理论思想，也正是现代主义建筑理论思想的重要组成部分。然而，在我们充分肯定这一点的同时，我们也应当指出混杂其间的某些片面性与极端性，以及由此而带来的负面影响。

三、"结构合理"与建筑形象的美

结构合理是创造"安全、经济、适用"建筑产品的前提，因而"结构合理"就是建筑中"生活美"的体现，这正如建筑史学家 A·慧蒂克在《20 世纪欧洲建筑》一书中所说的那样，"在审美经验中，当结构形体表现出与它的功能十分相适时，那么，它就会给人以最大的快感。"然而，如果把这种"美"夸大为建筑中的"形式美"与"艺术美"的话，那就会陷入"结构合理自然美"的困境，从而否定在艺术审美方面对合理结构进行分析、比较和加工、处理的必要性。

一般来说，合理的结构可能会具有一些形式美因素，如均衡与稳定、韵律与节奏、连续性与曲线美以及使人产生某种联想的形式感等。然而，这些只是构成形式美的因素，而不是整体上的形式美。只有当结构或由结构构成的建筑形体符合形式美的构成规律时，它们才能是美的（图 6-14 ~图 6-17），反之，则不美（图 6-18、图 6-19）。萨尔瓦多里在其著作《建筑中的结构》（Structure in Architecture）中，对"结构合理究竟美不美"说得很中肯："……要想证明美主要是由结构来决定的这是困难的，但指出这一点却容易，即有一些'不

图 6-12　东京都纪念文化会馆

——前川国男设计，1961 年建成。在钢筋混凝土框架结构系统中，十分自由地处理空间形体关系，特别是屋顶平台上的体量组合与栏板留洞都洋溢着鲜明的时代气息……

图 6-13　东京都国际会馆

——大谷幸夫设计，1966 年建成。设计者采用了斜撑式构架的方式来扩展、延伸会馆的室内空间，结构形体不仅有利于会场的声学设计，而且在造型上突出了构架特征，并含蓄地表达了"张开双掌欢迎国际友人到来"的建筑语义（参见图 3-28 及图 3-30）

图 6-15　呈蒜头状圆形壳的储液罐

图 6-16　托罗哈设计的西班牙马德里赛马场看台

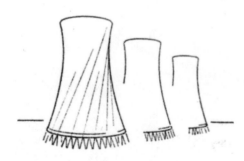

图 6-14　具有旋转双曲面的冷却塔

图 6-17　康德拉设计的墨西哥霍奇米洛科餐厅

图 6-18　缺乏形式美的大跨度结构形体（例一）
——墨西哥马达莱纳体育中心体育馆

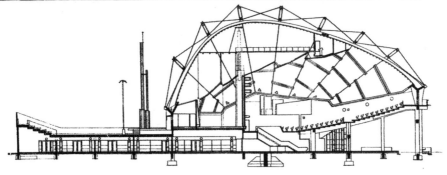

图 6-19　缺乏形式美的大跨度结构形体（例二）
——日本 Miyakonojo 会馆

合理的'结构使人心爱，而有一些'合理的'结构却并没有带来美学上的满足。也许，这样来说比较聪明：结构的正确性，在大多数情况下是产生美的必要条件，但却并不是产生美的唯一保证。"可见，结构的合理性与建筑的形体美之间有着一定的内在联系，但二者之间毕竟还不是必然的因果关系。

任何合理的结构，在构成建筑的空间形体过程中，其观赏部分都有一个如何按照形式美的构图规律来进行艺术加工与艺术处理的问题。充分利用结构本身所具有的形式美因素，并通过对结构实体的轮廓线、比例、尺度、质感、色彩等进行适当的加工与处理，来达到形式上"多样性的统一"，这乃是赋予合理的结构以形式美的必经之途（图 6-20~图 6-22）。有关结构的艺术处理，已在本书第三部分第三节中做了详细论述，需要我们注意的是，在设计过程中，对结构的形式美方面的要求，与对结构的力学方面的要求，既可能相互一致，也可能相互抵触，因而，如何使两方面的要求在最大程度上统一起来，这在设计技巧与设计手法上便有高低之别与巧拙之分。例如，我国新建的一些大型公共建筑（航站楼、会展中心、体育馆等），都采用了钢网架结构，虽满足了经济合理的要求，但由于缺少审美方面的设计配合和深入推敲，所以也就难免给人留下生硬、简陋的印象。首都机场 2 号航站楼屋面钢结构系统曾以 1：10 的比例进行过研究，因此，不论是从建筑剖面设计的角度来看，还是从节点细部处理来说，都与室内空间艺术效果和谐、融洽。

我们说，结构及其构成的建筑空间形体的形式美乃至艺术美，都应当建立在结构合理的基础上，这并不意味着工程力学和结构技术就能成为衡量建筑形式美或艺术美的客观标准。事实上，在如何对待与运用结构的问题上，始终都离不开两个法则：一个是技术法则，一个是艺术法则。合理结构的形式美也好，还是由结构构成的建筑空间形体的艺术美也好，都是建筑创作中技术法则与艺术法则的相对统一。也正因为如此，建筑艺术的表现技巧与表现手法，均不能脱离结构技术的发展而一成不变。结构的合理性不仅是推动结构技术不断创新的源泉，而且也是引导描绘建筑空间形体的建筑语言不断推陈出新的一个重要因素。

四、"表现结构"与建筑艺术表现

前面我们已经谈到了"表现结构"（Expressing Structure）的一些含义。至于为什么要"表现结构"，也有各种不同的看法。柏勒（A.Perret）在其著作《建筑理论的贡献》（*Contribution au theorie de L'Architecture*）中说，这是因为结构是"建筑本身所能具有的唯一合理的，同时也是最美的装饰"。在柏勒看来，结构是作为建筑中唯一合理而又是最美的"装饰"出现的。布罗伊尔的解释则比较合乎情理："每个人都对去了解是什么东西在使一件事物起作用而感兴趣，都对事物的内在逻辑感兴趣……"所以，他认为，"只要有可能又使人觉得很自然时，那就应该表现结构。"⊖罗森迟尔在为建筑师专门写的一本书《结构的确定》中也说："建筑形式往往会由于结构性能在其造型上的戏剧化的表现，而加深对人的印象。只要这种'戏剧'是基于结构的真实之上，那么这种表现便是合情合理的。"⊜

⊖ M.Brouer,Sun and Shadow.London-New York-Toronto 1956。

⊜ H.Werner Rosenthal.Structural Decisions.London.1962。

图 6-20 受力合理的主体承重结构的艺术加工（例一）

——路易斯·康设计的理查医药研究大楼，采用了方形平面单元组合，在其转角悬臂梁结构的造型艺术加工上别出心裁：在力学原理允许的前提下，使悬臂梁截面发生突变，形成了与建筑整体相协调的轮廓线，造成了丰富的阴影效果，同时在材质与色彩上，也给人留下了鲜明对比的深刻印象（参见图 3-102）

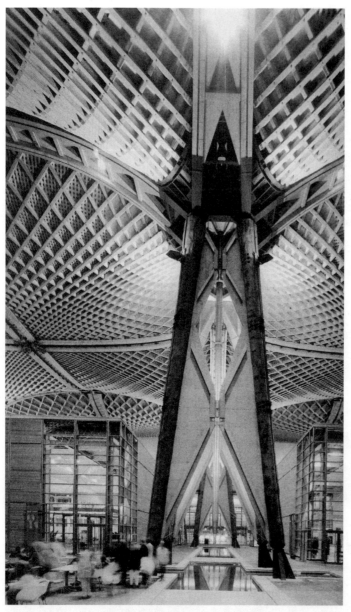

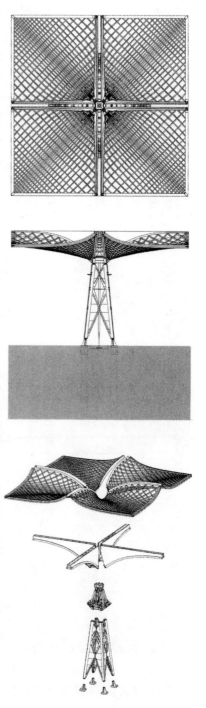

图 6-21 受力合理的主体承重结构的艺术加工（例二）

——赫尔佐格及合伙人建筑师事务所设计的汉诺威 2000 世博会大
屋顶（Symbolic roof），采用了 10 个约 40m×40m、高度超过地
面 20m 的巨型伞盖结构。伞盖由 4 个基本结构单元组成，而每个
结构单元又由挑出的木构架和双曲菱形木格栅组成。竖向承重部件
为 4 根倾斜的木柱，每根木柱均有一个支撑钢构件。木柱之间的斜
撑组件是结构稳定性所要求的，但同时也使得巨大的组合柱有了很
好的装饰效果。这个象征性作品反映了德国的现代建筑技术水平与
现代建筑审美情趣

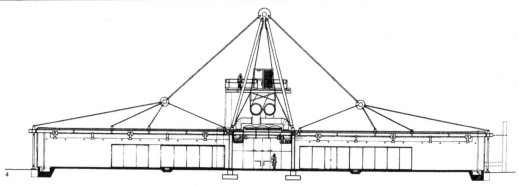

图 6-22　受力合理的主体承重结构的艺术加工（例三）

　　——R·罗杰斯设计的美国普林斯顿大学实验室，采用了两侧对称式悬挂屋盖结构，不仅拉杆系统的组合变化有序，而且以圆环状板材作为主拉杆和支拉的杆联结点也十分妥帖：既便于施工，又以圆的母题与人字形构架中安置的圆筒状设备相呼应。人字构架、拉杆及圆环节点系统均施以红色，与白色、黄色和银灰色饰面的建筑、设备形成鲜明对比，展示出轻快、爽洁的实验建筑艺术风格

"表现结构"与"忠于结构""（Structural honesty）如出一辙，而"忠于结构"的创作思想则要溯源于 19 世纪在英国兴起的"艺术与工艺"运动（Arts & Crafts）。以莫里斯（W.Morris）为代表的一批人，为了与当时大量生产而又粗制滥造的机器制品相对抗，他们主张手工业生产品要在材料、结构上力求做到与其艺术形式有机统一。这一运动对当时的建筑设计产生了一定的影响，忠于材料、忠于结构的思想开始体现在建筑设计之中，如威布（P.Webb）设计的"红房"（Red house）便大胆地摒弃了惯用的装饰，并使红色清水砖墙暴露在外，给人留下了坦率清新的印象。

19 世纪末、20 世纪初，当欧洲建筑界提出了所谓"净化"建筑的要求，而同折中主义、复古主义展开针锋相对的斗争时，忠于材料和忠于结构的思想在建筑设计中有了进一步的体现。荷兰建筑师柏尔拉格（H.P.Berlage）设计的阿姆斯特丹证券交易所，曾引起人们的普遍注意：设计者不仅将荷兰传统的精工砌筑的大面积清水砖墙和砖券"从粉刷中解放出来"，而且就连内部的金属桁架也都不加装饰地袒露在外。柏尔拉格在设计中所体现的这种忠于材料、忠于结构的思想，对后来密斯·凡德罗的建筑创作有很大的影响。密斯在谈到芝加哥伊利诺工学院的主体建筑时就说过，如果没有柏尔拉格的先例，他是不会设计出这样的建筑来的。

20 世纪初，我们从柏勒、贝伦斯、格罗皮乌斯、托特等人的设计中就已看出，钢和钢筋混凝土材料及其结构给建筑形象的创造所带来的巨大影响。二次大战后，各种大跨度空间薄壁结构以及其他新型结构的运用逐渐推广，一些结构工程师和建筑师的建筑作品，因其结构形式的新颖雅致而传为美谈。在这样的建筑语境背景下，"表现结构"的说法自然便在建筑理论或建筑评论中屡见不鲜了。

总体来说，"表现结构"是"忠于结构"这一设计思想与设计手法的引申和发展，它的本意是，让结构从大量填塞的物质材料和一味堆砌的繁琐装饰下解脱出来，并使结构本身所具有的形式美和形式特征，能在建筑空间形体的艺术创造中得到充分的体现。无疑，这与现代建筑生产效能的提高和结构技术的发展是相适应的，同时这也是使现代建筑艺术打破复古主义与折中主义因循守旧而走向新生的动力所在。

然而，建筑毕竟是一个反映多方面复杂要求的综合体，而在不同条件下，建筑创作的意图也会有所不同，所以如果撇开这些而孤立地去强调"表现结构"，就势必把表现结构当成建筑创作中必不可少的重要目的和内容，也就必然会导致结构运用中的形式主义。

首先，在"表现结构"的驱使下，往往会把"暴露结构"看作是建筑艺术表现中不可违背的原则。那位法国建筑师柏勒，就曾在他的著作《建筑理论的贡献》中写道："谁把结构骨架部分掩盖起来，谁就失去了建筑本身所能具有的唯一合理、同时也是最美的装饰。"并断言："谁把梁隐藏起来，谁就是犯罪。"密斯·凡德罗热衷于以玻璃外墙来暴露建筑内部的结构，他认为如果墙壁把内部结构遮挡了，那便是"毫无意义的和虚假的形式"。⊖

显然，不做具体分析，为"暴露结构"而暴露结构，这不仅仅在建筑艺术上是一种形式主义的表现，而且也往往不能满足声学、热工、防火、防尘等各种使用功能要求。布洛伊尔在专门谈到"空间中的结构"时说得好："建筑物是由许多部分组成的有机体，其中有结构，也还有包裹着这个骨架的各种不同的表层或特殊的皮肤……此外，还有建筑物的

⊖ 密斯·凡德罗的建筑思想.张似赞译.《建筑师》.第1期.北京：中国建筑工业出版社。

内脏、肌肉和神经——也就是机械设备……诚然，有一些建筑，例如巴黎的埃菲尔铁塔，90%都是结构，因而结构就可以作为一个单纯的因素来加以表现了。但也有一些建筑只有20%的结构，其余80%都是别的东西。"布洛伊尔以大型百货公司为例，说明机械设备、管道管线都错综地交织在一起，"没有任何理由可以武断地根据某种学说或教条来肯定应该把它的结构和内部的一切都暴露出来，让人看见。"⊖

从建筑艺术的角度来说，"表现结构"所指的结构实体的形式美，也不能脱离建筑创作的艺术意图而孤立存在。如何去利用结构所具有的形式美因素，如何对结构实体进行艺术加工和艺术处理，这都要服从建筑创作中艺术意图的表达，如应当表现怎样的一种建筑性格？创造什么样的文化氛围或艺术气氛？要给人们带来什么样的视觉印象和心理感受等。所以说，表现结构也好，暴露结构也好，都应当根据具体情况做具体分析，并从中找到理想的答案。像巴黎蓬皮杜国家艺术与文化中心那样，将结构、设备、管道全部暴露在外，以突出表现"新时代文化工厂"的创意，虽然这种"前卫"之风令人耳目一新，但要在现实生活中大力推行，便无非是一厢情愿的空想。

这里还应当指出，为表现新结构而勉为其难地去运用新结构，这同样也是"表现结构"所带来的一种形式主义倾向。新结构的运用也离不开因地制宜的原则，只有这样才能达到经济有效的目的。如果不顾客观条件，只是为了猎奇，为了标新立异而去采用新结构，那么就必然会使新结构失去它在技术经济方面的合理性与优越性。

五、"虚假结构"与建筑艺术处理

上面讲的两个问题——"结构合理与建筑形象的美""表现结构与建筑艺术表现"都说明了，如果忽视或否认了建筑艺术的固有特性及其相对独立性，就会把建筑设计中的技术法则与艺术法则混为一谈，甚至以技术法则取代艺术法则。这正是凸显结构作用的建筑思潮走向极端并造成负面影响的根由所在。

然而，在现代建筑发展的过程中也曾出现过，而且在当今和未来还会出现这样的情况，那就是忽视或抹杀结构技术对建筑艺术的制约作用，把建筑艺术的相对独立性绝对化，甚至以艺术法则去取代技术法则。

20世纪50年代初，我们曾对复古主义建筑思潮进行了批判。之后，虽然扭转了在建筑设计中模仿传统木结构形制（主要是模仿明清"营造法式"）的倾向，但是由于历史惯性的原因，一些重要的公共建筑设计仍然存在着仿效古典建筑构图、采用假梁假柱等虚假结构的不合理现象。北京首都剧场是在批判复古主义之前设计，而在批判之后又经过修改建造的。为了给大厅钢筋混凝土楼板结构披上一层古典建筑艺术的外衣，使用板条披麻做成假梁，施以沥粉彩画，倒挂在钢筋混凝土楼板下（假梁与楼板相距1.30m之远）。该大厅的12根35cm×35cm的钢筋混凝土柱子外包砖块和大理石，让柱截面面积增加了3倍以上（参见图4-14a）。前门饭店则是在批判复古主义之后设计建造的，门厅平面也是从古典建筑构图出发，在两排14根间距不大的钢筋混凝土柱子的大厅中，又相应增设了14根纯装饰性的、用钢丝网抹灰做成的假柱子（参见图4-14b）。复古主义和折中主义都以"虚假结

⊖ M.Brouer,Sun and Shadow.London-New York-Toronto，1956。

构"作为美化建筑的重要艺术手段，不仅增加了建筑自重、建筑造价，而且往往也与建筑物的使用性质相抵触。北京友谊医院在底层门厅候诊室和二楼礼堂的装饰处理中，采用了斗拱、藻井等传统结构部件形式，既不能创造医院建筑中安宁亲和的应有气氛，也不能满足防止积尘和便于清洁的卫生要求。

现在重谈复古主义所导致的"虚假结构"似乎有些遥远了，然而同样是"虚假结构"在变换了形式之后，又已成为当今的时髦。前者是为了继承传统，体现民族性，后者则是为了追求创新，显示时代感。我们可以看到，20世纪90年代以来，用来硬行装饰建筑的各类非承重结构的部件形式，如造型各异的框架、桁架、网架、塔架以及各式各样的杆件组合、梁柱墙叠置等，均已成为相互抄袭且又有失建筑文化品格的流行语汇。邹德侬在《中国现代建筑史》一书中将这种"装饰结构风"归结为当今"新形式主义"中的第一表现。⊖这就说明，虽然时代变了，建筑语言变了，但新时期"虚假结构"所表现出来的既不惜建造成本、又不顾实际效果的这种盲从和浮躁，却与几十年前复古主义所偏爱的"虚假结构"并无太多本质的区别。

诚然，我们应当看到，随着时代的发展，不仅结构技术有了长足的进步，而且建筑语言也发生了很大的变化。其实，以非主体承重结构部件形式，出现的各种词汇或语汇，用其来描绘建筑空间实体，这也正是现代建筑发展到一个新的时期，为了消除人们对国际式"方盒子"的逆反审美心理应运而生的。

20世纪下半叶以来，晚期现代主义、后现代主义乃至解构主义的建筑作品，尽管它们所宣扬的设计理念不同，展示的建筑风格各异，但都流露出了借用非主体承重结构部件形式去修饰建筑作品的浓厚兴趣。归纳起来，大体上可以分为以下几种情况：

1）以非主体承重结构部件形式，作为建筑物顶部或入口处的重点装饰，起到突出的标识作用（图6-23~图6-26）。

2）非主体承重结构部件形式的运用，在丰富建筑造型艺术效果的同时，还具有某种使用方面的功能意义（图6-27~图6-29）。

3）与城市历史文脉相关联的非主体承重结构部件的运用，这是具有更深层次文化内涵的建筑语义表达（图6-30便是典型的一例）。

4）使非主体承重结构部件形式，成为建筑外部空间构成中的一个有机组成部分，这和处理建筑作品与其外部空间环境的相互关系密切相关（图6-31~图6-34）。

5）使非主体承重结构部件形式，具有某种特定的场所意义，这可以是隐喻的，也可以是象征性的（图6-35）。

6）使非主体承重结构部件形式，在总体创意中具有特定的命题意义，这多半是环境艺术设计中一种比较特殊的创作手法（图6-36）。

7）运用非主体承重结构部件形式，创造舞台布景式的环境意象及其视觉艺术效果（图6-37）。

8）与标志设计相结合的非主体承重结构部件形式的运用等（图6-38）。

以上归纳可以说明，从建筑语言系统来看，我们通常说的工程意义上的结构概念，并不完全是指建筑主体本身的承重结构系统，它还包括了不属于建筑主体承重结构系统的其

⊖ 邹德侬.中国现代建筑史.天津：天津科学技术出版社，2001。

图6-23 作为顶部重点装饰的非主体承重结构部件形式的运用（例一）
——由KPF建筑事务所设计的法兰克福商业区塔楼（1986~1993年）

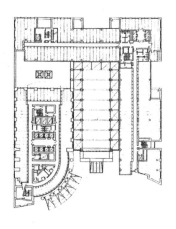 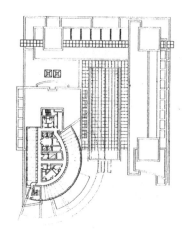

这座塔楼上的扇形"大帽檐"构架之所以用得成功，是因为设计时综合地考虑了：与主体首层弧形平面明确的导向性相呼应；以塔身不同高度上的直线形构架做呼应和陪衬；以顶层立方体量作为依托；使该扇形构架与下面几层弧形窗的分割条带融为一体；以扇形构架本身的比例、尺度形成视觉透视上优美的体量感与雕塑感

图 6-24　作为顶部重点装饰的非主体承重结构部件形式的运用（例二）

——由 P·约翰逊设计的纽约美国电报电话公司大楼（1984 年）。该大楼上的开口圆孔与后现代主义建筑泛滥中那种在单薄山墙（实际是女儿墙）上打缺口的做法绝然不同。这是因为，P·约翰逊在采用这种符号时，不仅在立面构图上有精细、严谨的推敲，而且在顶部开口圆孔处是按"体量"来完成其造型处理的，所以看上去能与建筑自身浑然一体

立面图

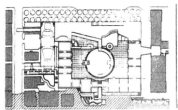

图 6-25（上图） 作为入口重点处理的非主体承重结构部件形式的运用（例一）

——由 J·斯特林设计的斯图加特新州立美术馆（1983 年）。斯特林在设计中运用了古典主义、现代主义乃至高技派的建筑语汇，体现了多元共生、赞赏建筑复杂性与矛盾性的设计理念。为此，在入口处他特意采用了对比性很强烈的钢构架悬挑加悬挂的玻璃雨篷式样

图 6-26（中、下图） 作为入口重点处理的非主体承重结构部件形式的运用（例二）

——由张永和、王晖设计的北京苹果社区销售中心（2003年）。该销售中心由旧锅炉房改建而成，入口处以钢结构将踏步、之字形坡道和悬挑雨篷结合在一起，构成了一个耐人寻味的售楼处入口景象……

图 6-27（左图） 具有功能意义的非主体承重结构部件形式的运用（例一）

——由路易斯·康设计的艾哈迈达巴德的印度管理学院（1962～1974年）。为了适应印度炎热的气候条件，路易斯·康在校园建筑的女儿墙体上大量引入了由砖券与钢筋混凝土梁（承受拱券推力）构成的通风洞口，以求在增加庇荫面积的同时，减少辐射热对屋面的影响

图 6-28（下图） 具有功能意义的非主体承重结构部件形式的运用（例二）

——由 I·瑞奇设计的英国斯脱克雷公园的办公楼（1988～1990年）。在纤细的合金金属构架顶端，排列着弧形遮阳板，成为通体玻璃幕墙不可分割的附属构件，而纤细构架的本身，则又具有构成玻璃幕墙外"灰空间"的意味

图 6-29　具有功能意义的非主体承重结构部件形式的运用（例三）

—— 由杨经文设计的私宅（1984 年）。这里所采用的被称之为"覆盖屋顶的屋顶"，同样也缘于对炎热气候条件的适应。格栅式曲面屋顶构架覆盖着宅后天井和二层平顶上的水池和露台，起到遮阳和加强自然通风的作用，同时也打破了常见的平屋顶方盒子给人们留下的简单、生硬的印象，给杨经文的这幢私宅带来了丰富的光影效果和空间变化

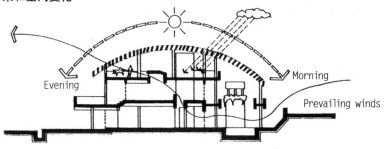

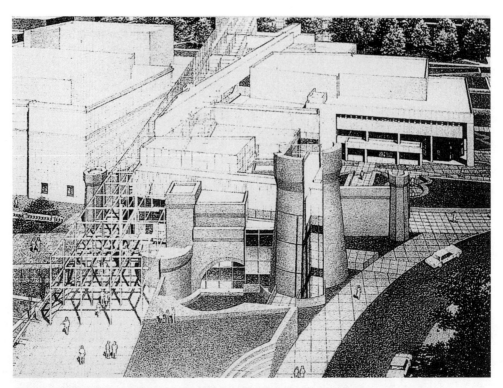

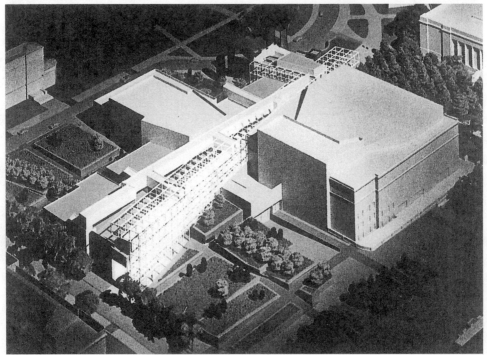

图 6-30　与城市历史文脉相关联的非主体承重结构部件形式的运用举例

——由 P·埃森曼设计的美国俄亥俄州立大学韦克斯纳视觉艺术中心（1989 年）。长向延伸的局部呈直角相交的白色构架，强调了与该城原有两套街道格网之一相呼应的表现意图（另一套街道格网与此斜交）。错裂的砖砌碉楼造型，则隐喻该地历史上曾有过的军火库

图 6-31（上图） 具有外部空间构成意义的非主体承重结构部件形式的运用（例一）
——由黑川纪章设计的日本名古屋市现代美术馆（1987 年建成）
图 6-32（下图） 具有外部空间构成意义的非主体承重结构部件形式的运用（例二）
——由贝聿铭设计的美国达拉斯音乐厅（1984 年设计）

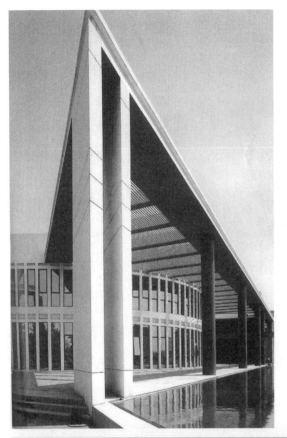

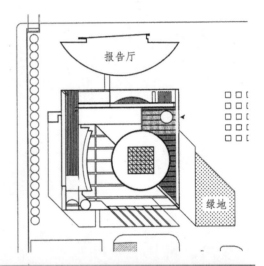

报告厅

绿地

图 6-33（上图） 具有外部空间构成意义的非主体承重结构部件形式的运用（例三）
——由周恺设计的中国天津财经大学逸夫图书馆（2003 年）

图 6-34（下图） 具有外部空间构成意义的非主体承重结构部件形式的运用（例四）
——由 A·莫奈斯迪罗尼设计的意大利蒙泰希罗双户式别墅（1986 年）

图 6-35（上图） 具有特定场所意义的非主体承重结构部件形式的运用举例
——由凡邱里设计的富兰克林纪念庭院，以构架隐喻该场所主人曾经居住过的小屋
（1976 年）

图 6-36（下图） 具有特定命题意义的非主体承重结构部件形式的运用举例
——由屈米设计的巴黎拉维莱特公园"疯狂屋"群落（1988 年）

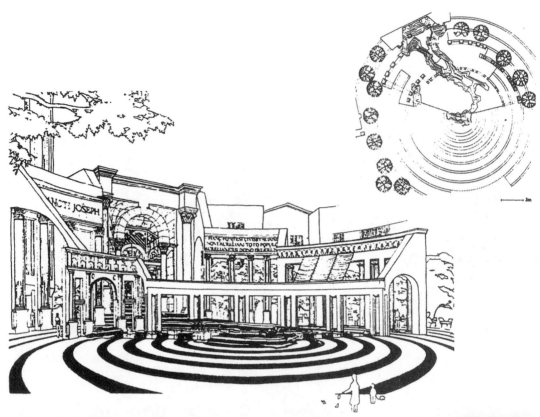

图 6-37 具有舞台布景式环境艺术效果的非主体承重结构部件形式的运用举例
——由查尔斯·摩尔设计的美国新奥尔良市意大利广场，由五片长短、高低、造型各异的梁柱组合"景片"，构成了该广场环境的独特景象，成为市民日常休息和节日庆典的文化场所（1978 年）

图 6-38　与标志设计相结合的非主体承重结构部件形式的运用举例
——由盖里设计的毕尔巴鄂古根海姆博物馆。该馆标志塔由扭曲的面构成，而且不封闭，外表面材质与建筑主体相同（钛合金），而里侧钢构架则不做修饰地暴露于外。由于整个建筑都融入了"钢构架与金属表面结合"的造型特征，所以该标志塔的这种形象构成并不使人感到唐突……

他附加结构部件形式，即非主体承重结构部件形式。如果我们将这一部分（附加结构部件形式）都看成是毫无意义的"虚假结构"的话，那么现代建筑语言在语义学、修辞学方面，就谈不上有什么更多的贴近我们生活的变化了。当然，现代建筑语言的发展并不局限于此，但上面归纳中所列举的各个著名实例（图6-23 ~ 图6-38），毕竟还是大大丰富了现代建筑语言的艺术表现力。由此看来，非主体承重结构部件形式的运用已今非昔比，其意义表达与丰富多变的手法，都有待我们不断去挖掘和探索。

应当说，在不同工程性质、不同文化背景下，这些用于描绘建筑实体与建筑空间的结构部件词汇或语汇，之所以能起到丰富现代建筑语言的作用，其关键还在于，这些结构部件的运用，确实是"用得其所，物有所值"。这是一条经过创作实践检验的重要原则。即使是技术经济条件允许，但如果不顾建筑物的使用性质，不顾建筑作品所要体现的总体创意与整体和谐，而去随意模仿和抄袭，其结果就必然是画蛇添足、不伦不类。人们用"虚假结构"来批评这类令人生厌的做法，也就在情理之中、无可非议了。

对"虚假结构"的评论，往往会带有价值判断的浓厚色彩，有时候还会使人感到困惑。最早作为工程结构出现的巴黎埃菲尔铁塔，如今已被人们视为法兰西的象征，它的形象之美，是与其合理的结构形式分不开的。然而，从局部来看，该铁塔四座倾斜支撑之间相连的圆弧拱券却是地地道道的"虚假结构"——它们仅是装饰而并不承重。但如果取消这四个立面上的"构件"，埃菲尔铁塔就会失去完美。被誉为当今"世界奇观"的悉尼歌剧院，其实就是世界上最复杂的"虚假结构"，因为它并非是"壳体"的组合，而是在百般无奈之下由弧形"肋"拼接而成的一组造型（参见图3-62）。然而尽管如此，它在这个特定港湾中的环境艺术感染力却经久不衰。这里讲的这两个很特殊的实例，涉及了建筑审美活动中的"心理补偿"原理。但我们毕竟不能因为这一点，而去否定美好建筑中的秩序和逻辑。倘若"虚假结构"可以不受制约而大行其道的话，那么现代建筑创作就真的会成为"无规则的游戏"了……

7

各类建筑结构形式工作原理要点

要点提示：

在现代建筑创作中，结构的力学概念和建筑的空间概念一样重要，而用以判断结构方案或结构形式的力学概念，既是指结构传力中的普遍规律，也是指各类结构形式传力中的特殊规律。了解各类结构形式工作原理要点，将进一步深化对结构传力中普遍规律的认识，并使我们基于力学意识的直觉能力得以增强。小至在结构实体上开洞、对结构实体进行造型艺术处理，大到结构系统中的组合、革新，乃至变异等，都离不开我们对各类结构形式工作原理的掌握。各类结构形式的工作原理虽然是固定不变的，但在设计实践中，如何创造性地去加以运用却是灵活多变的。

7 各类建筑结构形式工作原理要点

我们必须打破旧习陈见，更系统更广泛地深入到结构形式所据以发展的力学、静力学以及一些物理的自然规律中去。

——C.西格尔：《现代建筑中的结构与造型》

用以判断建筑结构方案或建筑结构形式的力学概念，既是指结构传力中的普遍规律，也是指各类结构形式传力中的特殊规律。本书第一部分已对上述普遍规律做了分析和论述，这里要讨论的是各类结构形式工作原理的要点，这将有助于我们在建筑创作实践中力学意识的培养及其直觉能力的增强。

现代结构的体系、类型及其形式繁多，但从力学观点来看，可以归纳为平面结构系统和空间结构系统。

一、平面结构系统

在许多文献资料或学术专著中，都习惯于把平面结构系统划分为承重墙系统、梁柱系统及拱券系统等。实际上，承重墙系统不能脱离梁式结构。而梁柱系统或拱券系统也不能包括刚架结构。所以，为了比较准确地简述平面结构系统的工作原理，这里按结构部件所处位置及其形式特征来进行分类，即：承重墙与支柱、梁与桁架、拱、刚架。

（一）承重墙与支柱

在现代建筑中，承重墙与支柱仍是不可缺少的竖向支撑结构形式：它们不仅可以承托梁、桁架、拱架、楼板、屋面板等，而且也可以直接传递来自折板、薄壳、网架、悬索等空间结构的荷载。

墙、柱轴向受压时，传力直接是最理想的受力状态。而当偏心受压时，则有弯矩产生。

墙、柱的稳定性十分重要。当垂直受压支柱的细长比超过一定值时，便会由于挠曲而大大降低其承载能力。在垂直支柱高度不变的条件下，其挠曲影响随转半径的增大而减小。由此，便出现了工字形、字形、口字形等薄壁钢支柱或工字形、十字形（往往向上收分）等钢筋混凝土支柱的断面形式。承重墙的稳定性也与它的几何体形及其尺寸有关。圆筒形或由圆弧组成的闭合曲面形最稳定，而无所依靠、无所联系的墙体最不稳定。由于稳定性和刚度的要求，平直的独立墙体不宜过高、过长。否则，要在竖向或水平向隔适当距离分别设置水平联系构件（如楼板、圈梁）或与该独立墙体垂直的墙面、墙垛、壁柱等。由于艺术处理要求而采用不同材料的承重墙（如砖墙与毛石墙）时，在其交接处则要进行锚拉处理。

由于多层和高层建筑传至下层的垂直荷载越来越大，加之水平风力的作用。往往要使承重墙和支柱的断面尺寸向下层的方向增大。当承重墙上开设门窗等洞口，特别是布置大面积玻璃窗时，必须过细地考虑所余留的各个小段承重墙体的强度与稳定性是否符合结构设计的要求。这一点，甚至在做施工图时也往往容易忽视。

在现代物质技术条件下，承重墙结构的工作性能及其力学概念又有所改进和发展。采用大模板或大型板材的多层建筑，由于承重墙结构的整体刚度和稳定性提高，以及混凝土或钢筋混凝土材料力学性能得以充分发挥。因此，承重墙的断面尺寸无须向下层的方向增大，同时，墙的厚度均减至十几厘米。现代高层薄砖结构的工作原理很独特（图 7-1），这种结构全部采用直接放置在刚性的钢筋混凝土楼板上的横墙来承重，建筑物的自重则像一根螺栓似的，将这些楼板和承重墙紧紧地联系在一起。上层横墙的荷载经楼板传至下一层横墙，最后传至基础。薄砖结构的变位曲线与框架结构不同，由于横墙在垂直方向上是不连续的，因此，这就要靠楼板间的摩擦力和砖墙的抗斜向力（在自重与水平风力的共同作用下，砖墙是承受斜向合力的），来防止结构在水平风力作用下所产生的水平位移。在薄砖结构中，与各层楼板连接的外墙并不承受楼板的荷载，而仅起传递风力的作用，所以，该外墙可以在垂直方向上保持同一厚度。风荷载经外墙传至楼板，然后经由横墙传至基础。

由于受力性能的改进，现代高层薄砖结构也可以做得很薄。如在瑞士苏黎世和伯尔尼修建的一些 9 层和 13 层楼房，砖墙厚仅为 15cm 和 18cm，该国工程师和学者认为，在高达 21 层楼房中，采用厚 15cm、砌体强度为 200kg/cm^2 的砖墙是完全可能的。

在现代物质技术条件下，支柱的形式也有了很大的演进和发展。特别是采用具有可塑性特点的钢筋混凝土材料以来，随着各种新结构形式的不断出现，V 形支撑的运用极为灵活、广泛。它的受力特点是弯矩值在固定端最大，在铰接端为零。因而，结构的外轮廓随弯矩值有规律的增减而呈 V 形变化，如向上收分的烟囱、电线杆、铁塔等，就是最简单的 V 形支撑形式（这时铰接端变为自由端）。V 形支撑可以有效地利用材料，增强结构的刚度和稳定性。它的具体运用大体上分为两类：一类是与有足够强度的水平构件刚性联结，起刚架作用；另一类则起独立支柱的作用。这时，它又可以根据结构上的需要，因地制宜地演变成"Y"形柱、"X"形柱、"T"形柱等，这如同人体用手臂托举重物而呈不同姿势一样。例如，当人体两臂向上张开而双腿并拢时，就是"Y"形柱，当人体叉开双腿而垂直举臂向上时，则又变成了倒"Y"形柱。如果用图案的方法把人体特征加以夸张的话，我们就可以更清楚地看出，持重人体的造型特征与现代 V 形支撑结构的一些形式是多么相似了（图 7-2）。

（二）梁与桁架

梁是人类最早使用的水平承重构件，桁架则是基于梁的力学原理之上演进与发展的。

简支梁在均布荷载和集中荷载作用下，都产生弯矩和剪应力。从跨度方向上来看，匀布荷载作用下出现的弯矩值在跨中最大，而在支座处为零。剪应力极值分布的情况恰恰与弯矩极值所处的部位相反。从梁的横断面上来看，以中性轴为界，其上、下为压应力和拉应力。图 7-3 表示了梁中应力的近似分布情况，以及与应力分布更趋接近的梁构件形式。由此可见，梁的受力性能具有以下特点：

1）存在着拉、压、剪多种不同性质的应力。

2）应力值的分布也很不均匀，存在着不少应力不足区。

图 7-1　现代高层薄砖结构的工作原理

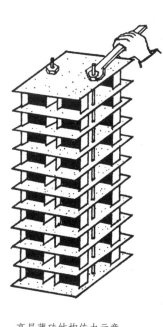

高层薄砖结构传力示意

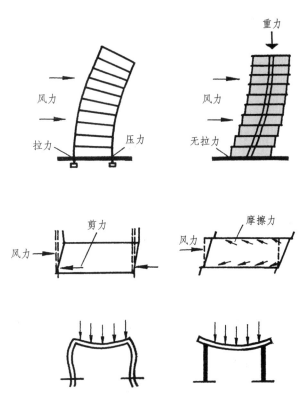

与框架结构的比较

（框架结构）　　　　（薄砖结构）

与承重墙结构的比较

（承重墙结构）　　　（薄砖结构）

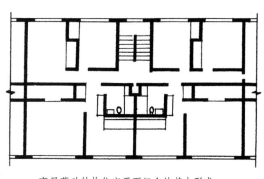

高层薄砖结构住宅平面组合的基本形式

图 7-2　公元前 7 世纪底菲隆瓶饰（Dipylon Vase）图案人体造型特征（局部），可与右下图比较：现代桥梁中 V 形支撑结构（X 形柱）的造型特征

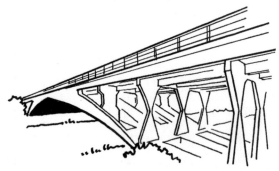

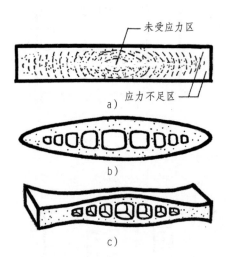

图 7-3　梁的形式分析
　　a）梁中应力的近似分布情况示意
　　b）、c）与应力分布更接近的梁结构形式

图 7-4　梁上开孔位置：剪力在支座处最大，并自梁截面的边缘向中心递减，故梁支座截面的中心部分绝不能削弱

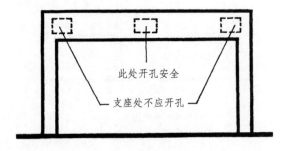

274

由于受力上的这些特殊性，所以便相应出现了各种薄腹梁及空腹梁等形式。

梁的受力性能也决定了，在梁支座截面的中间部位，绝对不能开孔或留洞，以保证此处有足够面积承受剪应力。但孔洞处在跨中时，截面却是安全的（图7-4）。

即便是非承重的横向联系梁，其最小截面尺寸也必须满足它的刚度要求。在承受荷载的情况下，主梁和次梁的高度应各为跨度 L 的 1/10 左右和 1/12 ~ 1/10。

如何相应减小梁中的弯矩，以较好地发挥和利用材料的力学性能，这是结构运用中经常遇到的问题。钢和钢筋混凝土连续梁、悬臂梁（一端或两端呈自由悬臂）的出现和运用，正是从这一力学角度出发的。凡是跨过两跨或两跨以上，而且中间任何地方都不被铰或切口所中断的梁，称为连续梁。当连续梁上任何一跨承受荷载时，全梁所有各跨都将发生弯曲，梁轴线成为一根光滑的弹性曲线。非连续梁则没有这个受力特点。在连续梁中，支座处的负弯矩可以抵消一部分跨中的正弯矩，因而受力性能得到相应改善（图1-14）。在悬臂梁中，弯曲应力也可得到重新分布。当挑悬距离适宜，正负弯矩接近时，悬臂梁受力比较合理。

桁架是梁的力学原理的进一步运用。对整个桁架来说，它仍是受弯构件，但对桁架中的各个杆件来说，却成了受拉或受压的了。此外，由于桁架可以做得较高，而且它的外形可以做成与弯矩图形相符合的弧线形或多边形，所以，桁架比一般简支梁能更好地承受弯矩，能覆盖较大的跨度。

桁架内力受矢高的影响，其中变化较大的是上弦和下弦的轴向力。力学分析表明：

1）矢高每增加30cm，18m、24m 和 30m 跨桁架的下弦内力平均下降的百分率各为：17.5%、12.8%、11.9%。跨度越大，下弦内力平均下降百分率越小。

2）桁架上弦轴向力变化规律与下弦轴向力变化相似，但上弦弯矩变化很小。

3）同跨桁架中，随着矢高的定值增加，轴向力不是随之呈定值减小，而是越来越小。

4）腹杆内力本来不大，矢高增大后其值变化很小，对杆件截面不发生影响。

根据以上力学分析，桁架经济合理的矢高应为：

轻荷载时，为跨度的 1/11 ~ 1/10。

重荷载时，为跨度的 1/10 ~ 1/8。

经综合分析后，我国一般采用的桁架矢高为跨度的 1/9 ~ 1/7。

（三）拱

拱是一种轴线为曲线形的推力结构。在外形上，拱与曲梁没有多大区别，但在力学上却有很大不同。它们虽都受竖向荷载的作用，但在曲梁中反力是竖直向上的，不能分解为水平分力。而拱的支座处所出现的反力却是斜向的，有水平力——即推力产生。可见，拱与曲梁的区别在于支座反力的方向，而不在于结构的外形。

拱按构造分，有无铰拱和有铰拱（即三铰拱、单铰拱和双铰拱）。按轴线分，有抛物线拱、圆拱和椭圆拱等。在建筑中，多用三铰拱和无铰拱。

拱的合理轴形随荷载条件不同而不同（图7-5）。

当拱的轴线为抛物线形时，在均布荷载作用下，拱的内力传递直接而不走"弯路"，因此多在建筑物或桥梁中采用。这类抛物线拱，有由一根抛物线组成的，也有由几根抛物线分段组成的。

为了使结构中的弯矩及切力等于零或者很小，就必须使拱的中心线与压力线重合或者很接近，这在三铰拱中可以实现。

在跨度不变的条件下，拱的矢高越小，则支座处水平推力越大。为了平衡拱的推力，可以采取以下几种措施：

1）使拱脚落地，拱推力直接由基础承担。

2）在拱的上部或下部设置水平拉杆（适用于土壤承载力较差的地方）。

3）利用拱两侧辅助建筑的结构构件承受水平推力。

4）利用现代预应力技术使拱推力得以平衡。

5）在上述诸措施中，均可以辅之加大拱结构矢高的办法。

（四）刚架

立于垂直支柱上的梁或桁架，由于跨中弯矩的增大而引起水平结构高度的增大。如果在横梁与立柱之间采用刚性结合，使两者共同承受建筑物荷重的话，那么，在两端结合点上的负弯矩就能减少横梁（或桁架）中的正弯矩，犹如一根两端悬挑的简支梁一样。这样，便可减少水平结构的高度，增强梁柱之间的整体性（刚度），在节约材料的前提下能覆盖较大的跨度。

刚架的体形反映了它在垂直均布荷载和水平外力作用下所产生的弯矩的分布情况（图7-6）。

和桁架一样，为了防止因温度变化或地基沉降所引起的应力变化，跨度过大的刚架常有增加铰链的做法。产生推力的三铰刚架，其结构内力变化的情况和工作性能与拱极为相近，所以，这类有推力的刚架也可当作拱结构来研究。

有趣的是，在现代建筑中往往结合建筑功能的需要而采用各种不对称形式的刚架。此外，在刚架"弯点"处，还可利用材料的连续性和可塑性来附加悬臂端（一端悬臂或两端悬臂均可）。这种带悬臂梁的刚架结构形式，在现代建筑中运用很多。可以说，它在力学上综合了刚架和悬臂梁这两种不同结构形式的优点。

在一些情况下，空腹刚架也是现代建筑结构思维中可以考虑采用的经济有效的结构形式。这类结构是由多个闭合四边形框架组成，可以看作是普通桁架的演变。用空腹刚架代替普通桁架，由于节点从铰接改为刚接，因而空腹刚架中的弦杆及腹杆均能抵抗弯矩。

二、空间结构系统

与上述平面结构系统不同，空间结构不是按某个平面内的受力状况或力学分析来设计的，这类结构都具有同时按三度空间方向传递荷载的力学特点。但由于具体的结构形式不同，因而在其力学原理上仍具有各自的特殊性。

（一）折板

折板的受力情况与梁相近，有弯矩产生，只是折板的每一个部分都同时在纵向和横向上起受力作用（图7-7）

折板顶端"褶"处由于能承受相当大的拉、压力，所以这种结构可以覆盖较大的跨度。在"褶"间壁板上，只要留出足够的面积来承受剪应力，那么就可以开设任何形式和数量的孔洞，以做天窗采光之用。

为了保持折板的形状，使折板起空间受力作用，必须在折板的适当部位设置刚性构件，如横隔板、肋等。

折板的折面可以有多种形式，如各种复式折板。为消除或减小弯矩作用，还可做成折

图 7-5　拱的合理轴形

在按轴形增加的连续荷载
作用下，合理轴形为一倒
悬链，拱只受轴向压力

当荷载连续均布垂直作用到轴
线上时，合理轴形是圆弧，拱
只受轴向压力

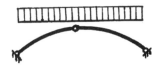

在连续均布荷载作用下，合
理轴形是一抛物线，拱只受
轴向压力

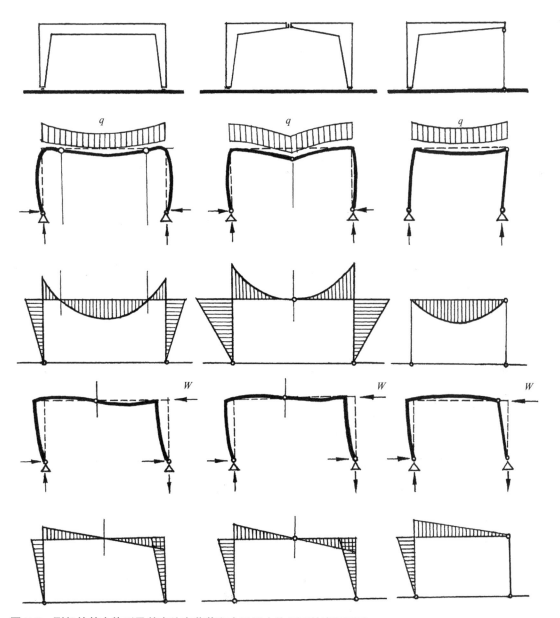

图 7-6　刚架的基本体形及其在均布荷载和水平风力作用下的弯矩图形

277

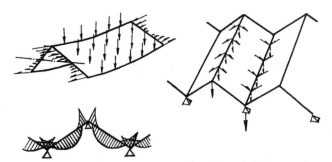
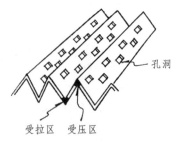

在垂直板面的力作用下，
就像连续梁一样，产生
横向弯矩

在平行板面的力作用下，就
像梁一样，须设刚性构件将
屋面荷载传至柱或承重墙上

只要剩下足够的面积承受
剪应力，则可开设任何形
式和数量的孔洞

孔洞

受拉区　受压区

图 7-7　折板的基本工作原理

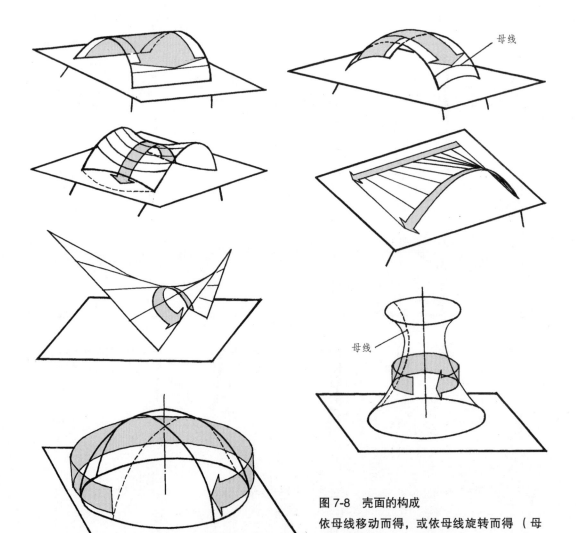

母线

母线

图 7-8　壳面的构成
依母线移动而得，或依母线旋转而得（母
线可以是直线，也可以是曲线）

板拱等。

（二）薄壳

在均布荷载作用下，薄壳结构中的内力沿整个壳体曲面分布，使全部材料都参加承受外力的工作。与一般结构形式不同，薄壳结构的刚度并不是取决于它的断面，而是它的形状。所以为了保证结构的刚度不需要另外耗费材料。从图表中可以看出，钢筋混凝土薄壳的自重并不随着跨度的增大而急剧增大，这样用厚度很薄的壳体便可以覆盖相当之大的空间。此外，薄壳本身既是承重结构，又是覆盖结构，一身而兼二用。

薄壳按几何体形的构成来说，如图7-8所示，大体可分为两大类：

一类是以直线、曲线移动而得。如一条直线两端沿两条曲线移动便形成圆柱形壳；一条直线两端各沿曲线和直线移动便形成劈锥壳等。

另一类是以直线或曲线旋转而得。如一条直线呈一定角度旋转便形成伞壳，半圆形曲线以其对称轴旋转便形成半圆球壳等。

当移动或旋转的"母线"为直线时，对薄壳施工的模板工程来说，是较便利的。

常用的几种主要壳体形式及其受力性能如下所述。

（1）筒形长壳　从结构整体的受力情况来看，长壳与边梁一起形成具有很大抵抗弯矩能力的弧形梁。壳面为受压区，边梁以及与边梁相邻的一段壳体则为受拉区（图7-9）。该边梁的剖面很小（配置壳体的主受拉钢筋），必和壳体起共同受力作用，以减少薄壳边沿的水平位移。大跨度筒形壳体应具有很大的高度，即需要增大壳体的曲率。其曲线最好为抛物线形，从理论上来讲，这种抛物线形的壳体是最经济的。但从施工方便来看，一般则宜采用最接近抛物线形的、矢高为跨度1/4的圆弧。在长壳两端及中间部位应设置横隔板——它主要是承受曲壳传来的剪力，和折板一样。这种横隔板可以根据具体情况灵活地做成各种形式（图7-10）。

（2）筒形短壳　跨度与波长之比小于1，通常为1/2或更小些。各部分组成与长壳相同。从受力性能上来看，主要产生压应力，在这一点上有些像拱的作用。

（3）圆球形壳　当矢高 f 与圆直径 D 之比大于1/5时，均称之为圆球形壳。这类壳体的受力情况也与矢高有关。大体上说，当矢高较小、球形较扁时，壳体呈环向受压；当矢高较大、起拱较高时，上半段受压，下半段受拉，如图7-11所示。维持壳面形状的支座环则总是承受拉力。半圆球壳底部边缘推力的平衡方式，可以清楚地反映出各种不同的空间体量构图特征（图7-12）。

（4）双曲扁壳　将圆球形壳四边切割而成。壳体曲面可呈圆形或其他旋转曲面形，矢高为跨度的1/16~1/10。壳体四周均设边缘构件——梁式、拱式或拱形桁架等。从受力观点来看，它相当于一个弹性基础上受荷载作用的平板。壳体80%的面积上主要是受压，仅在四角区域出现剪应力，结构受力均匀。

（5）双曲抛物面壳　是直纹曲面的双曲薄壳。

双曲抛物面是结构受力最有利的一种曲面形式，它可能使壳体的工作效能高达100%。当壳体受均布荷重作用时，全部薄壳构件承受纯剪力作用，而且全部构件应力值都是一样的。这样，壳体全部范围内都可以配置同样的钢筋，壳体的厚度也可以做到最薄。

按四周形式来分，这类壳有两种形式：拱边双曲抛物面壳——即马鞍形壳和直边双曲抛物面壳——这种壳犹如一个翘曲的平行四边形，故通常又称扭壳。

图7-13表示了直边双曲抛物面壳中内力传递的情况。对称荷载同时分别沿上凸抛物线

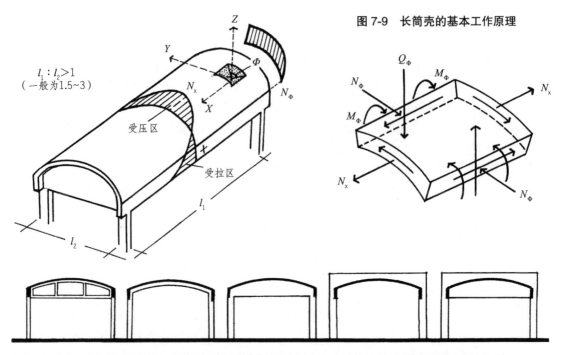

$l_1 : l_2 > 1$
（一般为1.5~3）

受压区

受拉区

图 7-9　长筒壳的基本工作原理

图 7-10　筒壳刚性构件设置的几种不同形式（为建筑物的立面处理提供了各种可能性）

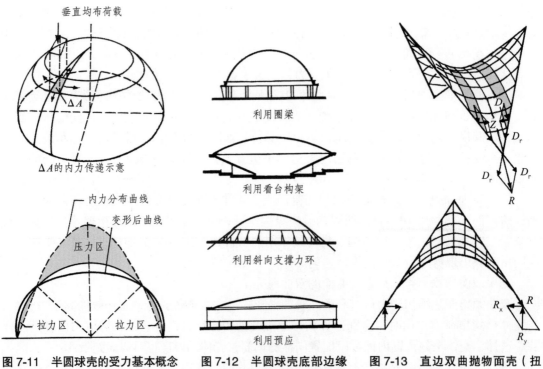

垂直均布荷载

ΔA

ΔA的内力传递示意

内力分布曲线

变形后曲线

压力区

拉力区　　拉力区

图 7-11　半圆球壳的受力基本概念

利用圈梁

利用看台构架

利用斜向支撑力环

利用预应

图 7-12　半圆球壳底部边缘
推力的平衡方式（反映出不
同的空间体量构图）

图 7-13　直边双曲抛物面壳（扭
壳）的受力基本概念

280

方向和下凸抛物线方向传递。上凸抛物线的受力状况如同一个拱形结构，传给边缘构件压力 D。而下凸抛物线的受力状况则如同一个索形结构，传给边缘构件拉力 Z。此二力即合成为沿壳边作用的压力 D_r。为了平衡支座外的推力 R，必须设置柱墩或拉杆。

这种薄壳结构可以根据采光、通风、排水以及建筑造型的要求，进行各种形式的组合。

马鞍形壳（即拱边双曲抛物面壳）在使用荷载下，板壳全部处在受压状态。这种负高斯曲率壳面为一根根按规定斜率相互交叉的直线拼成，顺这些直线配置预应力钢筋，可以增强空间结构的刚度与稳定性，并减轻屋盖重量，节约钢材。

（三）网架

网架结构是由许多杆件沿平面或曲面按照一定几何形式组成的高次超静定结构。它可以用小规格材料和标准化构件来拼制大跨度结构，并能承受巨大的集中荷载和非对称荷载，应力分布比较均匀。网架的杆件相互连接，相互支撑，稳定性和空间刚度好。当局部负载过度时，结构中不会出现太大高峰应力值，即使局部破坏，也不致造成整个结构的破坏，所以安全度高，有利于抗震、抗爆。

网架结构越来越多地用来覆盖大空间建筑，并已形成许多不同的体系。

空间网架可分为曲面网壳（单层或双层网格）和平板网架（一般为双层网格）。在我国平板网架的运用比较广泛，这类网架的受力性能与其杆件组合的几何形式有密切关系。表 7-1 列举了几种主要平板网架的几何形式及其受力性能，这对我们进行大空间建筑的结构构思、合理地运用这类结构形式将有所帮助。

表 7-1　主要平板网架的几何形式及其受力性能

平板网架的名称及简图	结构的几何形式与受力性能	该网架形式适用范围
两向正交正放网架 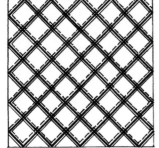	上、下弦平面均由正方形组成，桁架垂直交叉，设水平支撑。在点支撑时，网架支座附近的杆件和通过柱顶的桁架（即主桁架）跨中弦杆受力最大，其他部位的杆件内力一般很小，因此，二者在受力上有很大悬殊。在周边支撑时，网架中杆件受力较点支撑时均匀。总的来说，空间刚度不如锥体结构	用于两坡起拱的屋顶。（四坡时须立小钢柱，增加用钢量）。具体来说，适用于平面形状接近正方形的周边支撑情况（这时用钢量接近正四角锥网架），也适用于点支撑的情况（其受力性能和刚度都比两向正交斜放网架好）
两向正交斜放网架	长短桁架垂直交叉，弦杆与边界方向呈45°夹角靠近角部的短桁架相对刚度较大，对于长桁架有一定的弹性约束作用，因而在角部短桁架处产生负弯矩，使得长桁架中部的正弯矩有所减少 当长桁架直通角点，并支撑于角柱上时，四个角支座处会产生较大的拉力。在周边支撑情况下，空间刚度比两向正交正放网架为好	对正方形平面和长方形平面均能适应，而且跨度越大越优越。当长梁直角通柱时，可做四坡起拱排水。周边支撑时，比两向正交正放网架用钢量省 在小跨度矩形平面中，用钢量比斜放四角锥大一些，但若增大跨度，则情况相反

平板网架的名称及简图	结构的几何形式与受力性能	该网架形式适用范围
三向网架 	由三个夹角互为 60° 的平面桁架组成，上下弦平面均为正三角形网格 受力性能好，能很好地受弯和受扭。网架中内力分散于各个杆件中（杆件多，一个节点可多达 13 根），因而各个方向都能较均匀地把力传至支撑系统 空间刚度比其他交叉梁系网架都好	适用于大跨度屋盖，由于三角形网格可以灵活组合，所以对平面为三边形、多边形或圆形的大跨度屋盖更为适宜
六角形网架 	节间梁相互间夹角为 120°。上、下弦平面均为六边形，呈蜂窝状 构成网格的节间梁是折线梁（并非连续的直线梁），因而结构的空间刚度较差，约为上述三向网架刚度的 2/9	适于在小跨度、六边形平面的情况下采用 网架构成的图案较优美，但节点构造处理较难
正放四角锥网架 	上、下弦均正交正放，腹杆与下弦平面夹角为 45° 时，全部弦杆、腹杆等长 受力比较均匀，在点支撑情况下，比两向正交正放网架受力也均匀一些 空间刚度好	用钢量略多 1）适于平面接近方形的周边支撑情况 2）适于大柱距的点支撑情况 3）适于有悬挂起重机的工业厂房 4）适于屋面荷载较大的情况 5）适于有柱帽或无柱帽的情况

平板网架的名称及简图	结构的几何形式与受力性能	该网架形式适用范围
仿正四角锥网架 	下弦为正交斜放，上、下弦节点重合，以竖杆相连，斜腹杆与上弦杆在同一平面内 　　受力状况与交叉梁系接近。刚度不如上述正放四角锥网架	适用于网架高度要求较高，屋面板由于吊装设备的原因又不宜太大的情况 　　宜采用螺栓球节点
下弦正放抽空正四角锥网架 	可将一列锥体视为一根广义梁，而垂直于梁之间的上弦杆视为支撑，这样便与立体桁架无檩体系相似 　　结构单向受力比较明显，由于周围锥体闭合，所以结构的整体刚度较好	构造比较简单，只用一种尺寸的屋面板。同时，杆件少，起拱方便 　　适用于跨度不太大、屋面荷载较轻的各种支撑情况 　　经济效果较好
下弦斜放抽空正四角锥网架 	受力较均匀，空间传力的作用较大，受力特点与下述斜放四角锥网架很相似 　　网架的整体稳定性靠边梁约束或周围箍住	屋面板只用一种规格，杆件少 　　适用于中小跨度的周边支撑网架或周边支撑与点支撑相结合的情况 　　用钢指标较省

283

平板网架的名称及简图	结构的几何形式与受力性能	该网架形式适用范围
斜放四角锥网架 	上弦为正交斜放 当周边支撑时，可能产生四角锥体绕 Z 轴旋转的现象，出现暂时的不稳定。为此网架周边必须布置有刚性的边梁 在点支撑情况下，为保证其稳定性，必须在周边布置封闭的边桁架	构造上便于预先制作成单元锥体，然后进行拼装 屋面板至少需要三种规格。起拱较困难 适用于中小跨度的周边支撑或周边支撑与点支撑结合的情况
三角锥网架 	上、下弦网格均为正三角形，下弦三角形的顶点是上弦三角形的重心，连上弦三角形顶点的三根斜杆为腹杆，即组成一个三角锥构架 这种网架形式受力均匀，抗扭抗弯刚度好	屋面板需做成三角形 起拱较困难 适用于三角形、六角形或圆形平面的屋盖 宜采用焊接球节点或螺栓球节点
抽空三角锥网架 	在上述三角锥网架基础上抽去若干个三角锥体，上弦为三角形和六角形网格组成，下弦平面全部为六角形网格，下弦节点对着上弦平面三角形的重心，连三角形的顶点为斜腹杆 上弦杆较短，下弦杆较长，腹杆最少且较短，是比较合理的几何形式 空间刚度不及三角锥网架	屋面板类型及尺寸复杂，起拱困难 适用于轻型屋面的小跨度情况，平面可为六边形、圆形和矩形

（四）悬索

悬索是一种以受拉方式为主进行内力传递的结构系统，其中单向悬索（也称单向索网）仍属平面结构，而双向悬索（即双向索网）才起空间受力作用。

单向悬索构成的基本形式比较简单（图7-14）。承受屋面荷载的主要构件——承重索单纯受拉，横梁则承受风力，起稳定作用。为了使承重索和横梁成为预张拉整体性结构，还需在梁端施加拉力。

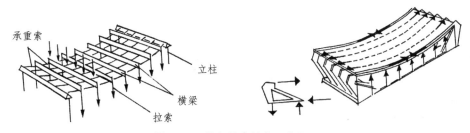

图 7-14　单向悬索基本工作原理

双向悬索的稳定性和抗风能力比单向悬索好，但在力学上仍需解决好水平拉力的平衡问题和索网屋面的稳定性与刚度问题。

在预张拉索网时，承重索和稳定索都已承受了轴向拉力，而施加屋面荷载和风荷载后，承重索和稳定索所受拉力均增大。从作用力与反作用力原理可知，必须设置承受很大压力的支撑构件才能达到力的平衡。这种支撑结构（拉撑式、框架式、桁架式、圈梁式、拱券式等）要承担屋盖的全部荷载，并将其传递至支撑基础上。

由于悬索是只能承受轴向拉力的柔软构件，因此在风力或地震力的作用下，很容易产生共振，甚至屋顶有被掀起的危险。过大或较频繁的振荡也会使屋面开裂。为了克服悬索结构在受力性能上的这一缺点，除合理地利用屋顶几何形状外，还可根据各类悬索屋顶的构造特点，设置加劲性梁、反向拉索，或采取对钢索施加预应力，增加屋面自重等其他必要措施。图7-15表示了悬索结构的索网及其传力支撑的基本类型。

在圆形双层悬索、马鞍形悬索、正高斯曲率悬索等结构形式中，以圆形双层悬索的结构工作性能最为理想。从力学上分析，这种悬索结构形式有以下优点：

1）结构中各处所受到的力的作用是均匀的、对称的，每根索的长度及其所受的拉力完全相同。

2）在每根索的均匀拉力作用下，屋盖圆形外环内只产生轴向压力，这就最合理地发挥了混凝土材料耐压的力学特性。

3）可以把中心环处撑开的上索与下索分别绷成不同的松紧程度，使二者的固有频率各不相同。在风力或地震力作用下，这就可以避免上、下索同步调地越跳越欢。换而言之，由于上、下索固有频率不同而产生的相互约束力可以起自行减振的作用。

悬挂结构可视为悬索结构系统中的一个分支，它既可用于大跨度建筑或由结构单元组合成的大空间建筑，又可用于高层建筑或超高层建筑。

悬挂结构的基本工作原理是，以高强受拉材料（线材或管材）吊挂屋盖或楼板，并将荷载传递至相应的支撑结构系统。在现代建筑中，像上述单向索网和双向索网悬索结构一样，

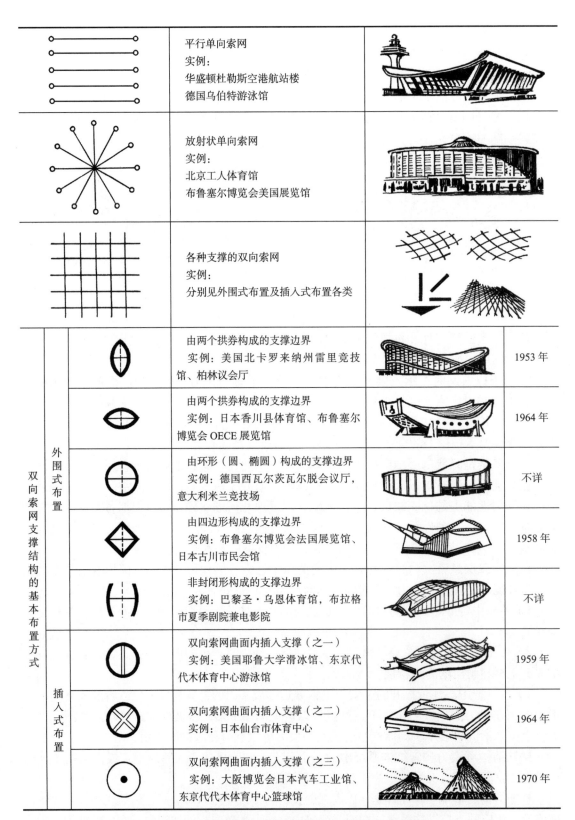

			平行单向索网 实例： 华盛顿杜勒斯空港航站楼 德国乌伯特游泳馆		
			放射状单向索网 实例： 北京工人体育馆 布鲁塞尔博览会美国展览馆		
			各种支撑的双向索网 实例： 分别见外围式布置及插入式布置各类		
双向索网支撑结构的基本布置方式	外围式布置		由两个拱券构成的支撑边界 实例：美国北卡罗来纳州雷里竞技馆、柏林议会厅		1953 年
			由两个拱券构成的支撑边界 实例：日本香川县体育馆、布鲁塞尔博览会 OECE 展览馆		1964 年
			由环形（圆、椭圆）构成的支撑边界 实例：德国西瓦尔茨瓦尔脱会议厅，意大利米兰竞技场		不详
			由四边形构成的支撑边界 实例：布鲁塞尔博览会法国展览馆、日本古川市民会馆		1958 年
			非封闭形构成的支撑边界 实例：巴黎圣·乌恩体育馆，布拉格市夏季剧院兼电影院		不详
	插入式布置		双向索网曲面内插入支撑（之一） 实例：美国耶鲁大学滑冰馆、东京代代木体育中心游泳馆		1959 年
			双向索网曲面内插入支撑（之二） 实例：日本仙台市体育中心		1964 年
			双向索网曲面内插入支撑（之三） 实例：大阪博览会日本汽车工业馆、东京代代木体育中心篮球馆		1970 年

图 7-15　悬索结构的索网及其传力支撑的基本类型

悬挂结构的传力支撑形式也是极富变化的，因此与之相连的拉索或拉杆，其布置也各不相同：

垂直下吊式——如图 5-20 所示南非约翰内斯堡标准银行大厦。

侧斜向张拉式——如图 4-23 所示美国斯克山谷奥运会冰球场。

辐射状张拉式——如图 5-23 所示大阪国际博览会澳大利亚馆全景电影厅。

悬垂曲线下吊式——如图 7-16 所示意大利曼图亚市造纸厂。

图 7-16　意大利曼图亚市造纸厂悬垂曲线下吊式屋盖结构

由于悬吊的屋盖或楼板具有较好的刚度和整体性，因而对克服风吸力的影响比单向或双向索网悬索结构都有利。

（五）膜结构

膜结构或张拉膜结构起初称作幕结构，也称帐篷结构，是上述悬索结构的雏形。由撑杆（或架子）、锚缆、拉索及张紧的薄膜面层等所组成（图 7-17）。这种结构虽然简单，但却有它独特的优点：重量轻，便于拆迁，能适应各种地形及气候条件，能覆盖各种大小、各种用途的使用空间，如居住用房、体育场、海滨浴场、游览性餐厅、杂技场、展览馆、飞机库等非永久性建筑。因此，这种结构形式及其力学原理也为国外许多建筑师和结构工程师们所重视。

幕结构主要承受风荷载，即风吸力（图 7-18）。做薄膜面层的帐篷布最大自由跨度约为 8m。当跨度较大时，需在布上加置起刚性构件作用的麻索和钢索。从受力考虑，拼制帐篷布时要尽量减少缝、扣、带的排列，并应使织造的方向与薄膜主应力相一致。一般情况下，帐篷布在经线方向上的抗拉断强度较大，应多承受荷载。若结构按曲面预应力薄膜原理来考虑时，则需采用双向强度大约相等的帐篷布料。

图 7-19 表示了两类幕结构的主要形式。其中，按曲面预应力薄膜原理构成的幕结构，其帐篷布在任意处既是正曲，又是负曲，经常在两个作用方向上有应力。这种曲面形帐篷布的力学原理很像一张类似的预应力索网。

自 20 世纪末以来，幕结构已发展成为相当成熟的大空间张拉膜结构体系。由相互正交的纤维织物组成的膜布，通过预应力和曲度获得结构的刚度和稳定性。该体系仍以受拉为主，受压为辅。膜布一般只厚 0.8mm，自重约为 15kg/m^2。经常采用的结构形态由脊谷式单元、伞式单元和鞍式单元组合形式变化而来（图 7-20 ～图 7-22）。

（六）充气结构

利用塑料、涂层织物、金属片等薄膜材料制成的、充气以后能够承受外力的结构，称之为充气结构。按其构成形式，基本上分为构架式充气结构和气承式充气结构两种（图 7-23）。薄膜材料本身不能单独受力，而必须与一定差压的充压介质——空气共同作用来承担外部荷载，这是充气结构力学原理中的共同之处，但也有不同之点。

构架式充气结构：属于高压充气体系，构架内是间断按需补气（无须持续充气）。气压常在 0.2 ~ 0.5 大气压（即 2000 ~ 5000mmH$_2$O）。最高压差可达 70000mmH$_2$O，比低压充气结构大 100 ~ 1000 倍。这种结构传递横向力较差，又由于气梁受弯、气柱受压，因而薄膜受力也不均匀。只有当要求快速装拆、重量轻、体积小时才宜采用。

气承式充气结构：为低压充气体系，需持续充气，最好与室内通风空调系统结合起来。空气压差仅需 0.001 ~ 0.01 大气压（即 10 ~ 100mmH$_2$O）。利用这种结构薄膜内外的压差，可以承受风雪荷载和大部分结构自重。这里，结构物的升力来自内压和风压作用，迎风时升力较大。薄膜基本上均匀受拉，材料的力学性能能得以充分发挥，加上自重很轻，可以从略不计，所以对覆盖大跨度建筑十分有利。

考虑风荷载的影响很重要。大跨度气承式充气结构屋面越平缓（呈扁曲面状），风吸力和风压力的影响就越小（图 7-24）。为了使结构处于更有利的受力状态，在薄膜上面或下面均可敷设索网。

（七）盒子结构

盒子结构又称为箱形结构，是发展全部装配式房屋的途径之一。

作为结构单元的盒子本身可以分为"罩形"结构、"杯形"结构和"筒形"结构。其中，"筒形"结构用材不经济，而且生产工艺也较复杂。"罩形"结构的受力性能比"杯形"结构好，被认为是最有发展前途的一种类型。

盒子结构中的内力传递有两种不同情况：

1）叠置式——每一个盒子就像"空心砌块"一样叠置起来，通过横向的内墙或外墙由砂浆砌缝传递荷载。

2）骨架式——每一个盒子就像"抽屉"一样插入钢筋混凝土骨架之中，盒子传来的荷载全部由骨架承担，盒子本身避免了荷载的竖向传递。骨架式的传力方式为盒子上开设各种不同的窗洞形式提供了广泛的可能性。

一般来说，盒子墙板的高度相当于楼层的高度（2.5 ~ 2.7m），这种墙板起"板梁"的作用，其承载能力可达到 10 ~ 12m 的跨度。这样，建筑平面布局宜以这个长度尺寸来考虑它的组合单元。

当骨架中的盒子为薄壁结构时，最复杂的是承受横向力的问题，其最大值都集中在支座处。为此，在靠近长向薄壁墙的两端（即支座附近）不宜开设门洞，以避免在横向力的作用下，墙上产生裂缝。

（八）索杆结构

索杆结构是一种软索与杆件的组合结构，以此可以构成屋盖的"骨架"，其上再覆以帐篷布等织物。通过巧妙的构思，还可以利用索杆结构将建筑物的屋盖与墙身部分连成一体，形成轻巧通透的合用空间，如图 2-47 所示 1958 年布鲁塞尔国际博览会苏联展览馆即是一例。索杆结构受力比较单纯，受拉索与受压杆的组合可以有各种不同的形式，它的最大特点是便于拆装，收拢后体积小，重量轻，特别是对临时性建筑来说，这是一种比较理想的结构形式。

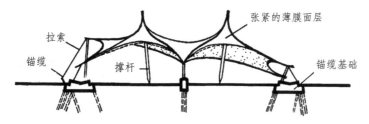

平面示意

图 7-17 膜结构（张拉膜结构）的基本组成

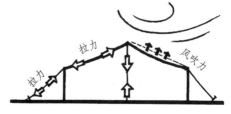

图 7-18 幕结构（张拉膜结构）的基本工作原理

| a） | b） | c） | d） | e） | f） |

图 7-19 F·奥托提出的幕结构（张拉膜结构）基本分类

a）~c）按照平面预应力薄膜原理构成的帐篷 d）~f）按照曲面预应力薄膜原理构成的"真正"帐篷

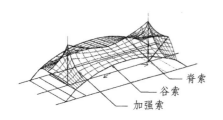

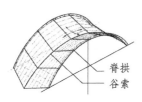

图 7-20 大空间张拉膜结构脊谷式单元及其不同组合方式举例

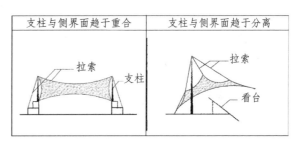

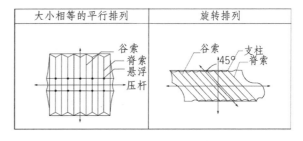

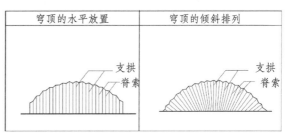

289

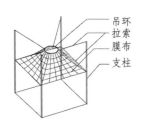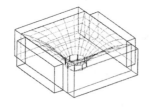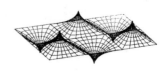

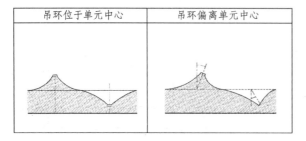

图 7-21 大空间张拉膜结构伞式
单元及其不同组合方式举例

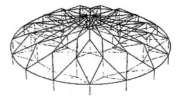

图 7-22 大空间张拉膜结构鞍式单元及其组合方式举例

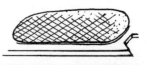

a) b) c) d) e)

图 7-23 充气结构的基本分类

a)～c)均为构架式充气结构；d)e)均为气承式充气结构

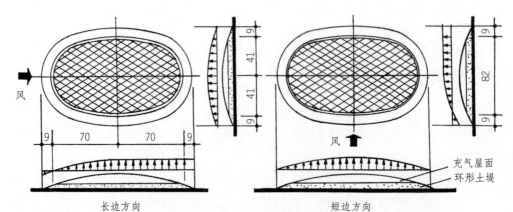

图 7-24 作用于大跨度气承式充气结构屋盖表面的风吸力分布示意
——1970 年大阪国际博览会美国馆（参见图 2-16）

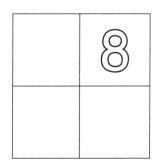

8

普适性绿色建筑设计结构思维路径

要点提示：

　　20世纪90年代以来，我国绿色建筑设计实践摸索到一条基本经验：靠增加土建造价和设备投资达到节能减排的目的，并非是建筑绿色革新的大方向。普适性绿色建筑设计的策略应着眼于：使绿色建筑设计效应与建筑合理营造的成本相适应；让绿色建筑设计构思与自然条件的特点相结合；将绿色建筑设计视界拓展到建筑生产的便捷方式上来。依据以上这三条普适性绿色建筑设计的基本策略，我们可以分析、归纳出与之相向而行的建筑结构思维路径，包括：力求减少结构围合之中的"无用空间"；让结构为"气候设计"创造良好条件；以"在地建造"理念优化结构应变样态；统筹考虑建筑结构资源的可再生利用；在改建工程中发挥原结构的利好作用；充分利用轻结构在施工中的独特优势；开创综合性节能减排的便捷结构方式。

8 普适性绿色建筑设计结构思维路径

　　随着人类可持续发展战略的不断实践与创新，人们对绿色建筑内涵的理解也不断深化。人们对绿色建筑的研究范围已经从能源方面扩展到了全面审视建筑活动对全球生态环境、周边生态环境和居住者所生活的环境的影响，这是"空间"上的全面性；同时，这种全面性审视还包括"时间"上的全面性，即审视建筑的"全生命"影响，包括原材料开采、运输与加工、建造、使用、维修、改造和拆除等各个环节。

——全国一级注册建筑师继续教育指定用书（之六）：《绿色建筑》

　　自 20 世纪 70 年代之后，我国建筑学界逐渐地融入了后现代建筑文化气息之中，在吸取建设性后现代主义建筑"回归人性""关注历史""走向自然"等文化营养的同时，也感染上了破坏性后现代主义建筑 "个性第一""情感至上""唯我独尊"等流行病毒，使建筑概念中原真部分变得越来越模糊，严谨务实、合乎情理的建造意识日趋淡薄，尤其是在建筑实践中，结构的运用背离"经济有效、物尽其用、用得其所"的原则，成为"伪恶丑""假大空""高大上"建筑登台表演的第一物质技术手段，这竟已成为习以为常、屡见不鲜的建筑现象了。

　　如果说，在 20 世纪末，建筑设计的绿色革新还多半是不紧不慢地停留在文章上写写、口头上说说的话，那么在当今人类必须与大自然和谐共生的觉醒背景下，建筑设计绿色革新的紧迫感，则已逼迫着我们这十几年来，对绿色建筑的洞察、思考和探索，向着求真务实、走出"象牙之塔"的关键性努力方向，前进了一大步。

　　对绿色建筑认知的这一飞跃，是来自 20 世纪 90 年代之后，我们在绿色建筑实践经验方面的总结：靠增加土建造价和设备投资达到节能减排的目的，并非是建筑绿色革新的大方向。普适性绿色建筑设计的策略应着眼于：使绿色建筑设计效应与建筑合理营造的成本相适应；让绿色建筑设计构思与自然条件的特点相结合；将绿色建筑设计视界拓展到建筑生产的便捷方式上来。下面，依据以上这三条普适性绿色建筑设计的基本策略，我们可以分析、归纳出与之相向而行的一些建筑结构思维路径：力求减少结构围合之中的"无用空间"；让结构为"气候设计"创造良好条件；立足"在地建造"优化结构应变样态；统筹考虑建筑结构资源"可再生利用"；在改旧立新中发挥原结构的利好作用；充分利用轻结构在施工中的独特优势；开创综合性节能减排的结构组建方式。

一、力求减少结构围合之中的"无用空间"

建筑结构工程的投入占建筑总造价的 40%~50% 以上，显然，当建筑合用空间设计越是趋于合理、紧凑，而结构的围合空间也越是与该合用空间走向一致时，我们降低成本、节能减排、减少全生命周期资源消耗的目标，就越容易实现。

然而，长期以来的建筑设计量化系统，对建筑的空间体量或实体体积很难起到应有的制导作用，因而即使受限于总建筑面积、总限高、总造价等指标，在设计偷巧中照样存在着视觉形象无度膨胀、扩张，无用空间仍然随之增多、增大的现象，特别是在一些大型公共建筑中尤为突出：从 20 世纪"大中庭共享空间人看人"的室内景象，到后来积零为整"一包了之的大统仓空间"的炫目体量，再到复杂性建筑语言的"数字化大扭曲空间"的变异形态等，都包含了难以计量派不上用场的"无用空间"，以及非设备、非管道管线使用的"边角料空间"。即使是在"看似有用的空间"中，超过人生理与心理需求的"多余空间"，也往往都违背了宜人的尺度感与亲和感，成为当今绿色建筑设计中的一大禁忌。

由此可见，与建筑空间组合构思密切关联的建筑结构思维，从设计创意一开始，就必须参与进来，对不同建筑方案中结构围合空间的有效利用率进行分析和比较，即使是公共建筑出于艺术表现意图的需要，也应通过技艺智慧的充分发挥，规避"建筑空间假大空视觉意向的表达"。如 2011 年建成的临沂市新城天元广场建筑群的会议厅，就是通过该核心区的城市设计、环境设计、建筑设计三位一体的反复协调与整合，才最终实现建筑使用空间、结构围合空间及其所构成的生态景观之间的契合与协调的（图 8-1），该会议厅的空间体量不仅十分紧凑得体，是广场主体天元大厦的成功配角，而且它所具有的"标志性"，又恰恰是绿色设计逻辑的自然体现。

现代主义建筑实践表明，最理想的情况是在条件允许时，结构形体里外都不另做"包装"，而与经济有效的"合用空间"相吻合，结构自身即可构成建筑样态，如巴黎联合国教科文组织会议厅（图 8-2），这是一个"返璞归真，节能减排，坚实好用"的范例。2020 年建成，2021 年开始运营的景德镇御窑博物馆（图 8-3），也具有"结构本体乃建筑之身"的规划、设计特征。该馆位于景德镇历史街区的中心，毗邻明清御窑遗址，地处明、清以来不同年代建筑构成的多元城市肌理地段。博物馆的地域性设计实践，在广泛吸纳城市学、考古学与人类学领域知识的基础上，对经济有效地运用结构创造建筑空间与其环境，做出了别具一格的有益探索——利用砖砌拱筒结构单元进行空间组合，包括免去了里外繁杂包装做法，使结构围合的总包形体与建筑合用的空间形体合二为一，它虽然是一个比较特殊的工程案例，但其绿色设计的显著特点，可以促使我们在"举一反三"中得到有益的启示。

二、让结构为"气候设计"创造良好条件

气候设计是绿色建筑设计内涵的一个重要组成部分，其创造价值就在以低成本的普适材料与营造技术，向自然索取无能耗或辅助性低能耗的趋于较舒适的生存条件。气候设计创意的实现，在很大程度上要依靠结构运用的合理性与灵活性。也可以说，只有当建筑师具有清晰的结构系统概念，并善于在建筑不同部位做结构灵活应变处理时，才能在结构思

会议厅正立面

会议厅纵剖面

会议厅二层平面

会议厅外景

图 8-1 临沂市新城核心区天元广场会议厅

2011. 设计主持人：布正伟 范强

图片来源：布正伟《建筑美学思维与创作智谋》天津大学出版社，2017

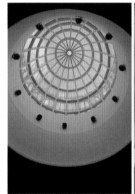

会议厅室内公共大厅天然采光

图 8-2 巴黎联合国教科文组织会议厅鸟瞰实景（参见 14 页图 0-10）

图 8-3 景德镇御窑博物馆

2020.设计主持人：朱锫

图片来源：《建筑学报》2020 年第 11 期

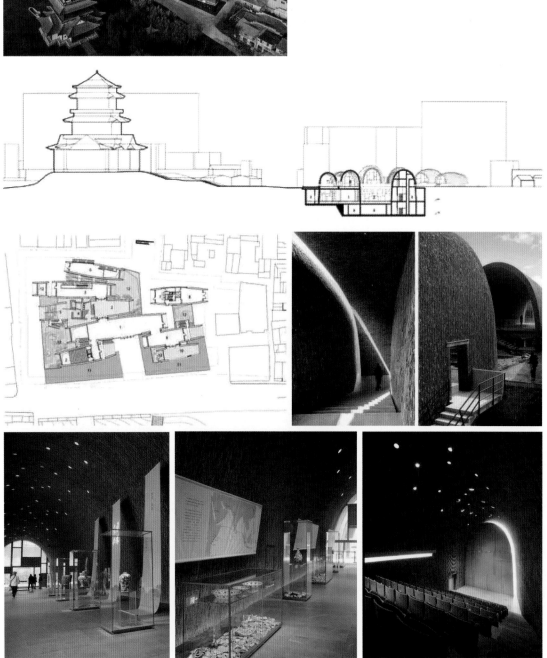

维中因地制宜地将气候设计的各种意图，融入材料、技术、结构"三合一"的具体运作中来。

20世纪80年代改革开放初期，中国民航事业发展刚刚起步，像重庆这样知名的重要城市，还在利用历史上遗留下来的白市驿小机场，不仅基地极其狭窄，老航站楼分期改建的高度受到航空管制的净空限制，而且投资也极为有限，根本不能指望"系统空调"的奢侈配置。1984年竣工投入使用的重庆白市驿机场航站楼，其气候设计带来的建筑形态特征与地方风格，就是在这样困难、窘迫的条件下生成的（图8-4）。航站楼空侧旋转45°方形候机厅系列正好朝西，酷暑八月下午，方厅上方向外悬挑的两坡披檐和带形窗前面的拓空栏板相组合，恰好将燥热的直射阳光阻挡在带形窗外，而披檐和栏板下形成的庇荫气流区，则起到了扩散辐射热的作用。方厅另一侧布置的两个小院天井，在投送自然光的同时，还可以引入新鲜空气。这样，在有"火炉"之称的重庆，一个候机单元用一台可灵活开启的空调柜，便可达到大量节省室内空间，又创造舒适候机气温的双重目的。

气候设计中的结构思维，总是随着建设基地环境及其物质技术条件的变化而改变。为适应重庆提速发展的需要，1986年重新选址后，便开始了江北机场的总体规划与航站楼设计。这一次与前列式白市驿机场航站楼不同，采用的是短指廊形态设计，而且"防西晒"的一面变成了航站楼陆侧的这一面。因而，与进出港流程设计相结合的气候设计，导致了与上述白市驿机场航站楼完全不同的设计思路与表现手法（图8-5）：

（1）为了避免夏日强烈西晒和热辐射的影响，特意将中央大厅结构做不对称上升处理，为采用北向高侧窗采光创造了必要条件。

（2）在出港与到港人流通行的两侧，采用了与悬臂梁弯矩图形一致的"山脊形钢管空间构架"（悬臂梁）拉接的轻钢结构遮阳大棚。

（3）中部高起的西墙为500mm双层夹空墙面，在室内一侧嵌入水波形组合凹窗，可阻挡直射阳光。

（4）水波形组合凹窗系列图形上方，重点突出了悬挑式"似船非船"的"面具"造型，上面布置了摄像监控设备，与中央大厅吊顶层马道相通。

（5）中部高起的实墙，以镶嵌式"日月星辰"写意图案，将上述两翼及中部各形象部件"统领"起来，于该航站楼的陆侧立面，展示出了寓意"重庆是山城也是水城"的构成图景，而在中央大厅室内北向高窗一侧悬挂的"山花烂漫"系列彩旗，与水波形组合凹窗系列相吻合的"阳光之歌"7层叠置的彩色挂雕，更加凸显了"气候设计创意、结构技术运用、环境艺术表现，乃至明暗空间转换"四向度思维混成交织的探索意向与情趣。

在全球气候逐年升温变暖的今天，面对民众使用的量大面广的基层建筑，如何在结构思维中将低材料、低技术、低造价条件，同"气候设计"联系起来进行思考和探索，是我们责无旁贷的历史担当。2022年度普利兹克奖，首次颁发给了来自非洲的黑人建筑师迪埃贝多·弗朗西斯·凯雷，他的作品之所以能给人们传递活力与快乐，最突出的一点就是，他善于将不同的气候设计意图同灵活机动的结构运用方式结合起来，不仅解决了炎热条件下改善建筑使用的舒适性问题，而且还为贫困地区创造了极富本土特色的建筑形态。从图8-6所举实例可以看出，他在不同功能性质的项目中，持续不断地丰富着来自气候设计灵感的建筑语汇：厚实隔热的夯土墙体，屋顶上悬挑的弧形顶盖，高低错落造型各异的通风小塔，从墙体支出的轻质遮阳棚，以及比例狭窄、自由组合的凹窗系列等，这些令人印象深刻的建筑语汇的生成，又都是与凯雷创作激情和设计行为的共同出发点——"让结构

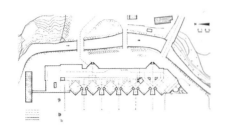

图 8-4　重庆白市驿机场航站楼气候设计形体特征
1984. 设计主持人：布正伟
图片来源:《当代中国建筑师布正伟》中国建筑工业出版社，1999.

候机厅净高比较

白市驿航站楼	3.3米至3.9米
北京老航站楼	11.0米
杭州老航站楼	8.7米
上海老航站楼	8.6米
乌鲁木齐航站楼	8.6米
桂林航站楼	8.0米

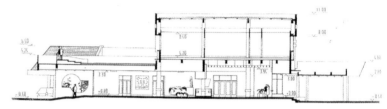

横剖面

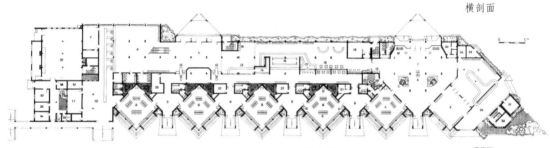

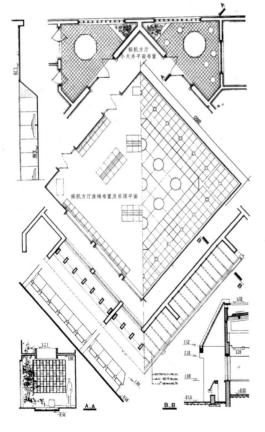

候机单元防西晒形体处理（上图）及到港厅小天井水池、花池与抽象雕塑组景（下图）

排气（非空调季节）

北向光

20.00

1 ____ 2 ____ 3 ____ 1

6 ____

4 ____

11.00

新鲜空气 ____ 5.60 ____ 5.60 ____ 新鲜空气

± 0.00 ____ 0.16

5 ____

明亮空间 ____ 暗淡空间 ____ 明亮空间

1—设备空间（设检修马道）　2—北向高侧窗　3—排气风机　4—引风筒　5—花池　6—露台

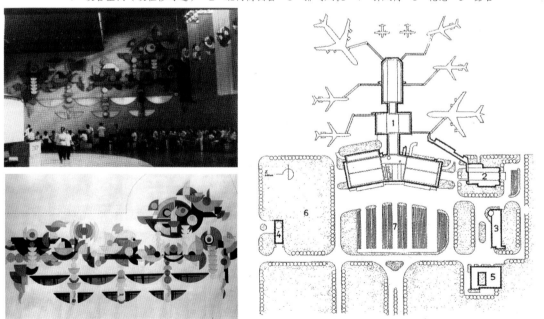

图 8-5　重庆江北机场航站楼气候设计形体特征与中央大厅室内环境设计

1991. 设计主持人：布正伟

图片来源：《中国当代建筑师　布正伟》. 中国建筑工业出版社，1999.

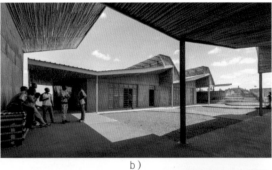

a)

b)

c)

d)

e)

f)

a）甘多小学　2001.

b）布基纳理工学院一期　2020.

c）歌剧村一期　2021.

d）莱奥医生之家　2019.

e）马里国家公园　2010.

f）库杜古市 Lycee Schorge 中学　2016.

图 8-6　凯雷建筑作品气候设计形体特征

图片来源：各建筑媒体对 2022 年普利兹克建筑奖获奖者非洲建筑师迪埃贝多·弗朗西斯·凯雷的报导

为'气候设计'创造良好条件"紧密联系在一起的。

三、立足"在地建造"优化结构应变样态

随着绿色建筑设计实践的深入，"在地设计"与"在地建造"理念越来越受到一线建筑师们的关注。应该说，这是对当今传承"因地制宜"宗旨，引领自己在设计中求实作为这一全新认知的精准提炼与总结。"在地建造"与普适性绿色建筑设计中结构思维的密切关联主要体现在，如何从工程基地的自然生态环境与人文历史环境出发，结合工程性质、规模、标准，及其允许的施工技术条件，沿着绿色设计导向，去考虑和操作经济有效、切实可行的结构系统的设计与施工问题。

图 8-7 所示是获得 2014WA 中国建筑奖中"设计实验奖"的项目—— 一座供热带和亚热带水禽栖息与科普展陈的复合展馆。为了在低造价前提下，实现以"零能零耗"为努力方向的"微能耗"示范目标，从设计起步一开始就立足于"在地建造"理念，悉心体察、研究原已融入该动物园水禽岛环境的小生态系统。在设计深入进程中，一方面使原生态景观植被能得以充分利用，另一方面把结构思维所应掌控的各要点，诸如轻质材料的配套选择、结构构件的简便组装，以及现场施工的环保措施等，都分别落脚到了实处，从而使该项目的"在地建造"既体现了尽可能减少碳排放，同时也为游客创造了与水禽岛小生态自然环境融为一体的新颖而轻快的展馆形象。

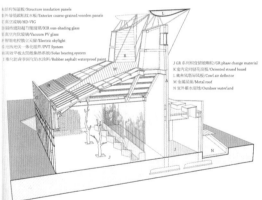

图 8-7　北京动物园水禽馆

2013. 清华大学建筑学院宋晔皓、王丽娜、孙菁芬等设计

图片来源：《世界建筑》2014WA 中国建筑奖专集

对处于边远地区的各类遗址保护建筑来说，立足复杂的自然生态环境，以"在地建造"理念优化建筑结构的应变样态更具挑战性，需要付出更艰辛的努力。湖北青龙山国家地质公园恐龙蛋遗迹博物馆，地处鄂西北山区。在湖北郧县发现的这个恐龙蛋化石群遗址，不仅龙骨与龙蛋化石同在，而且一窝蛋最多竟达百枚，可称"全球之最"，这些化石对研究地球演变、生物进化，探索恐龙灭绝原因均具有重要科学价值，1997年被国务院列为国家一级地质遗迹保护区。该恐龙蛋遗迹博物馆分两期建成，从设计主持人李保峰在中、德学术刊物发表的文章中可以看出，由于考古保护与挖掘的流程不同，一号馆和二号馆虽然都出于"在地建造"的结构思维，但"因势利导"的结果，却出现了全然不同的建筑特征（图8-8）。

一号馆的工作流程是"先挖掘，后建馆"。地质学家挖掘后，建筑师以蛋群分布的逻辑设置木栈道，并在数量较多的蛋群处增设观察平台。由于基地地形起伏很大，依照坡度无规则变化的原生态地形，特将一号馆顺势做成折形段，其间随空嵌入透风阻光的百叶侧窗，使空气得以流动，既控制了进入建筑的热量，又创造了室内神秘氛围。现浇混凝土倾斜外墙采用了当地竹跳板作模板，墙面上留下的具有高容错率的粗糙竖纹肌理，既显示了遗址保护建筑的固有性格，又掩盖了施工技能上的落差。再加上从附近废弃民居收集的旧瓦铺装在折形体块的顶面上，更使得此一号馆富有大山深处的历史沧桑感和场所感。因旧瓦与屋面之间设有空气层，这种被动式构造可以防止热量进入室内，使得该建筑基本上实现了零能耗。

二号馆结构应变样态的生成，是出自另一种情况：地质学专家提出了"先建馆，后挖掘"的要求。这样，在为地质学专家改善工作条件的同时，又避免了恐龙蛋被偷窃流失。然而开挖之前，地质学专家无法确认蛋的准确位置，这就排除了均匀布置柱网的可能性，使结构思维转向了大跨度应变架构系列的空间创造——在一个不规则地段，设置一个80多m长、跨度介于25～50m的建筑形态。考虑到建筑造价的限制，又是处于大山中埋有恐龙蛋的遗址条件下，材料、设备运输和大跨结构施工的巨大困难，结构思维优选的结果是现场制作的"钢管拱"，和屋面拼装的4m×4m及其非标准钢管结构单元，以及与各单元组装在一起的铝板表皮方锥形部件。对建筑结构整体的艺术加工顺势而就，使其在原生态环境中，能隐约产生对恐龙这一庞然大物的奇妙联想。内含数字逻辑的可视化形态生成软件Grasshoper高效率地解决了构件的标准化与形态的个性化之间的矛盾，而数控激光切割机也能很好地解决不同直径，以不同角度相贯的钢管的无缝连接问题。

身临其境的"在地建造"，除具有"第一时间获取第一手资料"的优势之外，还能促使设计者激发创作灵感的概率大增。四川甘孜藏族自治州泸定县蒲麦地村牛背山志愿者之家，是由一处破落民居改建的。为了提供阅读、酒吧、会议等公共空间，拆除了面向坝子的厚重墙体和内部隔断墙，让一层完全开放并保留、加固了木结构，可以存储木柴的钢网加玻璃门能完全打开，让室内外融为一体。设计主持人郑钰、李道德在传统民居瓦屋顶可刚柔转换的启示下，用一种数字化且又好施工的结构技术表现手段，让我们面对主屋，看到了从传统转变到现代，还似再面向未来的屋顶形态有机变异的长画卷，而该屋顶形态的变异特征，又恰与大山、云海遥相呼应——想想看，这不正是从"在地建造"中获取的一种建筑意境的写照么？（图8-9）

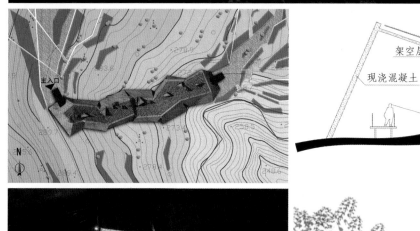

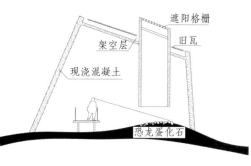

图 8-8　湖北青龙山国家地质公园恐龙蛋遗迹博物馆　一号馆

2012. 设计主持人：李保峰

图片来源：李保峰主编《谦和建造》华中科技大学出版社，2021.

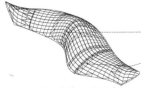

屋面以四米为基准进行设计的屋面标准
金属穿孔板单元，单元覆盖整个屋面

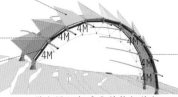

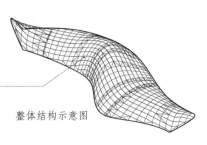

标准化结构杆件的单元　　　　纵向梁4M标准化结构杆件与　　　整体结构示意图
　　　　　　　　　　　　　　　屋顶标准结构单元

一号馆
二号馆
总平面图

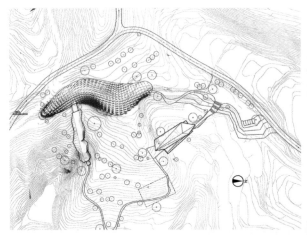

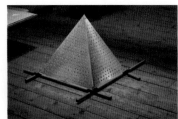

图 8-8　湖北青龙山国家地质公园恐龙
蛋遗迹博物馆　二号馆
2019. 设计主持人：李保峰
图片来源：李保峰主编《谦和建造》，
华中科技大学出版社，2021.

图 8-9　四川甘孜
藏族自治州泸定县
蒲麦地村牛背山志
愿者之家
2021.设计主持人:
李道德
图片来源:公众号
太原道——中国
10 个美丽乡村,
用设计重塑艺术
乡村

四、统筹考虑建筑结构资源"可再生利用"

21世纪10年代之后，国内外建筑设计统筹考虑结构资源"可再生利用"的理念，已引起业内科研、设计人员的关注。从迄今为止的实践经验来看，对结构资源的"可再生利用"，可侧重从两个大方向上去进行思考和探索：首先是在"低造价、低材料、低技术"的基层生活设施建造中，通过对地方材料与传统技术的循环利用，达到经济适用、节能减排、绿色环保的目的。另一个大方向是，在城市改建与新建工程中，对那些在使用上存在着很大变动性的建筑，包括国际性节日事件所需要的博览会建筑、体育赛事建筑等，对其结构资源再生利用的途径与方法等进行研究与实验。

由清华大学建筑学院宋晔皓教授负责的"可持续建筑Studio"课程，于2021年将福建寿宁竹管垅乡茶青交易市场作为研究项目，带领设计团队扎根竹管垅乡，采用竹、木、石、土等地方材料，借鉴传统"编木拱桥"结构营造方式，以竹代木，创造了18m大跨度编拱竹结构新形式，辅以夯土墙作为围护墙体，并将回收的木材和石材制作了相关的配套家具与陈设。该全生命周期可持续运转建造的茶青交易市场实验建筑的设计与施工，再好不过地印证了，在"低造价、低材料、低技术"的基层生活设施建造中，建筑结构资源"可再生利用"的潜力是巨大而有效的。2022年竹管垅乡茶青交易市场项目经深化设计后正式建成（图8-10），并获得国际建协首届建筑教育创新奖。

时至今日，在世界有影响力的大型公共建筑工程中，统筹考虑建筑结构资源"可再生利用"做得比较周全有效的案例，当属2012年伦敦奥运会主体育场"伦敦碗"的设计与建造（图8-11），该工程追寻可持续发展战略目标，首次打破了"永久性标志"的设计模式。2013年设计者在谈到该工程设计思想的独创性和前瞻性时，曾做了如下具体阐述："按照奥运会结束后，可将上部钢结构组合构件拆卸，再加以利用的原则来进行设计的；下面的钢混结构部分，也做了便于场地改造的对应考虑。这样，赛后就可以很快从8万座位灵活瘦身，变成为一座中型社区体育场，以适应举办足球、橄榄球、板球或音乐会的需要。"主创建筑师菲利普-詹森说："你无法做出比这种形式更轻的屋顶，只使用如此少的材料，为可持续发展做出了贡献……"

此外，西班牙建筑师在2022年卡塔尔世界杯足球赛974体育场设计中，也成功践行了绿色创新理念：由模块化钢结构与涂有各种颜色的中国制造的集装箱组成，不仅视觉新颖别致，而且也满足了自由拆装，让场地和材料均可回收利用的要求（图8-12）。

五、在利旧出新中发挥原结构的利好作用

在城市乡镇更新中，有不少存量的废旧建筑，越来越引起我们的注意和兴趣。这是因为，这些留下了历史沧桑印记的老态物质技术实体，会在不同程度上蕴藏着可以重新利用的经济价值和文化价值。进一步说，"利旧出新"这已成为"双碳使命"与"绿色革新"彼此交融、相互辉映的一条风景线，在不同情景中，都会给我们带来或怀旧或联想或神往的诸多审美感受。

上海黄浦江民生码头八万吨筒仓，曾一度是亚洲最大的粮仓，但2000年粮食储存机械化作业方式被智能化设备所取代，加上江岸产业转型，码头功能衰退，筒仓也于2005年

图 8-10　福建寿宁竹管垄乡茶青交易市场项目：上图为实验建筑，下图为正式建成的交易市场

2022. 设计主持人：宋晔皓

图片来源：宁德网闽东日报记者　龚健荣　郭晓红

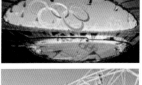

图 8-11　2012 年伦敦奥运会主体育场"伦敦碗"

2012. 设计主持人：菲利普·詹森

图片来源：《建筑学报》2013 年第 1 期

图 8-12　2022 年卡塔尔世界杯足球赛 974 体育场
2022. 西班牙建筑师设计
图片来源：公众号田园游记 2022.11.24 集装箱建筑相关资讯

停用。以 2017 年上海城市空间艺术季为契机，由大舍建筑事务所对作为主展场的筒仓进行改造设计，打造以艺术展览为主要功能的城市公共文化空间。由于圆形列阵的 30 个厚重粗筒，总长 140m、高 48m，很难从其内部打通使用功能方面的相互联系，因此，初始改造的着眼点只好放在如何改造才能满足该文物建筑"主要立面、主要结构体系、主要空间格局和有价值的建筑构件"均需保留原样，而"不得改变"的要求上。为此，特意将筒仓建筑的底层和加建的顶层作为展览空间使用，并通过一组外挂的自动扶梯，将三层的人流直接引至顶层展厅。这样，既比较完整地保留了原筒仓立面的原本风貌，又同时让游客能欣赏到北侧黄浦江以及整个民生码头的实地景观（图 8-13）。未实现的二期工程是将原筒仓粮食输送带改造成自动扶梯，让游客可以直接到达顶层展厅，从而使八万吨筒仓真正变成一个完全开放的公共空间。

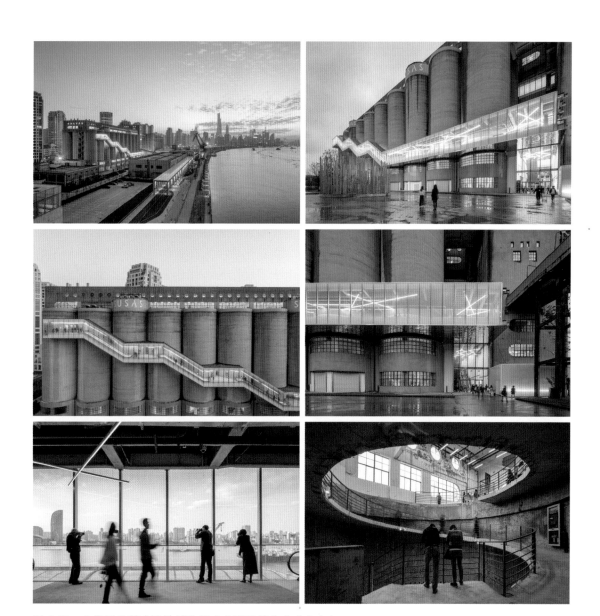

图 8-13 上海民生粮仓改造博物馆（八万吨筒仓艺术中心）

2017. 设计主持人：柳亦春

图片来源：设计主持人柳亦春

　　在利旧出新中充分发挥原有结构系统及其部件形式的利好作用，往往会成为该建筑作品的"画龙点睛"之笔。这就犹如画家作画、诗人写诗一样，既需要具备敏锐的建筑审美体察能力，还需要掌握建筑室内外环境艺术创造的表现技巧。图 8-14 所示广西漓江边阿丽拉（ALILA）阳朔糖舍酒店，是 20 世纪 60 年代建造、80 年代停产的老糖厂整体改建工程。"场地"的文化氛围创造是设计主持人董功的第一个触动点——在如实保留各厂房结构形体样态的同时，更以大手笔意念，把原露天场地两排吊车梁柱结构平行透视的大效果利用起来，打造了一个与当地"喀斯特地貌风情"既对比又衬托的大面积水池异样景观，让游客去慢慢领悟主创人所说的："……通过精准的空间动作，把（场地具有的）各种能量揭示出来，转化成人的感知和生活。"图 8-15 所示福州晋安区前洋村农夫集市，运用新建的折形低矮屋面的辅助建筑，将两座修复的老宅串接起来，形成了乡村学堂、精品展厅、农夫集市、游人小歇诸多公共空间，设计主持人郭海鞍结合农夫集市颇具乡土气息的陈设布置，把那两座老宅原本木梁柱结构的古朴素雅之美，表现得恰到好处，让人印象深刻。

六、充分利用轻结构在施工中的独特优势

在城市和乡镇建设中，都面临着"建筑老龄化"的挑战，如何以绿色的方式解决城乡危房、废旧房、功能退化房的巨大存量问题，是我们现时大有用武之地的设计领域。近一个时期以来，在逐步消化城乡危房、废旧房、功能退化房巨大存量的建筑实践中，积累的一条重要经验便是，在建筑施工的全过程中，由于"轻结构"便于备料加工、制作运输、组装就位等程序，因而在各种环境条件下的多样化设计中，都能派上大用场。

图 8-14　广西漓江边阿丽拉阳朔糖舍酒店
2017. 设计主持人：董功
图片来源：《世界建筑》2021 年第 8 期

图 8-15　福州晋安区前洋村农夫集市
2020.设计主持人：郭海鞍
图片来源：中国建筑设计研究院乡土创
作中心

2014 年中国建筑设计研究院团队，以江苏昆山锦溪祝家甸村为基地，开始了长达 6 年的伴随式设计，对原址砖厂、原舍民宿、旧礼堂及乡土景观、农田景观等，均在崔恺提出的"微介入"理念指导下，进行了相应的改造、更新。从该系统改造工程起步的成功经验来看，如何将这座 20 世纪 80 年代村民自建、现已荒废的砖厂，改造为该地网红的砖窑文化馆，很重要的一点就在于，必须有效地从结构工程技术上，把握好并落实好"普适性绿色建筑设计的结构思维路径"。该两层砖厂在正规检验后的结论是"危房"，从上面一层开始改造的要害问题，就是如何保证"安全"。在该院著名结构专家陈文渊的技术指导与把关下，借鉴汽车"安全仓体"理念，大胆采取了"安全核"的设计策略——在原厂房通长的上层设置了三个"安全核"，使之与下层和地面不发生联系，而以其自身牢固的整体性起到保证上层结构安全的作用。这一设计策略的前提是，必须尽可能减少建筑荷载，这样在安全核部分采用轻钢结构体系的同时，还受到这种制约的启发——既铺用了收集到的原汁原味的屋面瓦，也采用了新设计的与原机制瓦构造一样、却更加轻便的有机玻璃瓦。有趣的是，透明瓦间隔渐变的布置，不仅满足了轻结构技术的承载要求，而且在白天和夜间所显示的环境艺术效果，都出人意料的好。在砖厂后续改造中，不论是平台下加建的"窑烧咖啡"，还是庇檐下用一个封闭空间改造成的"萱草书屋"，以及窑体改造中融粗拙与风雅于一体的"老窑餐厅"等，都无不流露出这座祝家甸砖窑文化馆对公众的吸引力（图 8-16），是与改造中以轻结构的"微介入"合理运用密不可分的。

图 8-16　昆山市锦溪镇祝家甸砖窑文化馆

2017. 设计主持人：崔愷

图片来源：中国建筑设计研究院乡土创作中心

在普适性绿色建筑设计中，因势利导地施展轻结构系统的独特优势，还突出地表现在工程施工地处于自然生态的艰险地段。2014年国家文物局对四川广元千佛崖摩崖造像保护建筑试验段工程，提出的使其免受风雨侵蚀的设计要求，不仅要以监测数据为基础，运用现代建筑技术手段，创造更有利于摩崖造像保护的物理环境，而且还要使该建筑融入的自然生态周边完好如初。摩崖造像保护功能中的防雨水棚罩、防西晒遮阳、防湿气通风的"三防措施"，最后都得落脚到起决定性作用的"轻结构系统"的设计与实施中来。崔光海主创人与其设计团队在结构思维中，特别注意到了下面几点：让轻钢结构生根于崖壁平坎上，不碰触石窟所在崖壁，只靠悬臂结构系统形成保护棚罩，这样就最大限度地减少了对石窟文物的侵扰。此外，考虑到施工振动等对崖壁带来的破坏性影响，特意采用了18m深的人工挖孔桩，以作悬臂的牢固根。这是我国第一次应对石窟文物保护挑战性的建筑试验（图8-17），它已成为广元千佛崖摩崖造像保护区最具吸引力的自然景观。

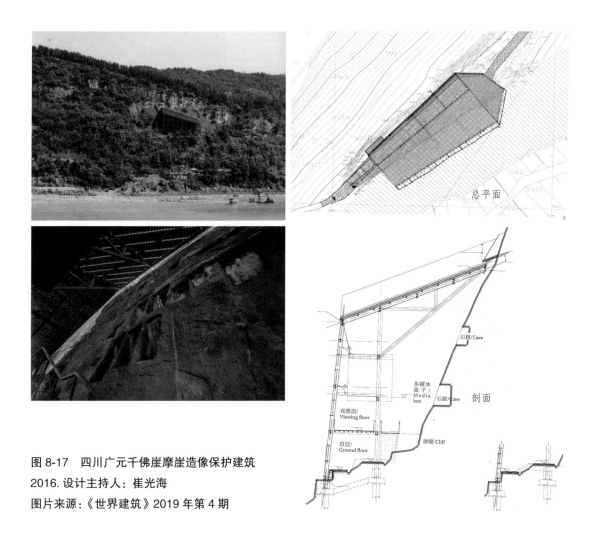

图 8-17　四川广元千佛崖摩崖造像保护建筑
2016. 设计主持人：崔光海
图片来源：《世界建筑》2019 年第 4 期

七、开创综合性节能减排的结构组建方式

从以上六节所分析到的一系列建筑案例中不难看出，虽然在讲述的时候，只侧重强调了由某单一结构思维路径的指向取得了绿色建筑效益，但从建筑总体来看，还往往是自然而然地兼容了其他设计思路，共同去实现绿色建筑设计中的环保要求、双碳决策，以及可持续发展目标的。受这一规律性的启示，我们就会进一步联想到，开创综合性节能减排的结构组建方式，不仅是快速应对急需且又具有绿色价值意义的营造构想，而且也是急待系统研究、必须努力践行的绿色建筑结构思维路径所指的新方向、新目标。

较早引起业内学者和媒体注意的，是坐落在张家口二台镇九年制学校西南角一块空地上，命名为"华夏之星初心图书馆"的小建筑。这座张北县第一个农村学校图书馆，是设计主持人朵宁借鉴英国 Wikihouse 开源建造体系设计的，该建造体系具有"结构原型简易、适应性和可变性多样、材料和加工方式统一"等特点和长处。该图书馆结构组建方式的特点主要体现在，由三排等跨联体两坡屋顶覆盖、其纵向长短又灵活截取的空间组合上。与此相适应的功能设计十分简明，主要分为藏书区和阅览区，中间设有一个可开放的绿化天井，总投资约 150 万元，占地 523m²。虽然它只是 350m² 的实验建筑，但值得我们学习借鉴和举一反三的可贵之处，就在"轻质化、装配化、室内外环境一体化"的设计与配置，不仅做到了环保前提下的快速施工，创造了七天里外同时完工的佳绩，而且在开创综合性节能减排的标准化钢架木结构轻质装配组建方式上敢为人先，效果令人刮目相看（图 8-18）。

2018 年雄安市民服务中心企业临时办公区的建成，标志着我国以快速优质双亮点，在实现全装配化、集成化的箱式模块建造体系方面达到了全新的高度（图 8-19）。该工程建筑面积 36000m²，面对建设要快、品质要高、理念要新的"快、高、新"挑战，只有从营造方式统领全局的站位才能破解其困、化解其难。具体来讲就是：模块结构、设备管线、内外装修均在工厂制作加工，工地只做就位拼装。该工程开创的全装配化、集成化的箱式模块建造体系，具有"节省资源，降低能耗，减少排放"等综合性绿色效益，主要表现在：

1）模块化标准单元的组合体与常规意义上的建筑形态合二为一，但远比后者简洁、紧凑，可以节省大量原消耗于"美化"生成的"无用空间"及"内外包装"所需资源；

2）最高为三层的模块化标准单元组合体，免去了常规办公楼必不可少的电梯组设施，由此可节省的设备投资和长年能耗与维护费用相当可观；

3）模块化标准单元组合体单元模块以"十字形"灵活自由地组合拼装，可应对组合体内部多样性使用功能的要求，增强了单元模块装配化使用的普适性，能充分发挥标准化单元模块可逆的、可循环使用的独特优势；

4）模块结构、设备管线、内外装修均在工厂制作加工，这便促成了高装配率下的快速施工，工期缩短的绿色含义不言而喻；

5）避免了现场作业原材料与生产垃圾的往返运输以及环境污染；

6）建筑底面架空，不会破坏原场地和工程土方量的出现，同时便于雨季排涝除淤。

适应天灾人祸和大规模庆典活动的临时性应急建筑，其结构组建方式绿色、低碳、灵活多样，前景广阔。纳德尔·卡里里（Nader Khalili）设计的应急沙袋避难所，便是用条形沙袋垒成，既好取材，又好施工，造价低廉（图 8-20）。2022 年卡塔尔世界杯足球赛球迷村集装箱酒店，则是用中国制造的集装箱屋组建的，每套客房面积约 16 平方米，配置齐

全，住店费用大幅降低，而在客房一侧，还人性化地安排了露天观看赛场实况转播、席地而坐的软包场地（图 8-21）。

对处于险恶环境条件下特殊工程的绿色设计实施来说，结构思维路径更加需要看重"结构组建方式"的探索与开创，无论怎样强调这一点都不为过。图 8-22 所示是斯洛伐克塔特拉雪山酒店，这座 5 层楼被旋转的立方体结构内核及其形态的表达概念就是"最向阳，又最风景"——只有这样，才能最大限度地利用向东和向西倾斜的墙面太阳能板吸收太阳能，完全做到无外供电力、能源自给自足的完美运行；同时，也只有这样，才能适应排雪的气候设计要求，并与山峰天际线相融合，最终所形成的视觉变异特征，也极大增强了荒漠雪山环境背景下的可识别性。该设计出自捷克一家设计公司，并在国际竞赛中一举夺标。显然，这个"出奇制胜，绿色妙想"的设计成果要想完好实施，顺利建成，如果离开了"结构组建方式的创新"，解决不好这个倾斜"立方体"便于施工的基础、楼板、界面等结构部件有机整合，以及各专业设备与结构系统协调构置等问题的话，那么这个让人翘首以望的绿色创新之作，就只能变成永远束之高阁的"纸上建筑"（"paper architecture"）了……

图 8-18　张家口二台镇华夏之星初心图书馆

2017. 设计主持人：朵宁

图片来源：《世界建筑》2018 年第 8 期

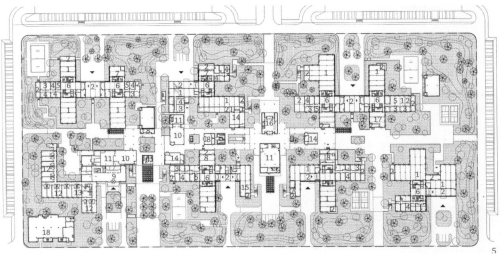

1—开敞办公区/Open office   6—门厅/Hall   11—厨房/Kitchen   16—职工食堂/Staff canteen

2—室外平台/Outdoor platform   7—茶歇休息区/Resting area   12—客房/Hotel rooms   17—展厅/Exhibition room

3—会计室/Conference room   8—商业/Store   13—布草间/Cloth room   18—冷冻源机房/Machine room

4—办公室/Office   9—大堂/Lobby bar   14—咖啡厅/Cafe

5—接待室/Reception room   10—餐厅/Restaurant   15—健身房/Gym

图 8-19　河北雄安市民服务中心企业临时办公区

2018. 设计主持人：崔愷

图片来源：《世界建筑》2019 年第 1 期

图 8-21　2022 年卡塔尔世界杯足球赛球迷村集装箱酒店一侧观看足球赛事转播的露天场地，及双人间客房室内一角

图片来源：公众号田园游记 2022.11.24 集装箱建筑相关资讯

图 8-20　应急沙袋避难所施工场景

纳德尔·卡里里（Nader Khalili）设计

图片来源：华中建筑 2023.02.23 匠山行记——灾后临时性过渡建筑

图 8-22　斯洛伐克塔特拉雪山酒店

出自捷克一家设计公司，在国际竞赛中夺标

图片来源：2014 年 10 月 21 日《北京晚报》世界版

结 束 语

自人类开创建筑活动时起，历代建筑匠师都直接同工程结构打交道，并取得了许多杰出的工程技术成就。由此可以说，在历代建筑实践中，结构思维乃是一个古老而普遍的建筑技艺课题。

当人类建筑活动在 20 世纪初进入现代时期以后，新材料、新技术、新结构日益广泛地运用，为当今建筑设计与创作开辟了一个前所未有的新天地，因而，对现代建筑而言，结构思维则又是一个崭新而独特的建筑技艺课题。

人类的建筑活动，随着社会生活和科学技术的迅猛发展，必将出现一个划时代的飞跃，结构技术的进一步变革势在必行，前程无量。所以，在未来建筑中，结构思维又是一个令人神往而有待进一步探索的建筑技艺课题。

建筑结构思维作为建筑创作实践的"奠基石"，它不仅要以工程结构中的力学概念为其基础，而且还同时广泛地涉及建筑技术、建筑经济、建筑功能以及建筑艺术、建筑美学等诸多方面的问题。因此，现代建筑的结构思维就是一种综合创造力的体现：在综合处理各种设计信息的全过程中，能动地运用结构手段去创造合用的活动空间，创造经济的物质产品，创造美好的视觉形象。

建筑结构思维作为一门新生的边缘应用学科，它既放眼于建筑创作的宏观世界，如空间的开拓，环境的创造等，而同时又渗透于建筑创作的细枝末节，如传力构件的组合，外露结构的处理等。

建筑结构思维的归宿乃是用处于自然空间中的结构，去创造另一个为它所构成的建筑空间，并力求体现"经济有效、物尽其用、用得其所"的基本原则。根据建筑结构思维这个总体概念，我们便可以在实践中去进一步拓展它的设计原理，发掘它的设计思路、丰富它的设计手法和技巧。

随着科学技术的突飞猛进，现代建筑的结构思维已经渗透到建筑设计的单体、群体乃至城市设计、城市规划等各个领域中，并呈现出方兴未艾的趋势。为此，我们应当从培养对结构科学技术的浓厚兴趣和特殊情感做起，广泛学习和掌握它的系统知识、基本原理、开阔思路，并在各个层级的建筑实践中，密切结合不同地区、不同条件和不同要求，努力着眼于一点一滴的实际运用。照这样下去，持之以恒，锲而不舍，就必然会在现代建筑的结构思维及其设计技巧方面，有所创新，有所建树。

参考文献

［1］ 同济大学、清华大学、南京工学院，等.外国近现代建筑史［M］.北京：中国建筑工业出版社，1982.

［2］ 邹德侬.中国现代建筑史［M］.天津：天津科学技术出版社，2001.

［3］ 刘先觉.现代建筑理论［M］.北京：中国建筑工业出版社，1999.

［4］ 刘先觉，等.生态建筑学［M］.北京：中国建筑工业出版社，2009.

［5］ 《绿色建筑》教材编写组.绿色建筑［M］.北京：中国计划出版社，2008.

［6］ 铁木生可.材料力学史［M］.常振楫，译.上海：上海科学技术出版社，1961.

［7］ 波利索夫斯基.未来的建筑［M］.陈汉章，译.北京：中国建筑工业出版社，1979.

［8］ 奈维.建的艺术与技术［M］.黄运升，译.北京：中国建筑工业出版社，1981.

［9］ 西格尔.现代建筑的结构与造型［M］.成莹犀，译.北京：中国建筑工业出版社，1981.

［10］ 清华大学土建设计研究院.建筑结构型式概论［M］.北京：清华大学出版社，1982.

［11］ 勿赖·奥托.悬挂屋盖［M］.建筑工程部建筑科学研究院建筑结构研究室，译.北京：中国工业出版社，1963.

［12］ 黑尔措格.充气结构［M］.赵汉光，译.上海：上海科学技术出版社，1983.

［13］ 美国预应力混凝土学会.预制混凝土墙板［M］.陈占祥，译.北京：中国建筑工业出版社，1979.

［14］ 张相轮，凌继尧.科学技术之光——科技美学概论［M］.北京：人民出版社.1986.

［15］ 彭一刚.建筑空间组合论［M］.北京：中国建筑工业出版社，1984.

［16］ 布正伟.自在生成论［M］.哈尔滨：黑龙江科学技术出版社，1999.

［17］ 冯纪忠.空间原理（建筑空间组合原理）述要［J］.同济大学学报.1978（2）.

［18］ 罗森迟尔.结构原理和建筑师［J］.建筑译丛，1959（15）.

［19］ 王启焯.论结构设计中的矛盾［J］.土木工程学报，1959（1）.

［20］ 张利.重温"陈词滥调"——谈结构正确性及其在当代建筑评论中的意义［J］.建筑学报，2004（6）.

［21］ 方立新，陈绍礼，等.结构非线性设计与建筑创新［J］.建筑学报，2005（1）.

［22］ 孟磊.建筑材料的发展趋势［J］.世界建筑，1980（1）.

［23］ 吴焕加.近代结构科学的兴起：建筑史论文集第二集［C］.北京：清华大学出版社，1979.

后　记

　　这本书稿经补充调整后出版，距第一次在全国发行已有 20 多年了。其实，最早打印成册（有 184 页）是在 1979 年，那还是我在中南建筑设计研究院（即湖北工业建筑设计院）工作的时候。有人曾告诉我，在那个自我封闭的年代，这个打印本最早曾在东北地区一些渴望交流的建筑师中流传和摘抄，而当时并没有配插图。后来过了 7 年才由天津科技出版社出版，虽然为降低书价而压缩了不少文字和图例，自己并不太满意，但先后两次印刷的 26000 册很快就销售完了。现在在许多场合见到来自各地的中青年建筑师时，常听到他们讲在学校学习时曾读过《现代建筑的结构构思与设计技巧》这本书，其中当教师的朋友还问我，什么时候能够再出版发行，以便向同学们推荐。60 岁之后，我仍忙于工程项目的设计与主持工作，但一想到上面记述的这些，就有一种责任感在催促自己：设计工作再繁重，也要挤出时间，聚精会神地把上一次出版时留下的遗憾，尽可能地补上。所以，这次"增容"既涉及了理论观点方面的拓展，也包括了创作实践方面的深化，虽不能说已做得完美无缺，但毕竟是前进了一大步。

　　1965 年，我完成的研究生毕业论文的题目是《在建筑设计中正确对待与运用结构》，尽管全文才两万字左右，但徐中导师指出的建筑与结构之间关系的研究方向，却使我脚下生根、视界顿开、终身受益。首先，在长期的建筑创作实践的磨炼中，我养成了建筑构思与结构思维同步展开的职业习惯，培植了对优化结构方案、简化传力路线和便利结构施工的特殊兴趣。与此同时，也使我在学习和体验国内外建筑作品时，包括参加国内外建筑方案设计竞标评审时，都离不开对结构技术分析与评价的切实关注。可以说，对"建筑骨骼"的好奇心理和对结构运用的理性思维，已成为我在建筑创作与建筑评论中，免受"激情误导"，一头扎进反理性泥潭的"自控平衡系统"了。由此，我自然会想到，这本书在经过补充和调整之后重新问世，也是自己对徐中导师最好的怀念与感恩吧！

　　在本书再版之际，我要感谢从做研究生时起，就曾给予过我宝贵指导与帮助的建筑界各位前辈。1964 年研究生毕业论文进入前期准备时，我曾专程南下拜访了南京工学院杨庭宝、刘敦桢、刘先觉和同济大学谭垣、罗小末、葛如亮等各位老师，他们对建筑与结构之间相互关系的看法，以及如何从建筑设计实践的角度去进行研究的指导性意见，都给了我极大的启示。我清楚地记得，葛如亮老师还拿出了他的教案，给我讲解结构形式对建筑功能及其使用空间的影响。1965 年初，我和王乃秀师姐经徐中导师的介绍，还荣幸地拜访了清华大学的梁思成、吴良镛、汪坦先生，他们对研究生毕业论文选题（"在建筑设计中正确对待与运用结构"）都给予了充分肯定、鼓励和指教。回想起来我深感惭愧，因为最初我对"建筑与结构的关系"这个研究方向并不感兴趣，甚至还有点郁闷，认为建筑师和这种"干巴巴"的课题打交道，太不值得了。正是在徐中导师和各位建筑界前辈循循善诱的引导下，我才逐步认识到自己这种认识上的幼稚无知。1980 年 10 月，我在北京召开的中国建筑学会第五次代表大会与学术年会上，宣读了论文《结构构思与现代建筑艺术的表现技巧》，而这篇论文（书稿中的一章内容），又是通过北京市建筑设计院吴观张先生转张开济总建筑师向上推荐的。所以我一直在想，从研究生毕业论文，到我作为建筑师以这个研究课题走向社会讲坛，都无不包含着建筑界前辈们对后生学子的关照和扶植。

说到从一篇毕业论文到一本学术专著诞生的过程，这还得要感谢中南建筑设计研究院给予过我的宝贵鼓励和大力支持。当时担任二室副主任的周世昌结构工程师，在看到我写的研究生论文后说："这可以写成一本书嘛！"就是这一句话让我开了窍，也给了我勇气。在繁忙的设计工作之余，不知熬过了多少个日日夜夜，终于在 1979 年完成了 184 页初稿，并由中南建筑设计院打印成册，供内部学习交流。那时"文化大革命"结束才刚刚两三年，而我切实感受到改革开放一开始的那种"学术民主"和"繁荣创作"氛围中的舒畅心情，确实是现在青年建筑师们所无法理解、无法体验到的。

在这里，我也怀着愉快回忆的心情，感谢原来在纺织工业部设计院一起工作过的张钦结构工程师。他曾一直关心我的这一研究课题。在设计院的时候，我就经常和他探讨过如何将纺织工业厂房屋盖结构与天窗结构合为一体的问题。后来他去美国工作之后还多次来信，并给我寄来了他精心收集的结构工程实例图片。作为一位高级结构工程师，张钦先生的建筑文化与艺术修养给我留下了深刻的印象。

这里还应当提到，在设计任务的重压之下，我之所以下定决心，挤出时间和精力来完成这本书的扩容工作，这是与邹德侬教授的诚挚推动分不开的。在他推荐我出版《创作视界论——现代建筑创作平台建构的理念与实践》一书时，他还特别希望我结合当代建筑创作的新情势，把 1986 年已出版的这本原著，再好好补充整理一下重新出版。他说："这本书有很多'干货'（意指"实惠"），同时具有现实意义和理论价值。"这给了我很大的鞭策，促使我在忙于主持 3 个工程项目实施和参与 1 个重要展览会的间隙中，终于完成了 41000余文字、120 余幅插图的增补内容和全书版式的修改调整工作。

让我感到荣幸的是，中国工程院院士、建筑大师马国馨先生，在百忙之中为本书的重新问世写了序。这其中的缘分，除了过去的相互交流与了解，还有一点，那就是我对他主持设计的首都机场 2 号航站楼钢结构系统运用的成功之处格外留意、也十分欣赏的缘故。序中对本人的美言之处实不敢当，而他对现代建筑创作中结构运用的精辟见解，却使我倍感真切，在此，我也一并致以深深的谢意。

布正伟
2005.5.23 写于北京山水文园
2022 年做了局部文字调整